Georg Allmendinger

Aufgaben und Lösungen zur Elektronik und Kommunikationstechnik

Georg Allmendinger

Aufgaben und Lösungen zur Elektronik und Kommunikationstechnik

Prüfungsaufgaben für Fachschüler an Technikerschulen

Mit 285 Abbildungen

STUDIUM

VIEWEG+
TEUBNER

Bibliografische Information der Deutschen Nationalbibliothek
Die Deutsche Nationalbibliothek verzeichnet diese Publikation in der Deutschen Nationalbibliografie; detaillierte bibliografische Daten sind im Internet über <http://dnb.d-nb.de> abrufbar.

Höchste inhaltliche und technische Qualität unserer Produkte ist unser Ziel. Bei der Produktion und Auslieferung unserer Bücher wollen wir die Umwelt schonen: Dieses Buch ist auf säurefreiem und chlorfrei gebleichtem Papier gedruckt. Die Einschweißfolie besteht aus Polyäthylen und damit aus organischen Grundstoffen, die weder bei der Herstellung noch bei der Verbrennung Schadstoffe freisetzen.

1. Auflage 2010

Lektorat: Reinhard Dapper | Walburga Himmel

Vieweg+Teubner Verlag ist eine Marke von Springer Fachmedien.
Springer Fachmedien ist Teil der Fachverlagsgruppe Springer Science+Business Media.
www.viewegteubner.de

Umschlaggestaltung: KünkelLopka Medienentwicklung, Heidelberg
Technische Redaktion: FROMM MediaDesign, Selters/Ts.
Druck und buchbinderische Verarbeitung: MercedesDruck, Berlin
Gedruckt auf säurefreiem und chlorfrei gebleichtem Papier.
Printed in Germany

ISBN 978-3-8348-0886-8

Vorwort

Das Buch soll mit Übungen zur Festigung des Unterrichtsstoffes und zum Verständnis von elektronischen Schaltungen beitragen.

Der Studierende bzw. Schüler muss also bereits über die theoretischen Kenntnisse verfügen, denn sie sind Voraussetzung für die Bearbeitung der Aufgaben!

Der Schwerpunkt im Bereich Elektronik liegt bei den OP-Schaltungen. Die Kapitel davor dienen zur Wiederholung und zur Vollständigkeit.

Die Laboraufgaben ermöglichen dem Schüler/Studenten, Themen mit Hilfe der Messungen oder der Simulationen selbst zu erarbeiten.

Die Laboraufgaben wurden in der Regel nicht gelöst, denn die Messergebnisse selbst führen zur Lösung; ebenso wurde auf die Beantwortung von Fragen, die sich auf vorhergehende Ergebnisse stützen, verzichtet.

Außerdem habe ich auf weitere Labor-Schaltungen, vor allem im Bereich der Übertragungstechnik, verzichtet, allerdings stichwortartig darauf hingewiesen.

Das Buch eignet sich für Studierende und Schüler der System- und Informationstechnik (SIT).

Stuttgart, im Juli 2010 Georg Allmendinger

Inhaltsverzeichnis

Teil I
ELEKTRONIK

1 Netzwerke

Es wird davon ausgegangen, dass der Leser über Kenntnisse der Kirchhoffschen Gesetze (Knoten-, Maschenregel) und über Verfahren der Netzwerkberechnungen verfügt. Folgende Beispiele dienen zur kurzen Wiederholung.

Kirchhoffsche Gesetze, siehe **Bild 1**

Knoten in B: $I_2 - I_4 - I_5 = 0$

Knoten in A: $I_1 + I_5 - I_3 = 0$

Masche: $U_{R4} - U_{R2} - U_{R5} = 0$

Weitere Masche:

$I_1 \cdot R_1 - I_5 \cdot R_5 - I_2 \cdot R_2 = 0$ usw.

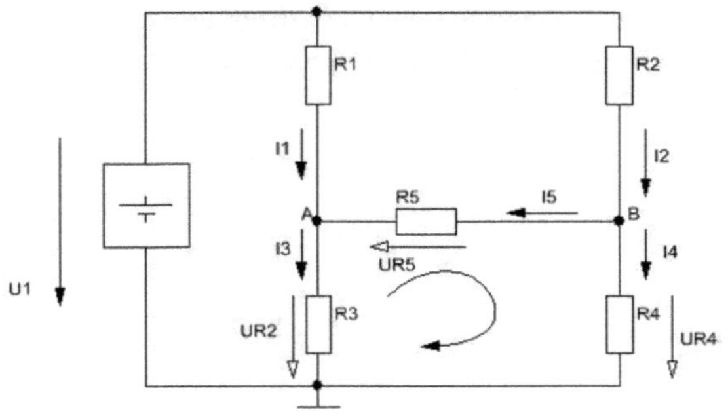

Bild 1

Aufgabe

Berechnen Sie U_2 der OP-Schaltung in **Bild 2**:

$U_1 = 2$ V; $U_v = 1{,}5$ V; $R_1 = 1$ kΩ; $R_2 = 2$ kΩ

(Hinweis: wegen der Regelung wird $U_D \to 0$)

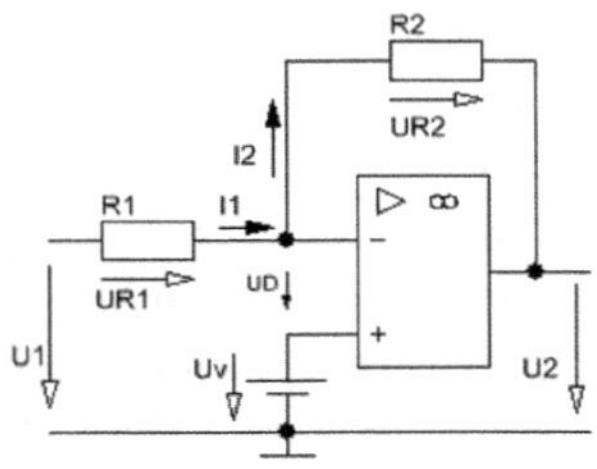

Bild 2

Lösung

$I_1 \cdot R_1 + U_D + U_v - U_1 = 0 \Rightarrow I_1 = 0{,}5$ mA (1)

$I_1 - I_2 = 0 \Rightarrow I_1 = I_2$ (2)

$I_2 \cdot R_2 + U_2 - U_v - U_D = 0$ (3)

(1), (2) --> (3) $\Rightarrow U_2 = 0{,}5$ V

Oder: $U_1 - U_2 - I_2 \cdot R_2 - I_1 \cdot R_1 = 0$ usw.

Einige Verfahren der Netzwerkberechnungen

Häufig sich anbietende Verfahren sind:

- die Methode der Ersatzspannungsquelle (ESQ) und

- das <u>Überlagerungsverfahren</u> (günstig, wenn sich 2 oder mehrere Quellen im Netzwerk befinden)
- Maschenstromverfahren etc.

2. Die Verfahren ESQ und Überlagerungsverfahren werden in je einem Beispiel vorgestellt:

2.1 Berechnen Sie die Grenzfrequenz fg des mit R_{L1} belasteten RC-Tiefpasses in **Bild 3**.

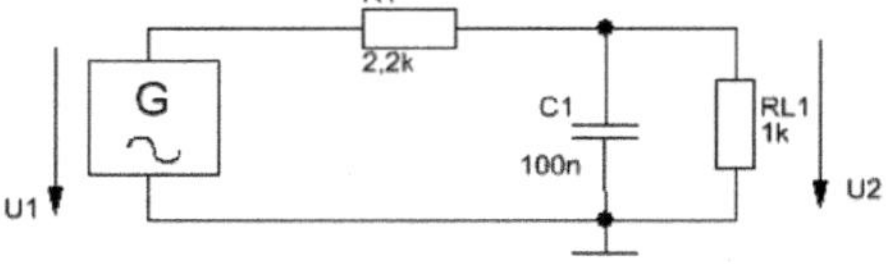

Bild 3

2.2 Berechnen Sie den Strom I der Schaltung in **Bild 4**.

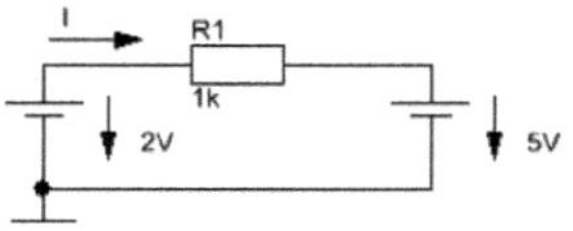

Bild 4

Lösungen

2.1 **ESQ**

Tauscht man R_{L1} mit C_1; so bekommt man einen mit C_1 belasteten Spannungsteiler. Der Ri des Spannungsteilers beträgt Ri = R_1 // R_{L1} = 0,687 kΩ, siehe **Bild 5**.

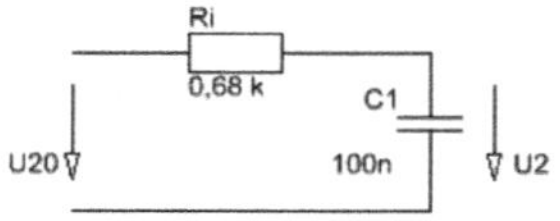

Bild 5

Somit ergibt sich: $fg = \dfrac{1}{2\pi R_i C_1} = 2{,}3\text{ kHz}$

2.2 **Überlagerungsverfahren**

(Es ist offensichtlich, dass ein Strom von –3 mA fließt.) Zuerst wird die linke Quelle auf Null gesetzt. Die rechte Quelle liefert einen I′ = – 5 mA (fließt dem angesetzten Strompfeil entgegen), dann wird die rechte Quelle auf Null gesetzt, von der linken Quelle fließt ein I′′ = 2 mA. Daraus ergibt sich:

I = I′ + I′′ = – 5 mA + 2 mA = – 3 mA

Der Vorteil des Überlagerungsverfahrens liegt darin, dass es kleine Gleichungen liefert, so wie auch das ESQ-Verfahren, und damit übersichtlich bleibt.

2 Dioden

Kennlinie – Arbeitspunkt

Laboraufgaben

1. **Kennlinie der Silizium-Diode**

1.1 Damit die Diode beim Messvorgang nicht überlastet wird, muss für eine Strombegrenzung gesorgt werden!
z. B.: $I_{max} = 50$ mA (siehe Datenblatt --> P_{tot}). Skizzieren Sie die Messschaltung.

1.2 Berechnen Sie überschlägig den Widerstand, wenn die Spannung des Netzgerätes von 0...+5 V verändert wird.

1.3 Messen Sie die Kennlinie und skizzieren Sie diese im Maßstab: 10 mA = 1 cm; 0,1 V = 0,5 cm.

2. **Arbeitspunkt**, siehe **Bild 1**

$U_1 = 0...5$ V; $R = 220\ \Omega$

2.1 Messen Sie: I, U_2 und U_R.

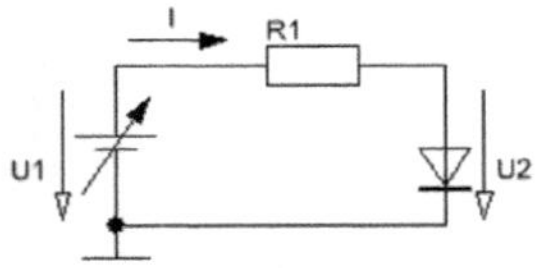

Bild 1

2.2 Ermitteln Sie die Werte I, U_2 und U_{R1} mit grafischen Methoden.

2.3 Zeichnen Sie den Arbeitspunkt ein.

2.4 Erhöhen Sie U_1 um 0,5 V und messen Sie U_2 und I. Wie ändert sich dabei die Arbeitsgerade?

2.5 Wo befindet sich der neue AP?

2.6 Verringern Sie U_1 von 5 V auf 4,5 V, messen Sie U_2 und I. Wo befindet sich der neue AP?

Aufgabe

3. U_1 ändert sich linear, siehe **Bild 2**. Skizzieren Sie den Verlauf der Diodenspannung $u_2(t)$.

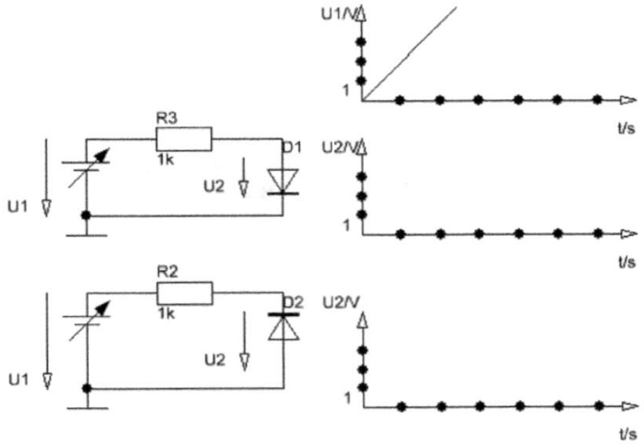

Bild 2

Lösungen

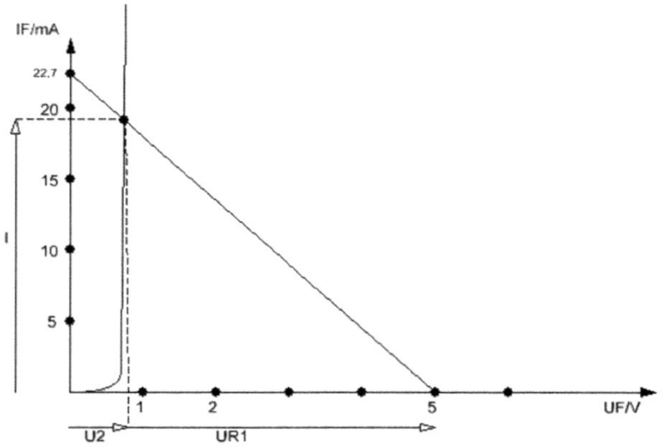

Bild 3: Lösung zu 2.2

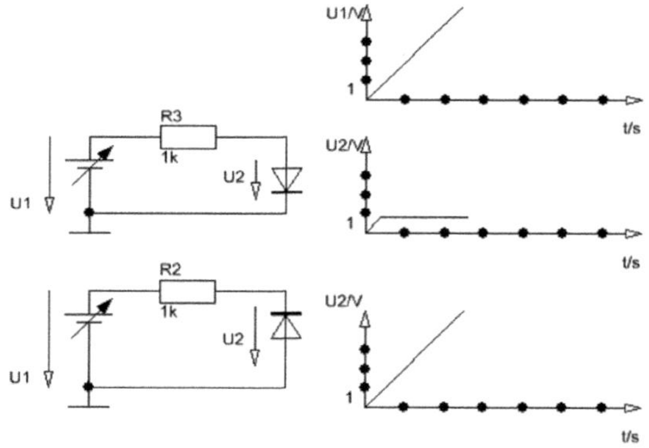

Bild 4: Lösung zu 3

3 Gleichrichterschaltungen

Laboraufgaben

1. **Einpulsgleichrichtung** (M1), siehe **Bild 1**

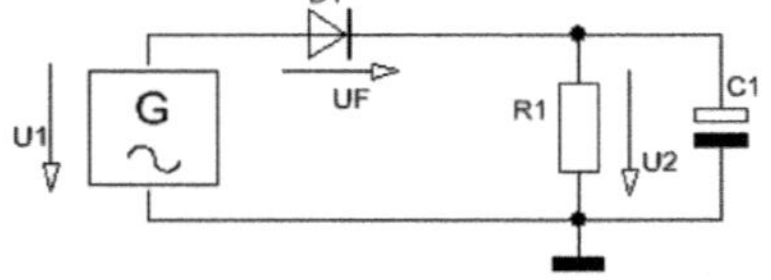

Bild 1

Bauen Sie die Schaltung ohne C_1 auf, und stellen Sie U_1 auf den Wert $U_{1ss} = 20$ V ein; f = 50 Hz; $R_1 = 1$ kΩ.

1.1 Skizzieren Sie in ein Schaubild: $u_1 = f(t)$ und $u_2 = f(t)$, und zwar: $0 \leq t \leq 40$ ms (Messung mit dem Oszilloskop in DC-Stellung!).

1.2 Um wie viel ist $\hat{u}_1 > \hat{u}_2$?

1.3 Ermitteln Sie mit dem Oszilloskop den DC-Wert von U_2.

1.4 Messen Sie mit dem Digtal-Multimeter den Effektivwert U_2.

1.5 Schalten Sie $C_1 = 47$ µF parallel und skizzieren Sie $u_2 = f(t)$ (in DC-Stellung).

1.6 Wovon hängt die Höhe (außer von $\hat{u}_1$) der Spannung U_2 ab?

1.7 Messen Sie die Brummspannung u_{2ss} (in AC-Stellung!).

2. **Zweipulsbrückengleichrichtung** (M2), siehe **Bild 2**

Beachten Sie, dass Sie bei gleichzeitiger Messung der Spannungen u_1 und u_2 einen Kurzschluss der Diode D4 über die gemeinsame Masse der beiden BNC-Oszilloskopeingänge verursachen!

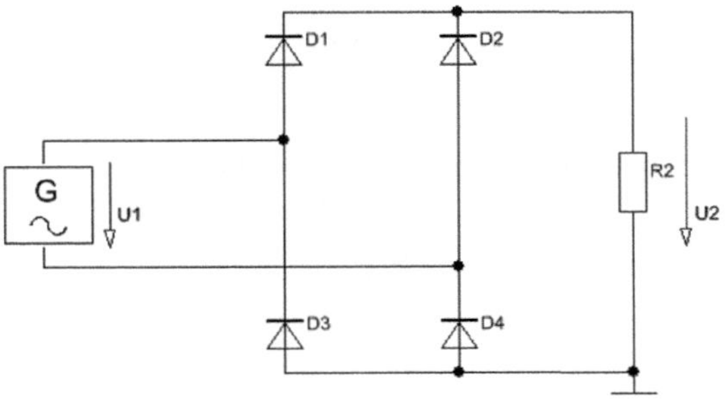

Bild 2

2.1 Skizzieren Sie die Stromwege für die positive und negative Halbwelle u_1 in die Schaltung ein.

2.2 Skizzieren Sie u_2 (t).

2.3 Schalten Sie $C_2 = 47$ µF parallel zu R_2 und skizzieren Sie $u_2 = f(t)$ (Oszilloskop in DC-Stellung!).

2.4 Messen und skizzieren Sie die Brummspannung u_{2ss} (in AC!), und vergleichen Sie mit der Einpulsschaltung.

2.5 Ermitteln Sie (durch Messung mit dem Oszilloskop) den DC-Wert von U_2.

2.6 Ermitteln Sie (durch Messung mit dem Digitalmultimeter) den Effektivwert von U_2.

2.7 Mit welchen Maßnahmen/Schaltungserweiterungen kann die Brummspannung verringert werden?

Antwort: mit einer Stabilisierungsschaltung z. B.: 78...

Somit kommen wir zum Thema: Stabilisierungsschaltungen; vorher noch einige Aufgaben.

Anwender-Schaltungen

Aufgaben

1. **Schwellspannung**
Geben Sie die Schwellspannungen der folgenden Dioden an:

1.1 AA120

1.2 BA46

2. **Arbeitspunkt AP**

2.1 Einer Si-Diode ist ein Rv = 330 Ω vorgeschaltet. Die Schaltung liegt an 6 V. Welcher Strom fließt im Arbeitspunkt (rechnerische oder graphische Lösung)?

2.2 Skizzieren Sie zu der Schaltung in **Bild 3** den zeitlichen Verlauf der Ausgangsspannung, wenn:

a) $\hat{u}_1 = 6$ V (sinusförmig); $U_v = 0$ V ist.

b) $\hat{u}_1 = 6$ V (sinusförmig); $U_v = 4$ V ist.

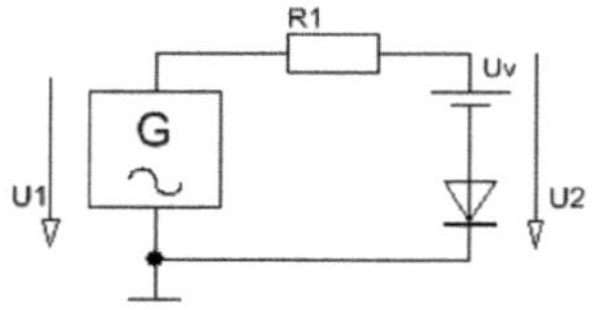

Bild 3

3. **Brückengleichrichter**, siehe **Bild 2**
$u_{1ss} = 40$ V; $R_2 = 220$ Ω; f = 50 Hz.

Berechnen Sie den Spannungswert $\hat{u}_2$.

4. Ein Brückengleichrichter hat die Bezeichnung: B60C1800/1000. Klären Sie die Werte: B ; 60; C; 1800; 1000.

Lösungen

1. **Schwellspannung**

1.1 Ge-Diode: $U_F \approx 0{,}2$ V

1.2 Si-Diode: $U_F \approx 0{,}6$ V

2. **Arbeitspunkt AP**

2.1 $I = \frac{U_1 - U_F}{R_v}$; graphische Lösung siehe Kapitel 2, Lösung zur Aufgabe 2.2.

2.2 a) **Bild 4**

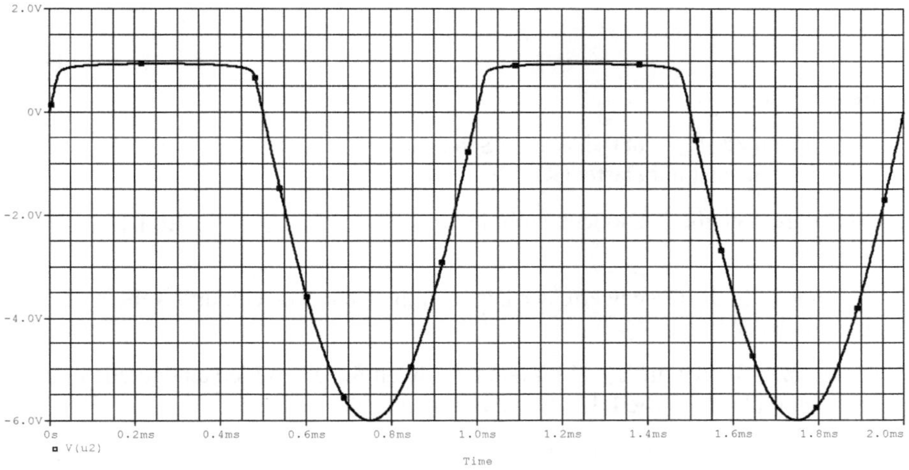

b) **Bild 5**

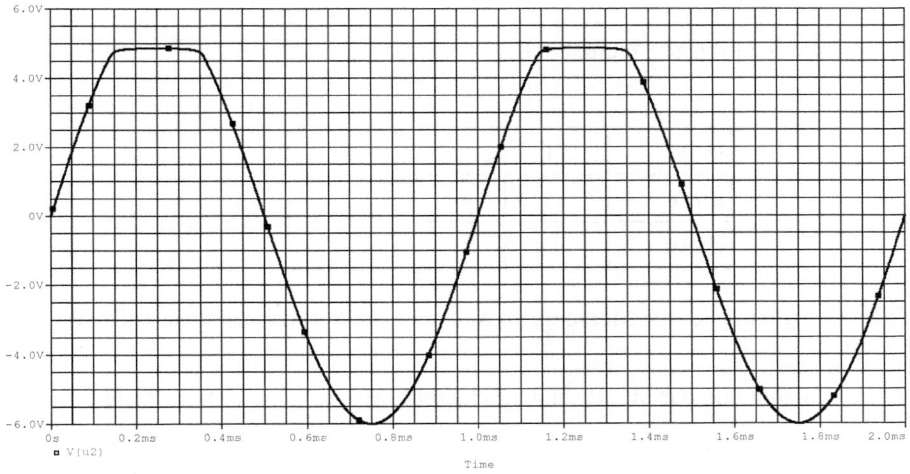

3. **Brückengleichrichter**

$$\hat{u}_2 = \frac{1}{2}(\hat{u}_{1ss} - 2 \cdot U_F)$$

4. B: Brückengleichrichter; 60: 60 V Nennspannung; C: Belastung mit C; 1800: 1800 mA mit Kühlblech; 1000: 1000 mA ohne Kühlblech.

4 Stabilisierungsschaltungen

Z-Diode

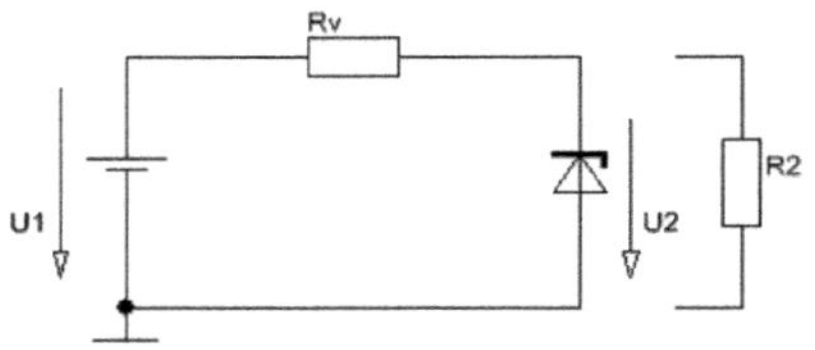

Bild 1

Laboraufgabe

Z-Diode: 6V8; P_{tot} = 680 mW. Die Schaltung ist zunächst unbelastet ($R_2 = \infty$).

1.1 Skizzieren Sie die Z-Diodenkennlinie für r_z --> 0.

1.2 Zeichnen Sie die Grenzwerte der Diode in die Kennlinie ein, und wählen Sie einen Arbeitspunkt (AP).

1.3 Berechnen Sie Rv für U_1 = 12 V, und zeichnen Sie die Widerstandgerade in die Kennlinie mit ein, und prüfen Sie I, U_2 durch Messung nach.

1.4 Annahme: Die Ausgangsspannung sei 6,8 V und enthalte trotz vorausgegangener Glättung noch einen Brumm von 1 V_{ss}.
Wie ändert sich die R_v-Arbeitsgerade, wenn U_1 sich (entsprechend des Brummes) um $\Delta U_1 = \pm 0{,}5$ V ändert?

1.5 Messen Sie folgende Werte bei $R_2 = \infty$, siehe Tabelle.

U_1/V	11	12	13
I/mA			
U_2/V			

1.6 Überprüfen Sie durch Messung, ab welchem R_v-Wert die stabilisierende Wirkung aussetzt.

1.7 Wie hochohmig darf der R_v in der Schaltung sein, damit die Diode nicht überlastet wird?

1.8 U_1 = 12V. Belasten Sie die Schaltung mit R_2 = 0...1 kΩ, und messen Sie: U_2, Iz, I_2. Tragen Sie die Werte in Abhängigkeit von R_2 in ein Diagramm ein, und formulieren Sie ihre Erkenntnisse.

Aufgabe

1. **Stabilisierung mit der Z-Diode**

BZX97/C6V0; P_{tot} = 900 mW; Rv =? (Die Diode besitze einen differentiellen Widerstand r_z --> 0.)

1.1 $U_1 = 16$ V ändert sich um $\Delta U_1 = \pm 1$ V. Zeichnen Sie in die Kennlinie die Geraden für R_{vmax} und R_{vmin} ($R_2 = \infty$) ein.

1.2 Ermitteln Sie die Werte für R_{vmax} und R_{vmin} ($R_2 = \infty$).

1.3 Könnte diese Schaltung mit einem Lastwiderstand von $R_2 = 100\ \Omega$ belastet werden? (Nachweis mit Rechnung)

1.4 Könnte diese Schaltung mit einem Lastwiderstand von $R_2 = 5\ \Omega$ belastet werden?

Lösungen

1. **Laboraufgabe**

1.4 Parallel-Verschiebung der Geraden

1.6 $I_{zmax} = 100$ mA

$I_{zmin} = 10$ mA

($I_{zmin} = 0{,}1 \cdot I_{zmax}$)

$$R_{vmax} = \frac{U_{1min} - U_Z}{I_{zmin}}$$

$= 470\ \Omega$

1.7 $$R_{vmin} \frac{U_{1max} - U_Z}{I_{zmax}}$$

$= 57\ \Omega$

1. **Stabilisierung mit der Z-Diode**

1.1 Siehe **Bild 2**.

1.2 $$I_{zmax} = \frac{P_{tot}}{U_z} = 150 \text{ mA}$$

$\Rightarrow I_{zmin} = 15$ mA

$R_{vmax} =$

$$\frac{U_{1min} - U_Z}{I_{z\,min} + I_{2\,max}} = 600\ \Omega \quad (I_2 = 0)$$

$$R_{vmin} = \frac{U_{1max} - U_Z}{I_{z\,max} + I_{2\,min}} = 73{,}3\ \Omega$$

1.3 $$I_2 = \frac{6 \text{ V}}{100\ \Omega} = 60 \text{ mA}$$

$\Rightarrow R_{vmax} = 120\ \Omega$; $R_{vmin} = 52\ \Omega \Rightarrow$ Antwort: ja.

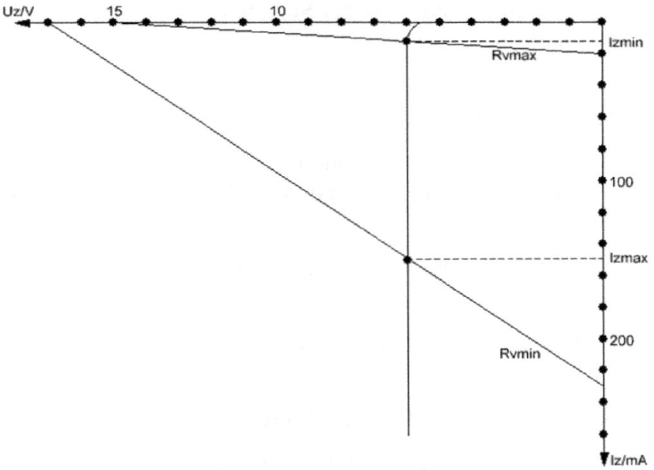

Bild 2

1.4 $I_2 = 1,2$ A

$\Rightarrow R_{vmax} = 7,4\ \Omega$; $R_{vmin} = 8,1\ \Omega$ Widerspruch! $\Rightarrow$ Antwort: nein.

In der Praxis wird man keine Stabilisierungsschaltung mit diskreten Bauelementen sondern vorhandene ICs der 78-/79-iger Serie einsetzen. Diese weisen außerdem laut Datenblatt eine sehr gute Brummunterdrückung auf.

Festspannungsregler 78XX

Laboraufgaben

Messungen an dem 78M05, siehe **Bild 3** (oder 7806).
Bemerkung: Bei Verwendung des 7808 müsste U_1 in den Aufgaben 1.2 und 2.2 auf 12 V erhöht werden.

Bei allen Messungen müssen unbedingt die Kondensatoren C_1 und C_2 in der Schaltung eingesetzt werden!

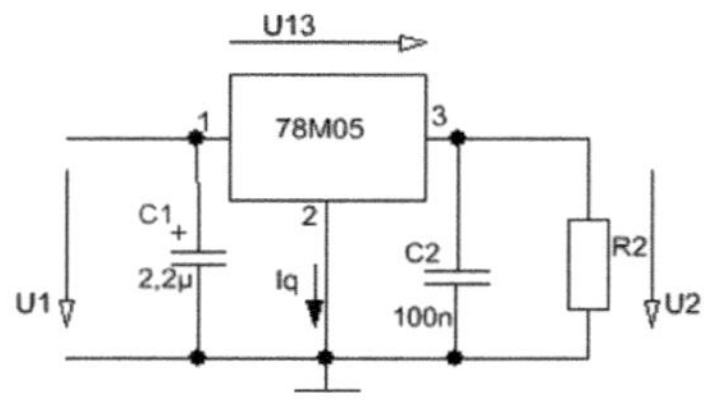

Bild 3

1. **Spannungsstabilität**

1.1 Bei Eingangsspannungsänderung: $U_1 = 0$ V...20 V. $R_2 = 470\ \Omega$.
Messen Sie die Ausgangsspannung $U_2 = f(U_1)$, und ermitteln Sie die Ausgangsspannungsänderung U_2.

1.2 Bei Laständerung: $R_2 = 470\ \Omega$...10 kΩ. $U_1 = 10$ V.
Messen Sie die Ausgangsspannung $U_2 = f(R_2)$, und ermitteln Sie U_2

1.3 Formulieren Sie Ihr Ergebnis!

2. **Strom I_q an Pin2 des 78...-Reglers**

2.1 Messen Sie I_q in Abhängigkeit von $U_1 = 0$ V...20 V bei $R_2 = 100\ \Omega$.

2.2 Messen Sie I_q in Abhängigkeit von $R_2 = 47\ \Omega...470\ \Omega$ bei $U_1 = 10$ V, und formulieren Sie Ihr Ergebnis.

3. **Dimensionierungen**

3.1 Gewünscht wird eine Ausgangsspannung U_2 von 7 V (statt 5 V). Mit Hilfe des näherungsweisen konstanten I_q kann das realisiert werden. Skizzieren Sie die Schaltung, berechnen Sie den R_q, und bestätigen Sie Ihr Ergebnis durch Messung.

3.2 Gewünscht wird eine Ausgangsspannung U_2 von 7 V. Mit Hilfe des I_q und des konstanten Stromes I_3, den man mit einem Widerstand an Pin 3 abgreift, soll das realisiert werden. Skizzieren Sie die Schaltung, berechnen Sie den neuen R_q (= R_4), R_{32} (= R_3), und bestätigen Sie Ihr Ergebnis durch Messung.

3.3 Beurteilen Sie die Lösung im Vergleich zu Aufgabe 3.1.

4. **Erhöhung des Ausgangstromes**

Der maximale Ausgangsstrom des 78M05 beträgt: I_{max} = 500 mA.Gebraucht wird für eine nachfolgende Schaltung ein Strom von I_2 = 800 mA. Schalten Sie dazu einen Transistor parallel zum Regler, der den Strom um den Regler zum Ausgang leitet. Berechnen Sie die nötigen Bauelemente, und bestätigen Sie Ihre Ergebnisse durch die Messung (damit ein Strom von 800 mA fliesst, muss R_2 entsprechend verringert werden).

5. **Konstantstromquelle mit 78XX**

Gefordert wird ein konstanter Strom I_2 von 45 mA am Lastwiderstand R_2, und zwar von R_2 = 0 ...100 Ω. U_1 = 15 V.
Die Konstantstromquelle soll mit dem IC:78M05 realisiert werden.

5.1 Ermitteln und dimensionieren Sie die Schaltung.

5.2 Prüfen Sie die Forderung durch Messungen nach.

5.3 Wie hochohmig darf der R_2 maximal werden?

Lösungen

2. **Strom I_q an Pin2 des 78...-Reglers**

2.3 $I_q \approx 5$ mA ≈ konstant

3. **Dimensionierungen**

3.1 Siehe **Bild 4**:

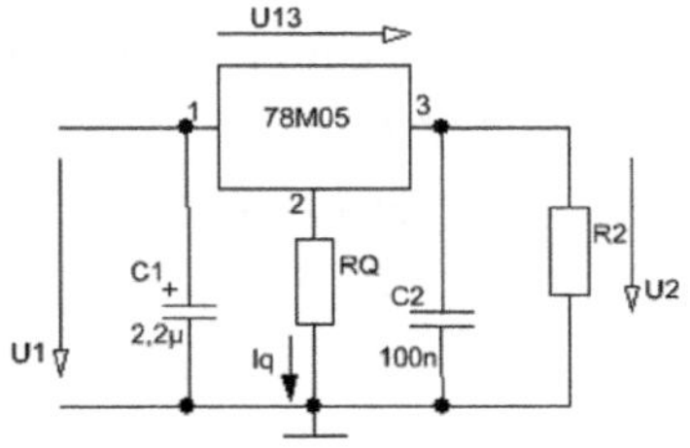

Bild 4

$$U_{32} = 5\text{ V} \Rightarrow U_q = 2\text{ V}$$

$$\Rightarrow R_q = \frac{U_q}{I_q} = 400\ \Omega$$

3.2 Siehe **Bild 5**:

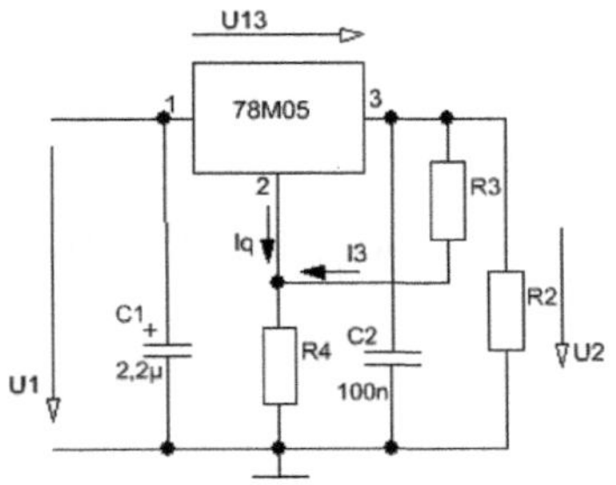

Bild 5

$I_{R4} = I_q + I_3$

U_{32} (= U_{R3}) ist die stabilisierte Spannung (= konstant!), und somit ist I_3 = konstant. I_3 ist konstanter als Iq, und somit wählt man I_3 > Iq z. B.: $I_3 = 10 \cdot I_q = 50$ mA.

$$R_3 = \frac{U_{32}}{I_3} = 100\ \Omega$$

$$R_4 = \frac{U_4}{I_q + I_3} = 36{,}3\ \Omega$$

4. **Erhöhung des Ausgangstromes**

Siehe **Bild 6**:

$$U_{EB} = 0{,}7\text{V} \Rightarrow R_1 = \frac{U_{EB}}{I}$$

$$= \frac{0{,}7\ \text{V}}{500\ \text{mA}} = 1{,}4\ \Omega;$$

Hinweis: U_{13} muss ≥ 3 V betragen!

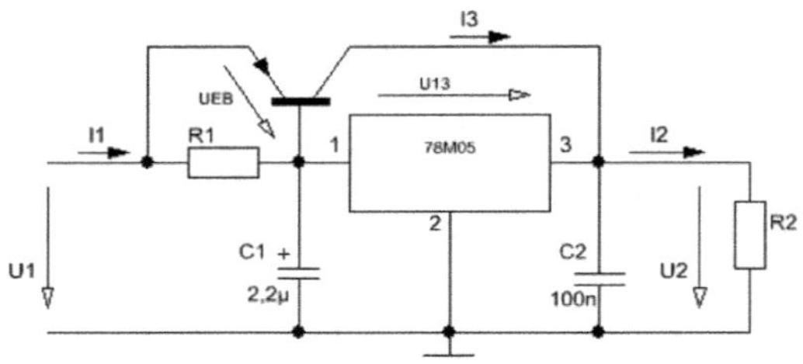

Bild 6

Frage

- Könnte man den Kollektoranschluss eines **NPN**-Transistors an den linken Pin von R_1 und den Emitter an den Ausgang des 78M05 anschliessen (Kollektor und Emitter tauschen)?

5. **Konstantstromquelle mit 7805**

5.1 Siehe **Bild 7**:

$I_2 = I_3 + I_q \Rightarrow I_3 = 40$ mA

$$R_1 = \frac{U_{32}}{I_3} = 125\ \Omega$$

5.3 Je größer R_2, desto größer wird U_2, umso kleiner wird dann U_{13}.

Mit $U_{13min} = 3$V

$$\Rightarrow R_{2max} = \frac{U_1 - U_{13} - U_{32}}{I_2} = 155\ \Omega$$

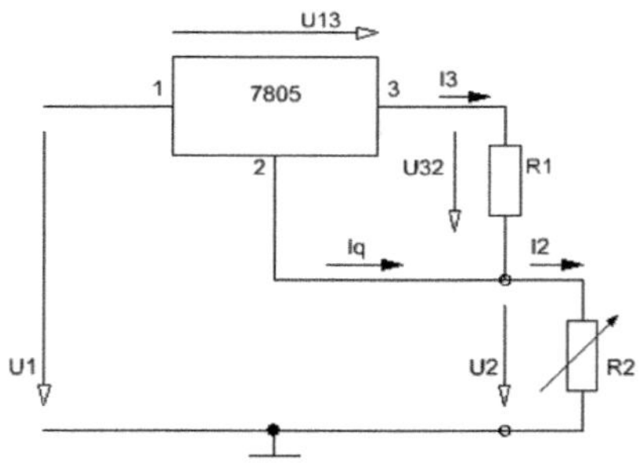

Bild 7

Antwort

- Nein, dann wäre $U_{1,3}$ des Reglers 0,7 V, und somit < 3 V!

Aufgaben

Regler 78M12, siehe **Bild 8**:
(I_{max} = 500 mA); U_1 = 35 V;
R_1 = 33 Ω

1.1 Die Ausgangsspannung U_2 soll 14 V betragen und auch beim Absinken von R_2 auf R_{2min} = 31 Ω noch stabil bleiben.

Berechnen Sie R_3 und R_4.

1.2 Berechnen Sie U_{13}, wenn R_2 auf R_{2min} absinkt.

1.3 Auf welche maximale Leistung muss R_1 ausgelegt sein?

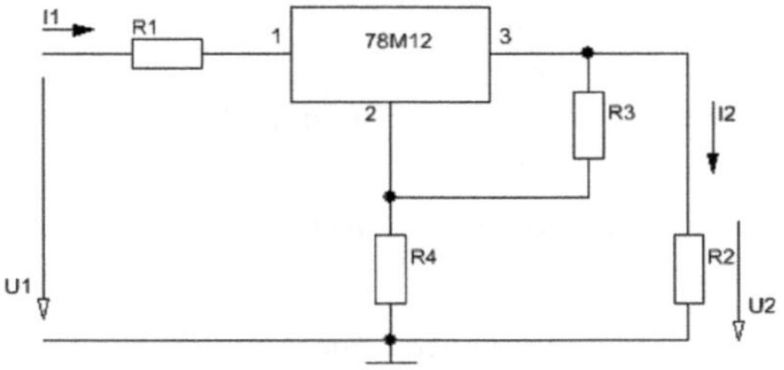

Bild 8

Lösungen

1.1 R_3 = 300 Ω (für I_{R3} = 40 mA);
R_4 = 44,4 Ω

1.2 $U_{R1} = I_1 \cdot R_1$ = 16,5 V
$\Rightarrow U_1'$ = 18,5 V $\Rightarrow U_{13}$ = 4,5 V

1.3 P_{R1} = 8,25 W

5 Transistor als Schalter

Übertragungskennlinie in Abhängigkeit von ü (Statisches Verhalten)

Laboraufgaben

1. **Bild 1:** $ü = \frac{I_B}{I_B'}$ mit $I_B' = \frac{I_C}{B}$
   $U_1 = 0...+5$ V.
   Nehmen Sie für Berechnungen B = 100;
   $U_{BE} = 0{,}7$ V an.

1.1 Berechnen Sie den R_1 für ü = 1 und R_1' für ü ≈ 5 ($R_3 = \infty$).

1.2 Messen und skizzieren Sie die Übertragungskennlinie $U_2 = f(U_1)$ für:
ü = 1($R_3 = \infty$)
und ü = 5 ($R_3 = \infty$).

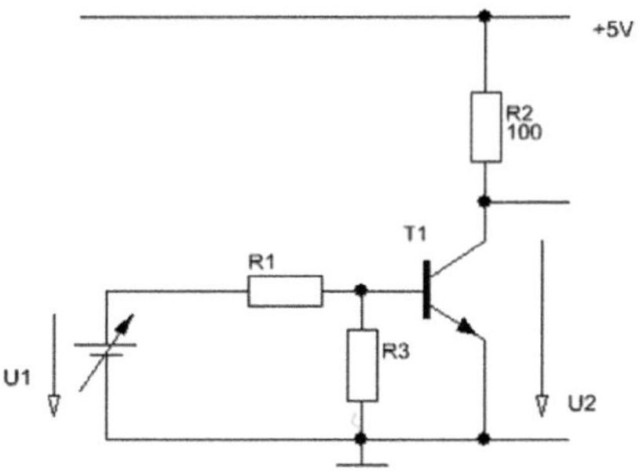

Bild 1

1.3 Vergleichen und beurteilen Sie die beiden Kurven.

1.4 Messen Sie $U_2 = f(U_1)$ für ü ≈ 5 und $R_3 = 1$ kΩ

1.5 Welche Eigenschaft wird mit R_3 verbessert?

Transistorschaltzeiten in Abhängigkeit von ü (Dynamisches Verhalten)

2. **Bild 2**: z. B.: BC140;
   f = 100 kHz; $\hat{u}_1 = 5$V;
   Messungen mit dem Oszilloskop.
   Invertieren Sie das Ausgangssignal U_2 ($U_2 \sim$ Ic).

   ts: Storage Time
   td: Delay Time
   tr: Rise Time
   tf: Fall Time

2.1 Messen Sie die Schaltzeiten, und tragen Sie die Werte in eine Tabelle ein.

2.2 Vergleichen Sie die Schaltzeiten in Abhängigkeit von ü, und kommentieren Sie die Werte.

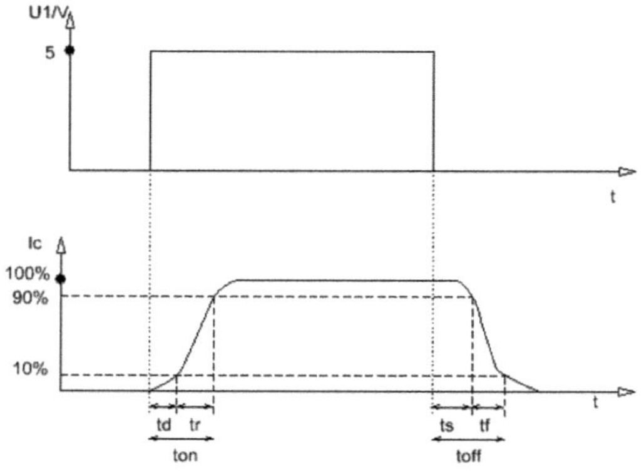

Bild 2

Lösung

1.1 $R_1 = \frac{U_1 - U_{BE}}{I_B}$ (1)

$I_c = \frac{U_B}{R_2} = 50\ mA \Rightarrow I_B = 0{,}5\ mA$ --> (1)

$\Rightarrow R_1 = 8{,}6\ k\Omega$ (gewählt: $6{,}8\ k\Omega$)
für ü = 5: $R_1' = 1{,}7\ k\Omega$ (gewählt: $2{,}2\ k\Omega$)

Möglichkeiten zur Verbesserung der Schaltzeiten

3. **Bild 3.** $\hat{u}_1 = 5$ V; $R_1 = 1\ k\Omega$; $R_2 = 500\ \Omega$

Möglichkeit I: Mit Kondensator C = 10 nF.

3.1 Messen Sie die Schaltzeiten und vergleichen Sie mit der Aufgabe 2.1. Welche der Schaltzeiten verbessern sich, welche nicht?

3.2 Erklären Sie die Wirkungsweise des Kondensators C.

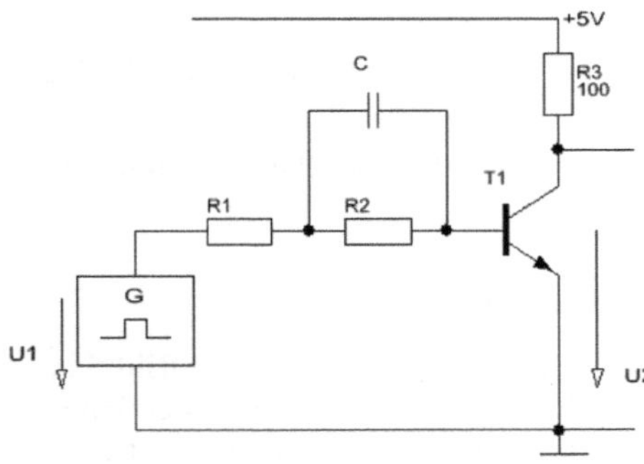

Bild 3

Möglichkeit II: Mit Ge-Diode, siehe **Bild 4**.

3.3 Messen Sie die Schaltzeiten und vergleichen Sie mit den Aufgaben 2.1 und 3.1:Welche der Schaltzeiten verbessern sich, welche nicht?

3.4 Erklären Sie die Wirkungsweise der Ge-Diode.

3.5 Erklären Sie Ursachen der Speicherzeit t_s.

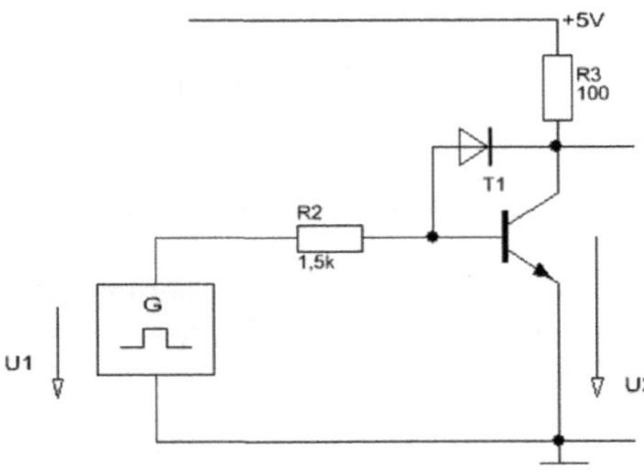

Bild 4

Fragen

- Mit welcher Maßnahme kann t_s verringert werden?
- Worin unterscheiden sich im technologischen Aufbau die Gleichrichter-von den Schaltdioden, und welche der beiden besitzt die kleinere Kapazität?
- Wie wirkt sich die Größe der Kapazität auf das Schaltverhalten aus?

Lösungen

3.2 Bei H-Pegel von u_1 wird der C geladen; bei L-Pegel entlädt sich der C über u_1 (= 0), E, B und räumt dabei dei Ladungsträger in der Basis (B) aus.

3.4 Bei H-Pegel von u_1 wird Transistor leitend $\Rightarrow$ u_2 sinkt --> 0 V, dabei wird Ge-Diode zunehmend leitend und leitet die Ladungsträger über den Kollektor ab $\Rightarrow$ die Basis wird nicht so sehr überschwemmt von Ladungsträgern $\Rightarrow$ siehe Lösung 3.5.

3.5 Je mehr Ladungsträger die Basis überschwemmen, umso schneller wird der Transistor leitend, aber umso länger dauert es, bis die Basis wieder geräumt ist.

Antworten

- Mit Speedup-Kondensator (**Bild 3**)
  oder Ge-Diode (**Bild 4**).

- Gleichrichterdiode: großflächige Sperrschicht $\Rightarrow$ große Sperrschichtkapazität
  $\Rightarrow$ td$\uparrow$, ts$\uparrow$.
  Schaltdiode: Punktförmige Sperrschicht $\Rightarrow$ kleine Sperrschichtkapazität usw.

Aufgaben

1. Bei dem Schaltverstärker **Bild 5** kann angenommen werden, dass die Dioden bei $U_F = 0{,}7$ V leiten ebenso der Transistor (U_{BE}); bei kleineren Spannungen seien die Dioden und der Transistor sperrend. U_{CErest} des Transistors kann vernachlässigt werden.

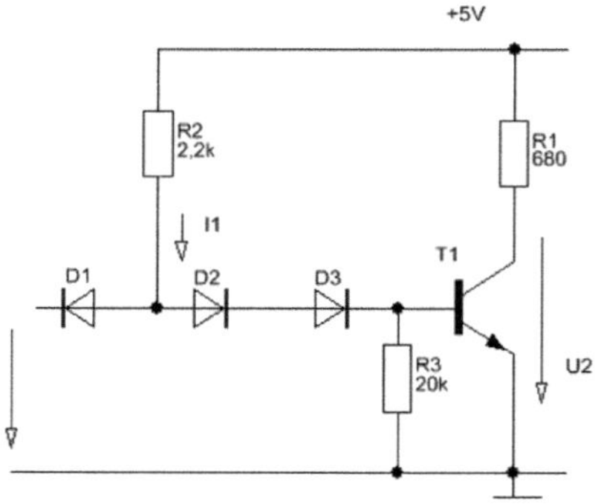

Bild 5

1.1 Welches Verhalten (Leiten/Sperren) zeigt der Transistor, wenn $U_1 = 0$ ist?

1.2 Wie groß ist I_1, wenn $U_1 = 0$ ist?

1.3 Ab welchem Wert von U_1 wird der Transistor leitend?

1.4 Wie groß ist U_{BE} für $U_1 = 1$ V?

1.5 Wie groß ist der Übersteuerungsfaktor ü des Transistors, wenn seine Gleichstromverstärkung: B = 100 und $U_1 = 5$ V ist?

1.6 Was bewirken die Dioden D_2, D_3?

Lösungen

1.1 $U_{D1} = 0{,}7\ V \Rightarrow U_{BE} < 0{,}7\ V$ (Transistor sperrt), da $U_{D1} = U_{D2} + U_{D3} + U_{BE}$

1.2 $I_1 = \dfrac{U_B - U_{D1}}{R_2} = 1{,}95\ mA$

1.3 $U_1 + U_{D1} = 2 \cdot U_D + U_{BE} \Rightarrow U_1 = 1{,}4\ V$

1.4 $U_{BE} = U_1 + U_{D1} - 2 \cdot U_D = 0{,}3\ V$

1.5 $I_1 = \dfrac{U_B - 2U_D - U_{BE}}{R_2} = 1{,}3\ mA$

$I_{R3} = \dfrac{U_{BE}}{R_3} = 35\ \mu A$

$I_B = I_1 - I_{R3} = 1{,}28\ mA$

$Ic = \dfrac{U_B - U_{CErest}}{R_1} = 7{,}3\ mA$

$I_B' = \dfrac{Ic}{B} = 73\ \mu A \Rightarrow ü = \dfrac{I_B}{I_B'} = 17{,}8$

1.6 Die Dioden vergrößern den Störspannungsabstand; ohne diese könnte in Aufgabe 1.1 der Transistor gerade noch leitend werden.

Analogschalter

Laboraufgabe oder Simulation, siehe **Bild 6**

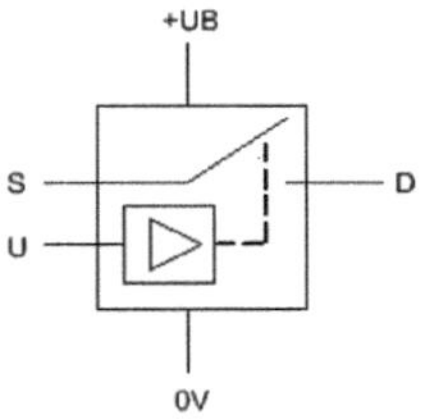

4. BF245B; BC550B; oder J2N3819 aus eval. slb bei PSPICE-Simulation

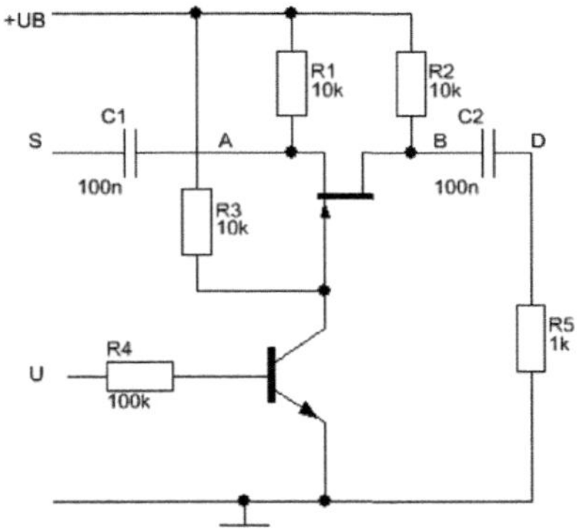

Bild 6

$U_B = 5\ V$

4.1 Legen Sie an S eine sinusförmige Spannung mit $û_s = 1\ V$, $f = 1\ kHz$ an.

Messen Sie $u_D(t)$ in Abhängikeit von U (Rechteckspannung): $U_H = 5\ V$; $U_L = 0\ V$.

4.2 Wie groß ist die Dämpfung der Wechselspannung von A nach B?

4.3 Wie groß darf $û_{1max}$ werden, damit die Spannung am Ausgang unverzerrt bleibt?

4.4 Beschreiben Sie die Funktion der Schaltung in Abhängigkeit von U.

4.5 Warum wird bei zu großer negativer Amplitude von u_1 der FET teilweise leitend, wenn er sperren soll?

Bemerkung: Analogschalter gibt es als IC in C-MOS-Technik z. B.: HCF4066B. Siehe dazu Kapitel 6: Schaltpegel

Lösungen

4.4 Punkt A (Source) liegt auf +5 V. Sperrt der BC550, liegt das Gate auch auf +5 V, $\Rightarrow U_{GS} = 0$ und der FET leitet. Leitet der BC550, liegt G auf 0 V, $\Rightarrow U_{GS} = -5$ V, und somit ist U_{GS} negativer als $U_p \Rightarrow$ der FET sperrt.

4.5 Die negative Amplitude von u_1 verringert $|U_{GS}|$, so dass $|U_{GS}| < U_p$ wird; der FET leitet.

6 Spannungs- und Schaltpegel

TTL

Laboraufgabe

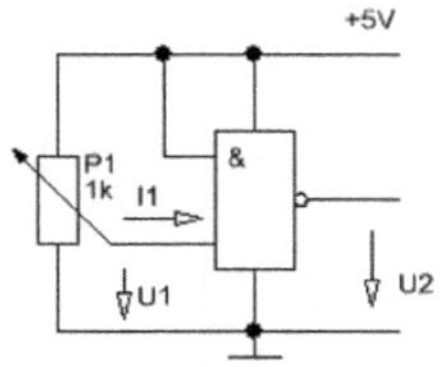

Bild 1

1. **Messungen am IC: 7400**

1.1 **Bild 1**:Messen Sie die Eingangskennlinie $I_1 = f(U_1)$; $R_2 = \infty$.

1.2 Ermitteln Sie I_1 bei $U_{Ilmax} = 0{,}4$ V und vergleichen Sie mit dem Datenblatt.
Bemerkung: I_L = Input-Low

1.3 Messen Sie in **Bild 1** die Übertragungskennlinie $U_2 = f(U_1)$ bei $R_2 = \infty$.

1.4 **Bild 2**: Messen Sie die Ausgangskennlinie $U_2 = f(I_2)$ bis $I_{2max} = 40$ mA.

1.5 Wie groß ist I_{OL} bei $U_2 = 0{,}4$ V laut Datenblatt?
Bemerkung: OL = Output-Low.

1.6 **Bild 3**: Messen Sie $U_2 = f(I_2)$.

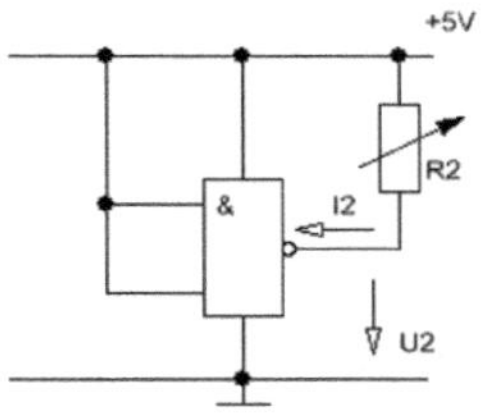

Bild 2

Fragen

- In welcher Richtung fließt der Eingangsstrom I_1?
- Beispiel: Ein TTL-Gatter (Nr.:1) schalte mehrere andere TTL-Gatter (Nr.2.....Nr.n). Wie viele Gatter dürfen an Nr. 1 angeschlossen sein, wenn laut Datenblatt der maximale Strom in den Ausgang des Nr. 1 beim U_{2OL} 16 mA nicht überschreiten darf?
- Welche Auswirkungen hat ein eventuell zu großer Strom in den Ausgang beim L-Zustand?
- Wie wirkt sich die Belastung des Gatters aus:
  - bei U_{2OH}
  - bei U_{2OL}?

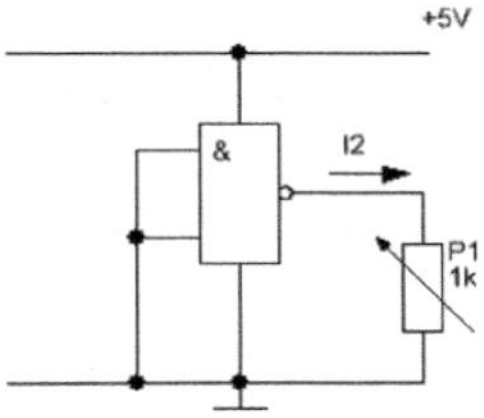

Bild 3

Antworten

- Aus dem Gatter raus. Im ungünstigsten Fall 1,6 mA pro Gatter.
- ≤ 10
- Siehe Messung 1.6.
  - Belastung wirkt sich nicht aus.
  - Siehe Messung 1.7.

Aufgaben

1. **TTL-Pegel**

1.1 Übertragen Sie aus dem Datenblatt (--> Internet) die TTL-Pegel in die beiden Diagramme **Bild 4**, und ermitteln Sie daraus den Störspannungsabstand.

1.2 Pegel-Anpassschaltung **Bild 5**:

Schaltung I schaltet das TTL-&-Gatter. Schaltung I liefert bis zu einem Ausgangsstrom von 20 mA im Zustand U_{OH} einen konstanten Pegelwert von +11V; diese 20mA dürfen unter- aber nicht überschritten werden. Der L-Pegel am I-Ausgang beträgt: $U_{OL} = 2$ V. Der Spannungsteiler hat die Aufgabe, die TTL-Pegel einzuhalten. Dimensionieren Sie R_1 und R_2 entsprechend.

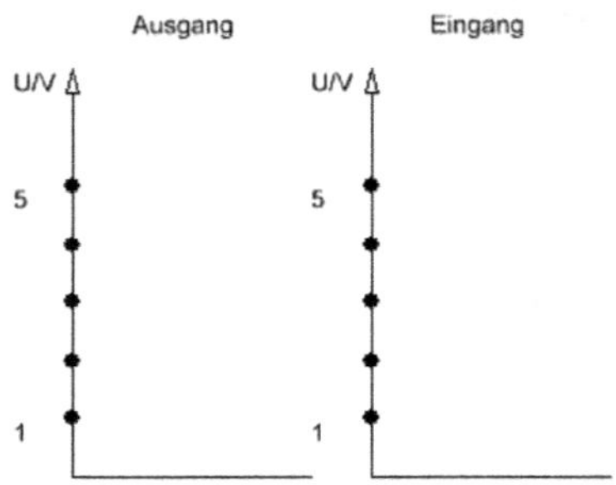

Bild 4

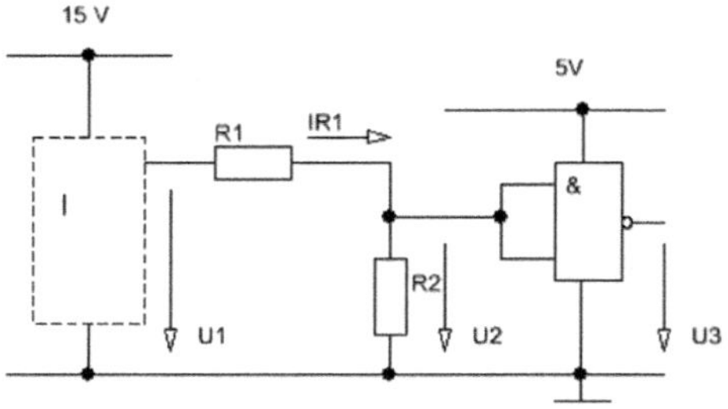

Bild 5

Lösungen

1. **TTL-Pegel**

1.1 Siehe **Bild 6:** Pegelabstände sind 0,4 V.

1.2 Begrenzung auf 20 mA: $R_1 = \dfrac{U_1}{I_{R1max}}$

$= \dfrac{11V}{20mA} = 550\ \Omega$; ---> $R_1 = 560\ \Omega$ (E-12)

Bei $U_{OL} = 2V$ dürfen an R_2 höchstens 0,8 V abfallen $\Rightarrow$ $U_{R1} = U_{OL} - 0{,}8\ V = 1{,}2\ V$.

$\Rightarrow I_{R1} = 2{,}14$ mA. Aus dem TTL-Gatter kommen 1 mA $\Rightarrow$ $I_{R2} = 3{,}14$ mA.

$R_2 = \dfrac{0{,}8V}{3{,}1mA} = 254\ \Omega$ ---> $R_2 = 220\ \Omega$

Machen Sie die Probe, ob bei dieser Dimensionierung die TTL-Pegel eingehalten werden.

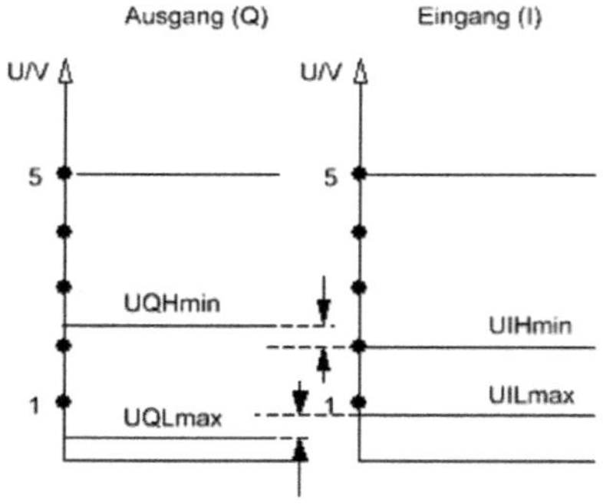

Bild 6

MOS/C-MOS

Aufgabe

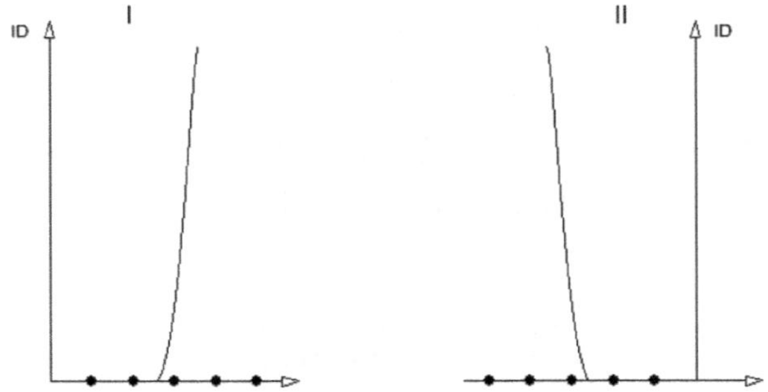

Bild 7

1. **Kennlinien**

1.1 Beide Übertragungs-Kennlinien (I, II) in **Bild 7** gehören zum MOS-FET: Welche beschreibt das Verhalten des N-Kanal- und welche das des P-Kanal-MOS-FET?

1.2 Welche physikalische Größe wird auf der horizontalen Achse aufgetragen?

1.3 Wie hoch in etwa ist der Betrag der „Eingangsspannung", bei der der MOS-FET leitend wird?

1.4 Erläutern Sie die Funktionsweise der C-MOS-Schaltung in **Bild 8**, wenn:
a) der Schalter geschlossen,
b) der Schalter geöffnet ist.
Hinweis: Argumentieren Sie mit U_{GS} ($U_{SG} = -U_{GS}$!).

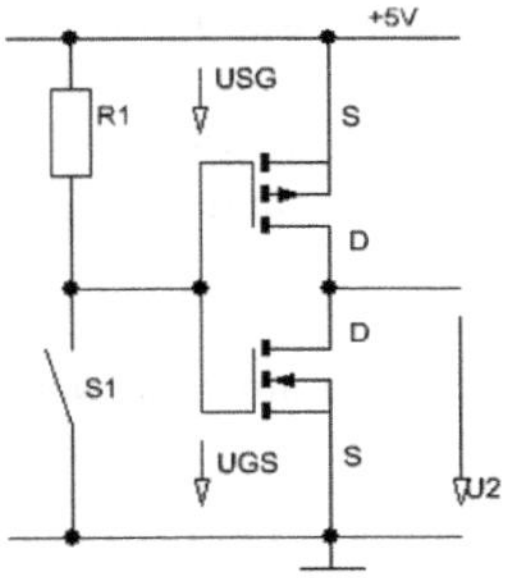

Bild 8

1.5 Übertragen Sie aus dem Datenblatt (Internet) die MOS-Pegel in Diagramme ähnlich wie in TTL 1.1 für $U_B = 6V$, und ermitteln Sie den Störspannungsabstand.

1.6 Welche Vorzüge besitzt die C-MOS-Logik im Vergleich zur TTL-Logik, und welche Nachteile besitzt sie?

MOS-FET-Kennlinien

Simulation (mit PSPICE)

1. **Steuerkennlinie $I_D = f(U_{GS})$**, siehe **Bild 9**

Die beiden Quellen: V_1, V_2 siehe unter VSRC;
V_1: DC = 5 V; MOS-FET: IRF 150.
Setup: Im DC-Sweep folgende Parameter einschalten:

- Voltage Source
- linear

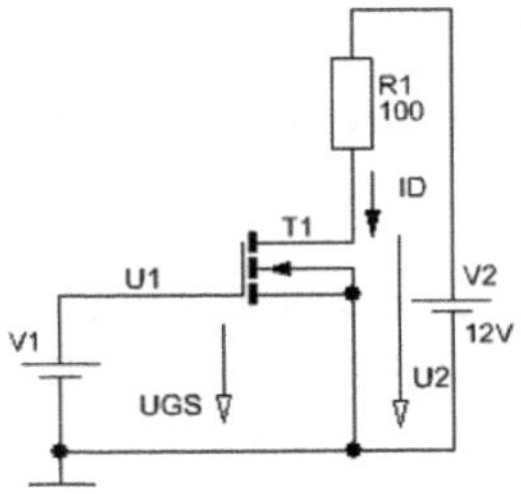

Bild 9

- Name: V_1
- Start Value 0
- End Value 5 V
- Increment 0,01

1.1 Ab welcher Spannung U_{GS} wird der MOS-FET leitend?

1.2 Warum geht die Kennlinie in eine Horizontale über?

2. **Ubertragungskennlinie $U_2 = f(U_{GS})$**
siehe **Bild 9** mit gleichen Parameter-Einstellungen.

2.1 Messen Sie den U_{IL}-Pegel und den U_{IH}-Pegel.

3. **Ausgangskennlinienfeld $I_D = f(U_{DS})$**
siehe **Bild 9** mit $R_1 = 1\ \Omega$:
Setup:
V_2 wird variabel gemacht mit DC-Sweep von 0...10 V; Name V_2; increment 0,05 V.
V_1 erhöht den U_{GS}-Wert stufig mit der Parametric-Analyse:

- DC-Wert von V_1:{var}
- Parameters (siehe unter special.slb --> param):

  Name1: var

  Value1:1V

- Unter Parametric: Global Parameter; linear; Name:var; Start-Value usw.

3.1 Welchen Innenwiderstand besitzt der MOS-FET im Bereich: $U_{2sat} \leq U_2 \leq 10$ V?

3.2 Wie verhält sich der Transistor von $0\ V \leq U_2 \leq U_{2sat}$ (Knick)?

Aufgabe

1. **TTL schaltet C-MOS-Inverter**, siehe **Bild 10**.

   $U_B = 15$ V

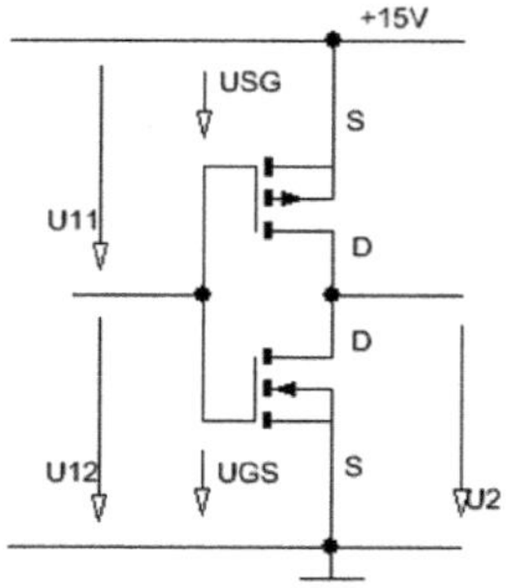

Bild 10

1.1 Wie groß sind ungefähr die Spannungen U_{11} und U_{12}, wenn die schaltende TTL-Stufe am Ausgang U_{OH}-Pegel besitzt?

1.2 In welchem Zustand (sperren/leiten) befinden sich die beiden MOS-FETs?

1.3 Schlagen Sie eine Maßnahme zur Behebung des Problems vor.

Lösungen

3. **Ausgangskennlinienfeld $I_D = f(U_{DS})$**

3.1 $r_2 \to \infty$

3.2 MOS-FET besitzt Verhalten eines linearen Widerstandes.

1. **TTL schaltet C-MOS-Inverter**

1.1 $U_{11} \approx 11$ V; $U_{12} \approx 4$ V

1.2 Beide Transistoren leiten!

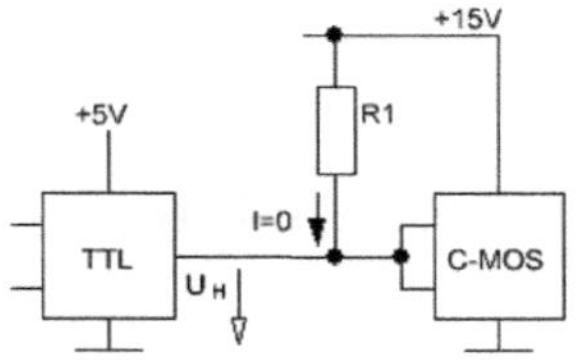

Bild 11

1.3 Siehe **Bild 11**: Im TTL-Ausgang verhindert eine Diode, dass ein Strom von +15 V nach +5 V zum Fließen kommt. Also „zieht" der R_1 das U_H-Potential nach +15 V, d. h., der obere MOS-FET sperrt. Gewählt wird: $R_1 \geq 2{,}2$ kΩ.

Aufgabe/Laboraufgabe

4. **HCF4066B-Analogschalter**
Bild 12; siehe auch Kapitel 5, Aufgabe 4.

Mit den Analogschaltern, einem Schieberegister und einer Kodierlogik soll ein Treppengenerator realisiert werden.

4.1 Vervollständigen Sie die Schaltung.

4.2 Die Kodierlogik soll an den seriellen Eingang SE des Schieberegisters 1-Signal liefern, wenn alle Ausgänge des Schieberegisters auf 0 sind. Welches Gatter könnte dazu verwendet werden?

4.3 Messen Sie den Spannungsverlauf.

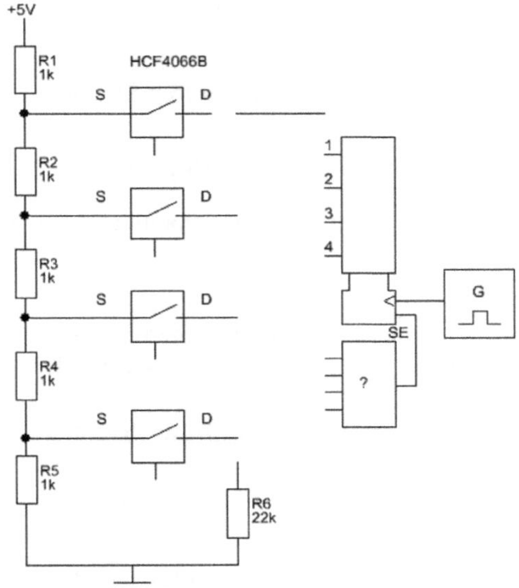

Bild 12

Lösungen

4. **HCF4066B-Analogschalter**

4.1 D-Anschlüsse verbinden und an R_6 und die Steueranschlüsse (mittlere Anschlüsse der Analogschalter) an 1...4 anschließen.

4.2 Mit NOR-Gatter.

7 Transistor als Verstärker

Emitterschaltung

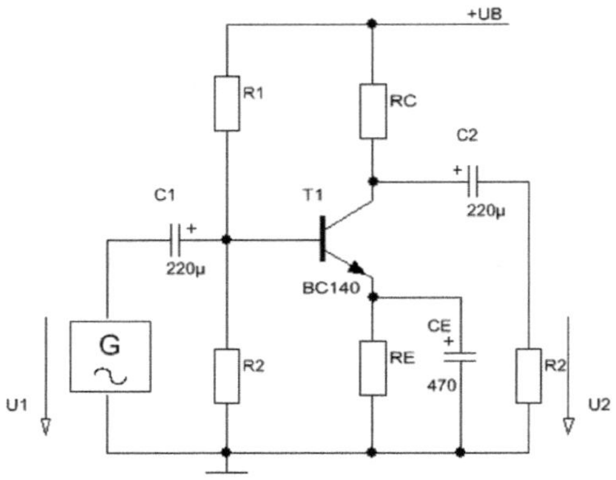

Bild 1

Laboraufgabe

$U_B = 12$ V; AP: $U_{CE} \approx U_B/2$

$R_C = 220\ \Omega$; $R_E = 22\ \Omega$

f = 1 kHz

Statisches Verhalten

1.1 Berechnen Sie R_1, R_2 (B = 100; $I_{R2} \approx 5 \cdot I_B$), und überprüfen Sie Ihre Messungen!

Dynamisches Verhalten mit C_E:

1.2 Messen Sie die Wechselspannungs-Verstärkung $v_u = \frac{u_2}{u_1}$ im Leerlauf (v_{u0}) und bei $R_2 = 1\ \text{k}\Omega$.

1.3 Messen Sie den dynamischen Eingangs -und Ausgangswiderstand (r_1, r_2) der Schaltung, und vergleichen Sie Ihre Werte mit dem Wechselstromersatzschaltbild .

Dynamisches Verhalten ohne C_E

1.4 Messen Sie $v_{u0} = \frac{u_2}{u_1}$ im Leerlauf und vergleichen Sie mit $\frac{R_C}{R_E}$.

1.5 Vergleichen Sie die Form (eventuelle Verzerrung) der Ausgangsspannung mit der Form unter 1.2.

Fragen

- Wie groß ist der r_1, ausgehend von dem Wechselstromersatzschaltbild (ohne C_E), mit den Annahmen: $\beta \approx 100$; $r_{BE} < 1\ \text{k}\Omega$?
- Welche Bauelemente bestimmen in etwa die Leerlaufverstärkung v_{u0} (ohne C_E) und bei Belastung mit R_2?
- Wie wirkt sich der C_E auf v_{u0} aus?
- Welche Vor- und welche Nachteile bewirkt der C_E?

Antworten

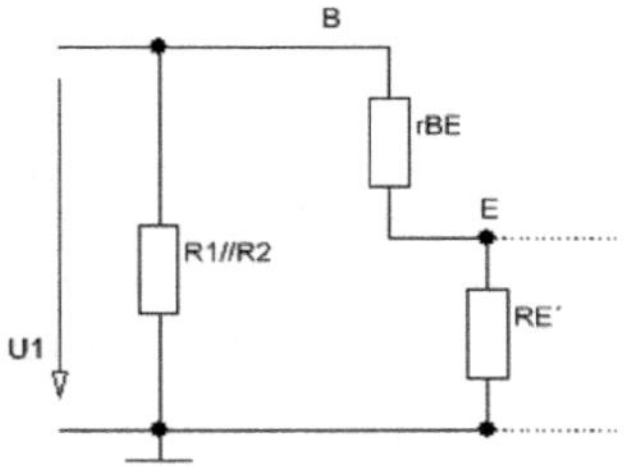

Bild 2

- $R_1 = 992\ \Omega$ --> $1\ k\Omega$
  $R_2 = 7{,}1\ k\Omega$ --> $6{,}8\ k\Omega$; siehe **Bild 2**:
  $R' = R_1//R_2 = \dfrac{6{,}8\ k\Omega \cdot 1\ k\Omega}{7{,}8\ k\Omega}$;$R_E' \approx \beta R_E$;
  $\Rightarrow r_1 \approx R_1//R_2//\left(r_{BE} + \beta R_E\right) \approx 640\ \Omega$
  mit $\beta R_E > R_E$.
- $v_{u0} \approx \dfrac{R_c}{R_E}$; mit R_2: $v_u \approx \dfrac{R_c // R_2}{R_E}$
- C_E schliesst R_E in etwa kurz, dadurch wird die Stromgegenkopplung unwirksamer und v_u nimmt deshalb zu.
- Vorteil: $v_u \uparrow$; Nachteil: Verzerrungen $\uparrow$ (hoher Klirrfaktor).

Aufgaben

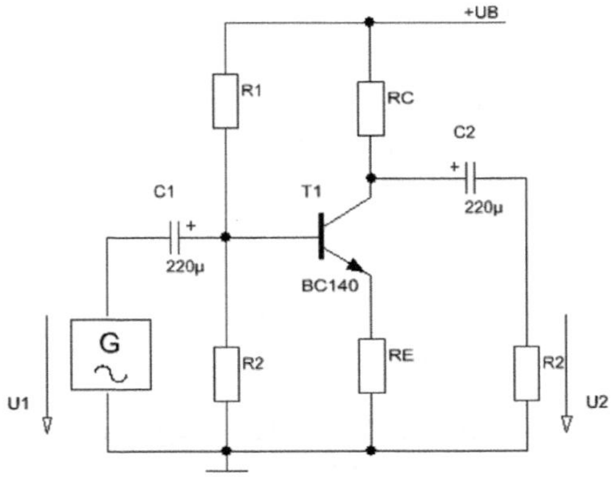

Bild 3

1. **Emitterstufe**, siehe **Bild 3**

1.1 Erklären Sie die AP-Stabilisierung, wenn die Gerätetemperatur und somit die des Transistors ansteigt ($\vartheta \uparrow$).

1.2 Die Grezwerte sind:
$P_{tot} = 300$ mW; $U_{CE0} = 25$ V;
$I_{cmax} = 100$ mA.

Zeichnen Sie diese Grenzwerte auf Ihr Blatt (P_{tot}-Kurve mindestens 4 Werte!).

1.3 $U_B = 12V$; $U_{CE} \approx U_B/2$. Dimensionieren Sie die Stufe, wenn:

– R_c die Grenzen von 1.2 gerade noch einhalten ($R_c = R_{cmin}$) und

– v_u (bei 1 kHz) = 8 betragen soll.

Tragen Sie die Arbeitsgeraden in Aufgabe 1.2 ein. ($I_{R2} = 5 \cdot I_B$)

1.4 Der AP sei eingestellt. Wie würde sich ein nachträgliches Erhöhen des R_2 auf U_{CE} auswirken?

1.5 Wie wirkt sich ein defekter C_1 (Kurzschluss) auf den AP des Transistors aus?

Hinweis zu 1.3: Der B-Wert eines Transistors ist in der Regel unbekannt und muss somit angenommen (z.B.: B=100) oder dem Datenblatt entnommen werden, anschließend müssen die Widerstandswerte der E-12 Norm angepasst werden, d. h., es macht keinen Sinn, die Stufe exakt zu berechnen, wenn einerseits Werte angenommen werden müssen und abschließend gerundet werden muss; außerdem gleicht der R_E u. a. B-Abweichungen (Exemplarstreuungen) aus. Machen Sie den Versuch, und wechseln Sie Ihren Transistor gegen einen anderen Transistor des selben Types aus.

Es wird also: B= 100; U_{BE}= 0,7 V; I_E= I_C und $U_{CE} \approx U_B/2$ angesetzt.

Lösungen

1. **Emitterstufe**

1.1 $\vartheta\uparrow \Rightarrow Ic\uparrow$

$\Rightarrow U_{RE}\uparrow \Rightarrow U_{BE}\downarrow$

1.2 **Bild 4**

1.3 $v_u = 8 \Rightarrow \frac{Rc}{R_E} = 8$

$\Rightarrow Rc = 8 \cdot R_E$ (1)

$Ic(R_4 + R_E) + U_B/2 = U_B$ (2)

(1) --> (2): $R_E = 13\ \Omega$ --> $12\ \Omega$ (E-12)

$\Rightarrow U_{RE} = Ic \cdot R_E = 0{,}53$ V

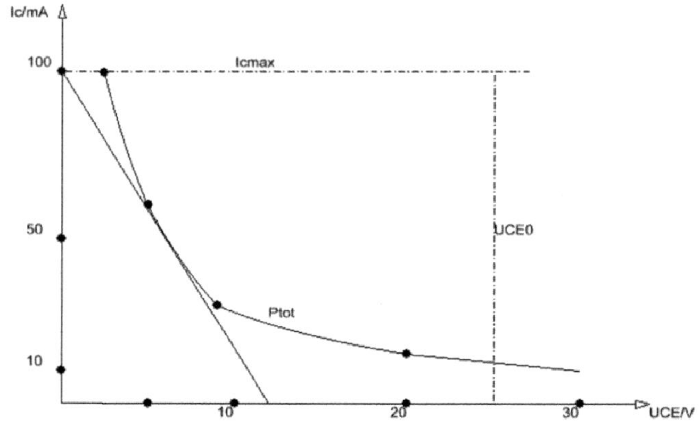

Bild 4

$R_4 = 106\ \Omega$ --> $100\ \Omega$ (E-12)

$I_B \approx 0{,}5$ mA

$$R_1 = \frac{U_B - (U_{RE} + U_{BE})}{5 \cdot I_B + I_B} = 3{,}5\ k\Omega \text{ --> } 3{,}3\ k\Omega$$

$$R_2 = \frac{U_{RE} + U_{BE}}{5 \cdot I_B} = 480\ \Omega \text{ --> } 470\ \Omega$$

1.4 $R_2\uparrow$ --> $I_B\uparrow \Rightarrow$ Transistor leitender

$\Rightarrow U_{CE}\downarrow$

1.5 Basis kurzgeschlossen $\Rightarrow$ Transistor sperrt.

J-FET als Verstärker

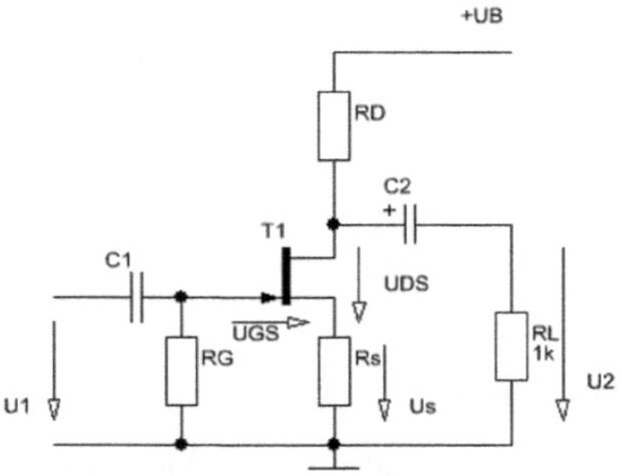

Bild 5

Laboraufgabe

siehe **Bild 5**

BF245-B; U_B= 15 V; $U_{DS} \approx U_B/2$;

C_2 = 4,7 µF; R_G = 1 MΩ

Die statische Stromsteuerungskennlinie kann mit der Gleichung:

$I_D = I_{Dss}\left(1-\frac{U_{GS}}{U_p}\right)^2$ (1) ermittelt werden.

Daten des BF245-B: $U_p \approx -3V$ und I_{Dss} = 10 mA.

1.1 Bestimmen Sie den Arbeitspunkt.

1.2 Berechnen Sie die Widerstände, und kontrollieren Sie den AP durch Messungen.

1.3 Berechnen Sie C_1 für f_g = 30 Hz.

1.4 Messen Sie V_u bei f = 1 kHz mit und ohne R_L!

1.5 Messen Sie den Ausgangswiderstand r_2 der Schaltung.

Fragen

- Wozu dient der R_G?
- Mit welchen Bauelementen wird der AP bestimmt?
- Wie hoch ist der Eingangswiderstand r_1?
- Könnte man auch einen R_G = 1 kΩ wählen?
- Welchen Nachteil hätte dies?

Lösungen

1. **J-FET als Verstärker**

1.1 Im linearen Teil der Übertragungskennlinie: $U_{GS} = -1V$ --->$I_D \approx 4{,}5$ mA

1.2 $Rs = \frac{U_{RS}}{I_D} = 222\ \Omega$ --> 220 Ω

$U_{GS} = -1\ V \Rightarrow U_{RS} = 1\ V$

Grund: $U_G - U_{RS} - U_{GS} = 0$, wegen $I_G = 0 \Rightarrow U_G = 0$

$\Rightarrow U_{RS} = -U_{GS}$

$U_{DS} \approx 7\text{ V}: \Rightarrow R_D = \dfrac{U_{RD}}{I_D} = 3{,}3\text{ k}\Omega$

1.3 $C_1 = \dfrac{1}{2\pi R_G f_g} = 5{,}3\text{ nF} \dashrightarrow 6{,}8\text{ nF}$

Antworten

- Nur mit dem Massenbezug des Gates und dem höheren Potential an Source kann das Gate negativ werden. R_G dient also mit zur Einstellung des AP.
- R_G, R_S.
- $r_1 = R_G$.
- Ja, aber r_1 würde dadurch auf 1 kΩ sinken.

Aufgabe (auch als Laboraufgabe geeignet)

1. **Konstantstromquelle mit FET**, siehe **Bild 6**
   BF 245-B; U_B= 15 V;

1.1 Skizzieren Sie die Stromsteuerungskennlinie mit den Daten: $U_P \approx -3\text{V}$ und $I_{Dss} = 10\text{ mA}$ und der Gleichung (1).

1.2 Berechnen Sie den R_s, wenn durch P_2 ein Strom von 4 mA fließen soll.

1.3 Ermitteln Sie U_{DS} für $R_{P2} = 1{,}5\text{ k}\Omega$

1.4 Stellen Sie kurz dar, wie es zur Konstanthaltung des Stromes kommt.

1.5 Warum kann die Schaltung bei einem zu hohen R_{P2} den Strom I_2 nicht mehr konstant halten?

1.6 Berechnen Sie den R_{P2max}.

1.7 Welche Auswirkungen hat ein $R_s = 0$?

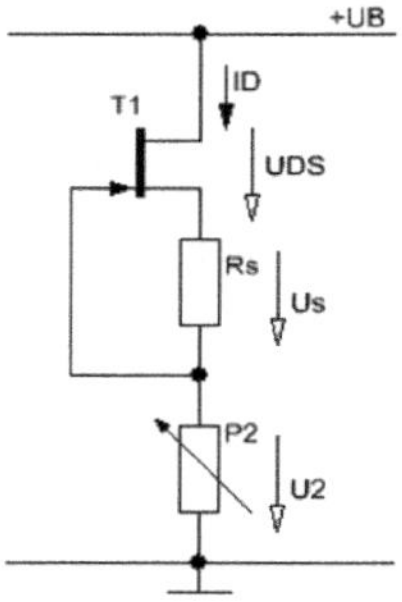

Bild 6

Lösungen

1. **Konstantstromquelle mit FET**

1.2 Aus der Kennlinie: $I_D = f(U_{GS})$: 4 mA --> $U_{GS} \approx -1{,}2\text{ V} \Rightarrow R_s = \dfrac{|U_{GS}|}{I_D} = 300\ \Omega$.

1.3 $U_{DS} = U_B - (U_s + I_D \cdot R_{P2}) = 7{,}8\text{ V}$

1.4 $R_{P2}\downarrow \rightarrow I_D \uparrow \rightarrow U_{RS} \uparrow \rightarrow |U_{GS}| \uparrow$ siehe : $I_D = f(U_{GS}) \rightarrow I_D \downarrow$ (Regelung!)

1.5 Mit zunehmendem R_{P2} steigt U_2 (I_D = const), damit sinkt U_{DS}; siehe Ausgangskennlinienfeld des FET: unterhalb ≈ 3 V (U_{DS}) sinkt I_D zwangsläufig, und damit ändert sich I_D!

1.6 $R_{P\text{“}max} \approx \dfrac{U_B - (U_{DSmin} + U_s)}{I_D} = 2{,}7\ \text{k}\Omega.$

1.7 Schaltung verhält sich genauso, und es fließt der I_{Dss}.

Kollektorstufe

Laboraufgabe

Transistor: BC141

Grenzwerte:

$P_{tot} = 300$ mW; $U_{CE0} = 20$ V
$\Rightarrow U_B < 20$ V; z. B.: $U_B = 15$ V;
$I_q = 5 \cdot I_B$; AP bei $U_B/2$
$R_L = 1\ \text{k}\Omega$

1.1 Berechnen Sie: R_1, R_2, R_E.

1.2 Prüfen Sie den AP durch Messung nach.

1.3 Messen Sie die Wechselspannungsverstärkung $Vu_{\sim}$ (z. B.: $\hat{u}_1 = 5$ V) bei f = 1 kHz

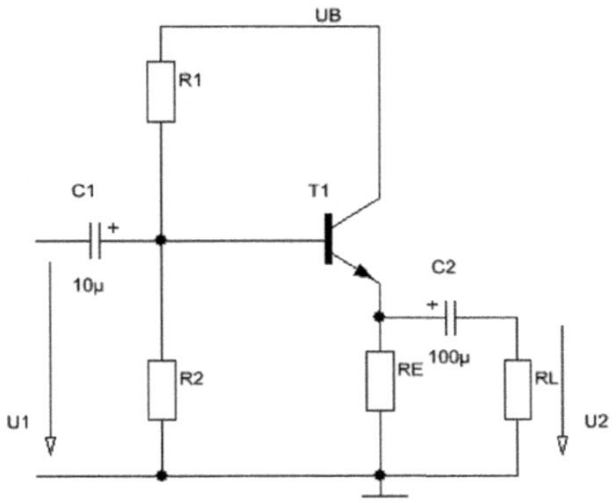

Bild 7

1.4 Ändern Sie den Lastwiderstand R_L von 1 kΩ auf 100 Ω, und beobachten Sie die Änderung von $u_2(t)$; erklären Sie die Ursache!

1.5 Messen Sie den Ausgangswiderstand r_2 .

1.6 Leiten Sie die Beziehung $v_u = \dfrac{U_2}{U_1}$ her.

Fragen

- Erklären Sie die Phasenbeziehung φ_{u_2,u_1} anhand **Bild 7**.
- Welches Ruhe-Potential liegt am linken Anschluss des C_2?
- Wie wirkt sich eine Lautsprecherimpedanz von 4 Ω auf die Ausgangsamplitude $\hat{u}_2$ aus?
- Welche Konsequenzen ergeben sich daraus für kleine Lastwiderstände?

Lösungen

1. Kollektorstufe

1.1 $I_{CAP} = \frac{P_{tot}}{U_{CEAP}}$ (Bemerkung: AP = Arbeitspunkt)

$= \frac{300\,\text{mW}}{7{,}5\,\text{V}} = 40\text{ mA}$

$R_E = \frac{U_{RE}}{I_{AP}} = \frac{7{,}5\,\text{V}}{40\,\text{mA}}$

$= 187\ \Omega$ --> $220\ \Omega$

$I_B = 0{,}4\text{ mA}; \Rightarrow I_q = 2\text{ mA}$

$R_2 = \frac{U_{R2}}{I_q} = \frac{U_{RE} + U_{BE}}{I_q}$

$= 4{,}1\text{ k}\Omega$--> $4{,}7\text{ k}\Omega$

$R_1 = \frac{U_B - U_{R2}}{6 \cdot I_B}$

$= 2{,}8\text{ k}\Omega$ --> $3{,}3\text{ k}\Omega$

exakter wäre: Mit $R_E = 220\ \Omega$ (statt $187\ \Omega$) fließt ein etwas kleinerer I_{CAP}:

$I_{CAP} = \frac{7{,}5\,\text{V}}{220\,\Omega} = 34\text{ mA}$ usw. Dann ergeben sich $I_B = 0{,}34\text{ mA}$; $I_q = 1{,}7\text{ mA}$.

$\Rightarrow R_2 = 4{,}8\text{ k}\Omega$ --> $4{,}7\text{ k}\Omega$ (Wie man sieht, ändert sich das Ergebnis kaum)

1.4 C_2 ist auf $\approx 7{,}5$ V geladen. Bei negativer Eingangs-Halbwelle wird der Transistor zunehmend sperrender, und somit entlädt sich C_2 über R_E und R_L, wobei an R_L der kleinere Teil der Spannung abfällt $\Rightarrow$ negative Halbwelle an R_L wird abgeschnitten.
Oder Argumentation mit der steiler verlaufenden Wechselstromarbeitsgeraden $R_E//R_L$: Der Schnittpunkt mit der U_{CE}-Achse wandert nach links.

Konsequenz: Negative Halbwelle muss mit weiterem (komplementär-) Transistor bearbeitet werden, siehe Endstufen.

1.6 Siehe **Bild 8**: $R_E' \approx \beta \cdot R_E$;

$$\frac{u_2}{u_1} = \frac{R_E'//R_L}{r_{BE} + (R_E'//R_L)} < 1!$$

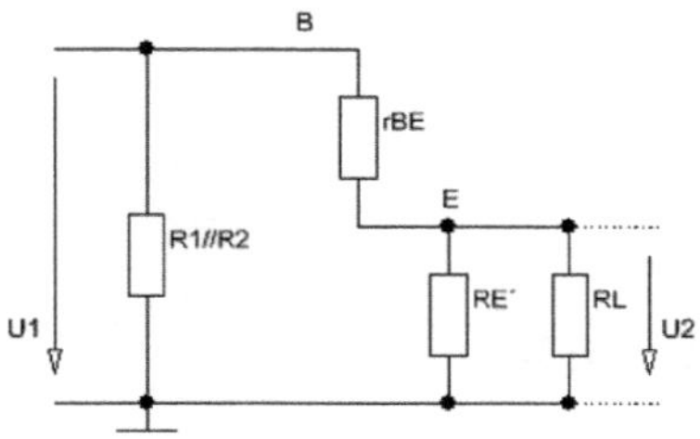

Bild 8

Antworten

- $\Delta U_{BE} \uparrow \rightarrow \Delta I_c \uparrow \rightarrow \Delta U_{RE} \uparrow$
- $\approx \frac{U_B}{2}$
- siehe Messung
- negative Halbwelle über Komplementär-Transistor

8 Endstufen

B-Betrieb

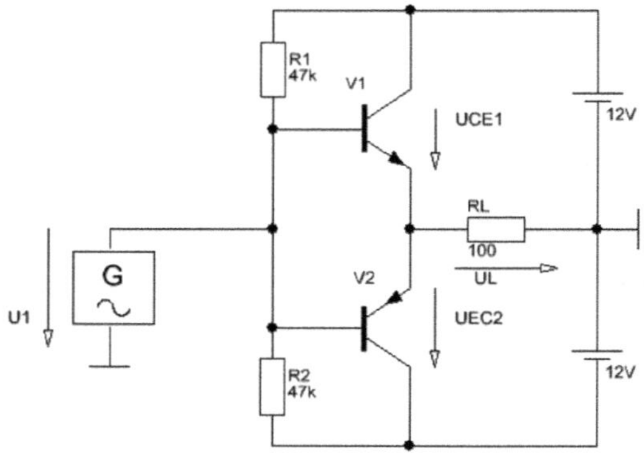

Bild 1

Laboraufgabe

Transistoren: BC140/BC160
bzw.Endstufentransistoren:
2N3055/BDX18; BD135/BD136

Statisches Verhalten

1.1 $u_1(t) = 0$: Messen Sie die Basis- und am Emitterpotentiale.

1.2 Wie groß sind U_{BE1} und U_{BE2}?

1.3 In welchem Zustand (leitend/sperrend) befinden sich die Transistoren?

Dynamisches Verhalten

1.4 $\hat{u}_1 = 2$ V; f = 1 kHz: Messen Sie v_u, und begründen Sie den Wert!

1.5 Skizzieren Sie $u_L(t)$.

1.6 Erklären Sie die Formabweichung des Sinus $u_L(t)$ gegenüber $u_1(t)$.

1.7 Messen Sie die maximal mögliche Ausgangsamplitude $\hat{u}_{2max}$.

Fragen

- Welche Vor-/Nachteile besitzen die Betriebsarten A, AB, B, C hinsichtlich der Verzerrungen und des Wirkungsgrades η?
- Warum werden für Endstufen in der Regel Kollektorstufen eingesetzt?
- Welche Betriebsart würden Sie wählen für die:
  - Endstufe eines stationären Musikverstärkers
  - Endstufe eines (mobilen) Sprechfunkgerätes?

Antworten

- A-Betrieb: Im Vergleich zu B-Betrieb geringe Verzerrungen, aber kleines η.
  B-Betrieb: große Verzerrungen, großes η.
  AB-Betrieb: Kompromiss.

- Die Kollektorstufe besitzt einen kleinen Ausgangswiderstand ⇒ die Stufe kann niederohmig belastet werden, also z. B.: mit einem Lautsprecher, ohne dass die Spannung zusammenbricht.
- Sprache muss beim Sprechfunkgerät verständlich sein, da sie akkubetrieben sind, muss der Wirkungsgrad groß sein ⇒ B-Betrieb.
  Musikverstärker sind stationäre Geräte, also mit Netzteil versehen, und dürfen nur einen kleinen Klirrfaktor aufweisen ⇒ AB-Betrieb

AB-Betrieb

Aufgabe

1. **Endstufe im AB-Betrieb**

Um die Übernahmeverzerrungen zu beseitigen, wurde die Schaltung von **Bild 1** um zwei Dioden erweitert, siehe **Bild 2**.

1.1 Geben Sie folgende Spannungen bzw. Potentiale an: U_{BE1}; U_{BE2}; φ_A; φ_B.

1.2 In welchem Zustand befinden sich V_1, und V_2 (voll-, halb-, nichtleitend)?

1.3 Welche Leistung liegt dann vermutlich an V_1, und V_2?

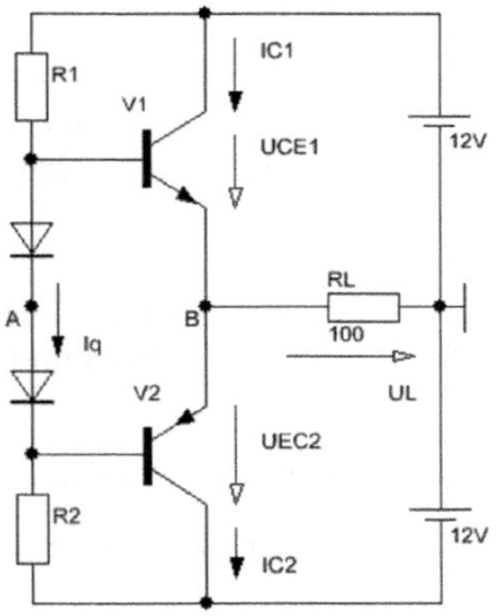

Bild 2

Allgemeine Bemerkung zum Thema Endstufen:
Es gibt hervorragende Endstufen-ICs mit nur geringen externen Bauelementen z. B.: TDA2002, TDA 2030..., so dass man fast ohne Dimensionierungen auskommt. Sicher wird man in der Praxis die Endstufen-ICs einsetzen. Hier geht es um die allgemeine Problematik der Dimensionierung und des Verständnisses für komplexere Schaltungen.

Lösungen

1. Aufgabe: **Endstufe im AB-Betrieb**

1.1 $\varphi_A (= \varphi_B) = 0$, ⇒ $U_{BE1} = 0{,}7$ V $(= U_{BE2})$

1.2 ⇒ V_1, V_2 leiten.

1.2 Es fließt nahezu ein Kurzschlussstrom I_{ck} von $+U_B$ nach $-U_B$, d. h., die beiden Transistoren werden überlastet!

Abhilfe: mit R_{E1} und R_{E2} wird einerseits der Kurzschluss verhindert, andererseits wird damit eine Gegenkopplung erzeugt, die temperaturstabilisierend wirkt und dazu noch den Einfluss unterschiedlicher Transistorparameter (B, β, r_{BE},...) vermindert.

Laboraufgabe, siehe **Bild 3**

1. **Endstufe im AB-Betrieb**

Statisches Verhalten

1.1 Berechnen Sie die Widerstände R_1 und R_2, so dass die beiden Dioden leiten.

1.2 Berechnen Sie R_{E1} bzw. R_{E2}, so dass bei der größten Ausgangsamplitude $\hat{\imath}_{Lmax}$ der Spannungsabfall an dem R_{E1} nicht größer als $\hat{u}_{BE} = 0{,}5$ V beträgt.

Annahme: $U_{CErest} \leq 2$ V.

Beachten Sie: Bei Endstufen ist der IC groß; je größer der Ic, umso größer wird U_{Cerest} (siehe Ausgangskennlinienfeld).

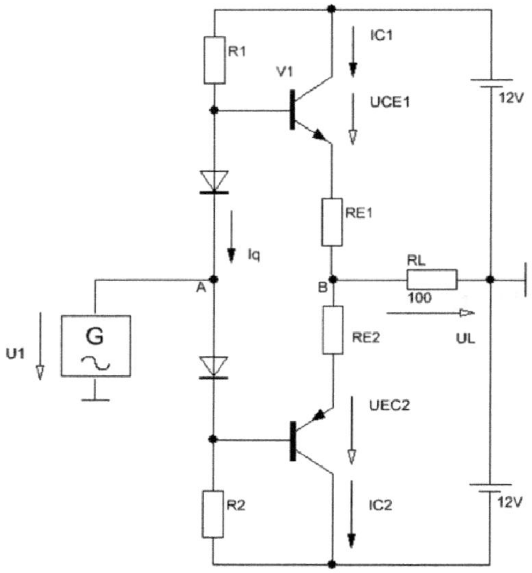

Bild 3

1.3 $u_1 = 0$: Messen Sie die Gleichspannungspotentiale an den Basen, an den Emittern und an den Punkten A und B.

Dynamisches Verhalten

1.4 $\hat{u}_1 = 2$ V; f = 1 kHz: Messen Sie v_u und begründen Sie den Wert!

1.5 Erhöhen Sie $\hat{u}_1$, und messen Sie die maximal mögliche Ausgangsamplitude $\hat{u}_{Lmax}$.

1.6 Wer behindert die maximal möglichen Ausgangsamplituden: $\hat{\imath}_c$ und $\hat{u}_L$?

Lösungen

1. Laboraufgabe: **Endstufe im AB-Betrieb**

1.1 $U_{R1} = U_B - U_F = 11{,}3$ V $\Rightarrow R_1 = R_2$ --> 1 kΩ. ($I_F = 10$ mA angesetzt)

1.2 $\hat{u}_{CERest} + \hat{u}_{BE} + \hat{u}_L = U_B \;\Rightarrow\; \hat{u}_L = 9{,}5$ V $\Rightarrow \hat{\imath}_{cmax} \approx 100$ mA

$\Rightarrow R_{E1} = R_{E2} = 5\,\Omega$

1.6 R_1 (bzw. R_2): Der $\hat{\imath}_{Bmax} = 1$ mA verursacht an R_1 zusätzlich 1 V Spannungsabfall $\Rightarrow$ Das Basispotential sinkt und verhindert weiteres Leiten des Transistors V_1. Dies Problem wird z. B. mit Darlington-Transistoren verringert.

Aufgaben

1. **AB-Betrieb**

   Siehe **Bild 3**: Verlangt wird an $R_L = 100\ \Omega$ eine Maximal-Leistung von 1 W. Dimensionieren Sie alle Bauelemente. ($B = 100$; $\hat{u}_{REmax} = 0{,}5$ V)

2. **AB mit Darlington**

   Siehe **Bild 4.**

   $U_B = \pm\ 15$ V

   $R_L = 10\ \Omega$

   $R_{E1} = R_{E2} = 2{,}2\ \Omega$

   Annahme: alle Transistoren sind bei $U_{BE} = 0{,}7$ V leitend. ($B \approx 100$).

   Die Dioden leiten ab $U_F = 0{,}7$ V.

   Der Kondensator C_1 bildet wechselstrommäßig einen Kurzschluss.

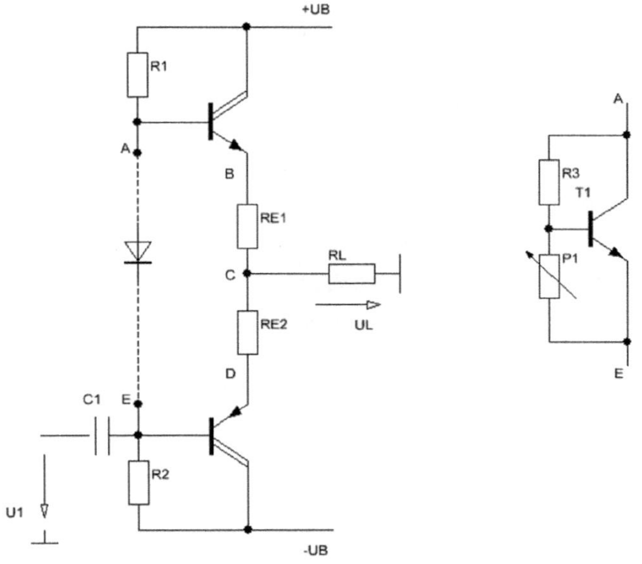

Bild 4

2.1 Wie viele Dioden müssen für den AB-Betrieb mindestens zwischen A und E liegen?

2.2 Geben Sie die Gleichpotentiale in den Punkten: A, B, C, D und E an, wenn zwischen A und E die Mindestanzahl Dioden + 2 Dioden liegen.

2.3 Am Eingang liege eine positiv ansteigende Spannung; wie ändern sich die Potentiale in den genannten Punkten A....E (Angabe in der Form: $\varphi \uparrow$), und geben Sie an, ob die Transistoren dadurch leitender oder sperrender werden.

2.4 Berechnen Sie den ausgangsseitigen Ruhestrom Ic, wenn zwischen A und E die Mindestanzahl Dioden plus 2 Dioden liegen.

2.5 Berechnen Sie R_1 und R_2, wenn der Diodenstrom I_F (= I_q) = 10 mA betragen soll.

2.6 Die Diodenkette wird durch den Transistor T_1 mit R_3, P_1 ersetzt. Berechnen Sie R_3 und R_4, so dass der vorige Strom von 10 mA weiterhin zum Fließen kommt.

2.7 Welche Vorteile bietet die Endstufe mit symmetrischer Versorungsspannung im Vergleich zur asymmetrischen?

Lösungen

1. **AB-Betrieb**

$\hat{u}_{Lmax} = 10\ V \Rightarrow \hat{\imath}_{cmax} = 100\ mA \Rightarrow \hat{\imath}_{Bmax} = 1\ mA$.

Für größere Aussteuerung müssen R_1 und R_2 kleiner gewählt werden: z. B: $R_1 = R_2 = 680\ \Omega$ oder $560\ \Omega$ (damit wird jedoch Iq größer und η kleiner!).

$$R_{E1} = R_{E2}. = \frac{\hat{u}_E}{\hat{\imath}_c} = 5\ \Omega$$

2. **AB mit Darlington**

2.1 $4 \cdot U_{BE} \Rightarrow$ 4 Dioden

2.2 A: 2,1 V; B: 0,7 V; C: 0V; D: −0,7 V; E: −2,1 V

2.3 Alle Potentiale steigen. Oberer Transistor leitet, unterer sperrt.

2.4 $U_{RE} \approx U_F \Rightarrow I_C = \frac{U_F}{R_{E1}} \approx 318\ mA$

2.5 $(R_1 + R_2) = \frac{U_B - 6U_F}{I_F} = 2{,}5\ k\Omega \Rightarrow R_1 = R_2 = 1{,}2\ k\Omega$

2.6 $U_{CE} = 6U_F$ (4,2 V)

$R_{P1} = \frac{U_{BE}}{I_F} = 1{,}4\ k\Omega$ ---> $1{,}2\ k\Omega$

$R_3 = 5{,}8\ k\Omega$ ---> $5{,}6\ k\Omega$

2.7 Sie benötigt keinen bzw. nur einen Koppelkondensator!

9 OP-Kippstufen

Komparator/Schmitt-Trigger

Voraussetzung für alle in den Laboraufgaben eingesetzten OPs ist die Eigenschaft, dass die Spannungsdifferenz an den beiden Eingängen von den Grenzwerten her bis $\pm U_B$ möglich ist (z. B.: beim μA741); wenn nicht, müssen zwischen die beiden Eingänge zwei Dioden antiparallel geschaltet werden!

Laboraufgabe oder Simulation

1. **Schmitt-Trigger**, siehe **Bild 1**

Digitale Signale (binär bzw. ternär) werden im Kabel aufgrund des Tiefpassverhaltens verschliffen; damit der Empfänger das Signal verarbeiten kann, muss es zuvor regeneriert werden.

Im folgenden Versuch wird das Koax-Kabel mit einem RC-Tiefpass näherungsweise nachgebildet. Am RC-Schaltungsausgang (u_2) sollte dann das verschliffene Signal zu messen sein. Anschließend wird das Signal mit einem Schmitt-Trigger regeneriert.

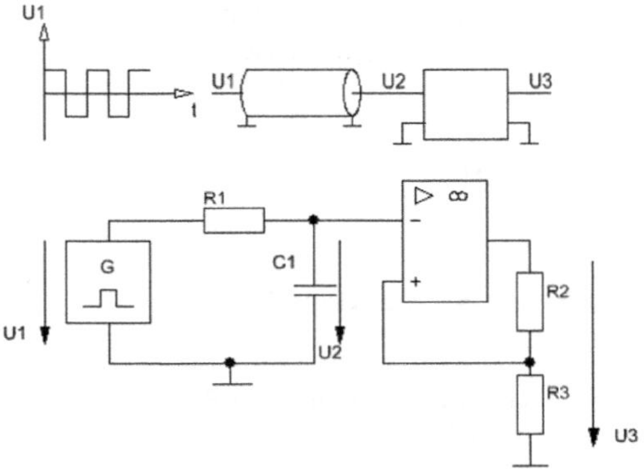

Bild 1

OP: $U_B = \pm 15$ V; $R_1 = 1$ kΩ;
$C_1 = 100$ nF; $R_2 = 2{,}2$ kΩ.
Impulsgenerator: $\hat{u}_1 = 5$ V; Bitrate: 2 kBit/s

1.1 Messen und skizzieren Sie an der RC-Schaltung $u_2(t)$.

1.2 Berechnen Sie R_3, des Schmitt-Triggers, wenn die Schaltschwellen bei ± 4 V liegen sollen. Gehen Sie von $\hat{u}_3 \leq \pm 14$ V aus.

1.3 Beurteilen Sie die Impulsflanken am OP- Ausgang, und erklären sie die Ursache!

1.4 Überlagern Sie der $u_2(t)$ eine sinusförmige Störspannung mit $f = 18$ kHz und $\hat{u} = 10$ V, indem sie in Reihe zur Pulsquelle eine Sinusquelle schalten. Wie wirkt sich die Störung aus?

1.5 Ändern Sie die Schaltung des Schmitt-Triggers ab, so dass daraus ein Komparator wird, der bei +4,3 V kippt, und überlagern Sie der $u_2(t)$ eine sinusförmige Störspannung wie in 1.4.

1.6 Wie wirkt sich die Störung auf die jeweiligen Schaltungen aus?

1.7 Welche der beiden Schaltungen würden Sie – abgesehen von der Slewrate – zur Impulsregenerierung verwenden ?

Aufgaben

1. **Füllstandsanzeige**, siehe **Bild 2**

Die Widerstände $R_2...R_6$ und deren Schalter befinden sich im Tank. Die gegen die Flüssigkeit isolierten Schalter werden vom Druck der Flüssigkeit je nach Füllstand geschlossen (S_5 befindet sich am Tankboden).

Die OPs sind ideal und liegen an $U_B = +12$ V gegen Masse.

µA741

$R_8 = R_9 = R_{10} = R_{11} = R_{12} = 100$ kΩ

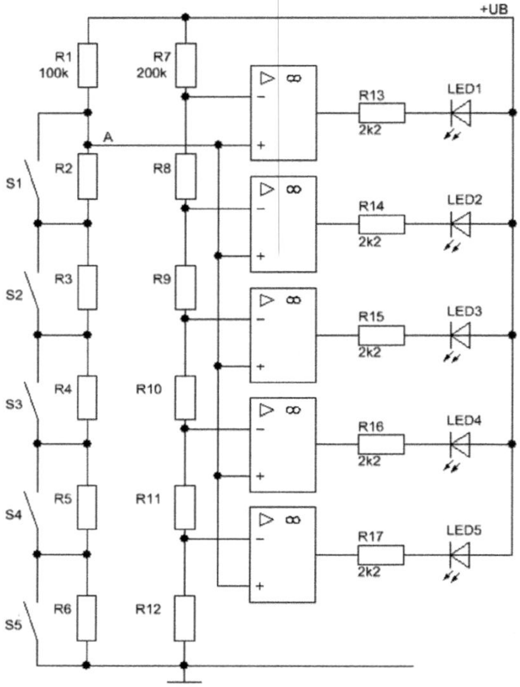

Bild 2

1.1 Berechnen Sie die Kippschwellen der OPs.

1.2 Wie hoch ist das Potential an A, wenn alle Schalter geschlossen sind?

1.3 Welches Potential an A wählen Sie, wenn alle Schalter geöffnet sind (Tank ist leer und keine LED darf leuchten)?

1.4 Dimensionieren Sie die Widerstände $R_2... R_6$, so dass folgende Funktionen erfüllt werden:

- Bei leerem Tank ($S_1...S_5$ offen) leuchtet keine LED.
- Steigt der Füllstand (S_5 zu), so leuchtet LED_1.
- Steigt der Füllstand weiter (S_5 und S_4 zu), so leuchten LED_1 und LED_2 usw..
- Ist der Tank voll, leuchten alle LEDs.

2. **Fensterkomparator**, siehe **Bild 4**

Für die beiden OPs gelten folgende Daten: U_B = +12 V gegen Masse. Die Ausgangsspannungen der OPs sind: 2 V ≤ (U2,U3) ≤ 11 V.

Der maximale Ausgangsstrom, bei denen die OPs noch ideal arbeiten, ist $I_{1max} = I_{2max}$ = 20 mA. Die Slewrate sei ideal.

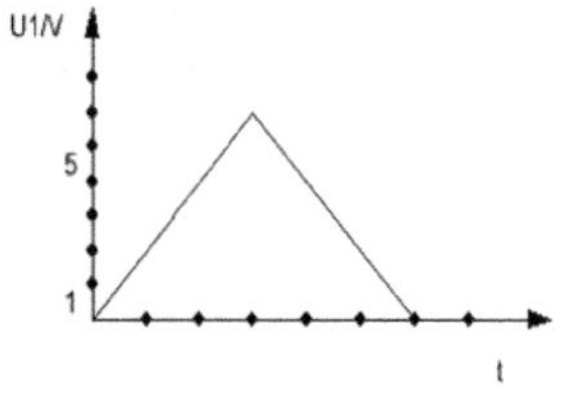

Bild 3

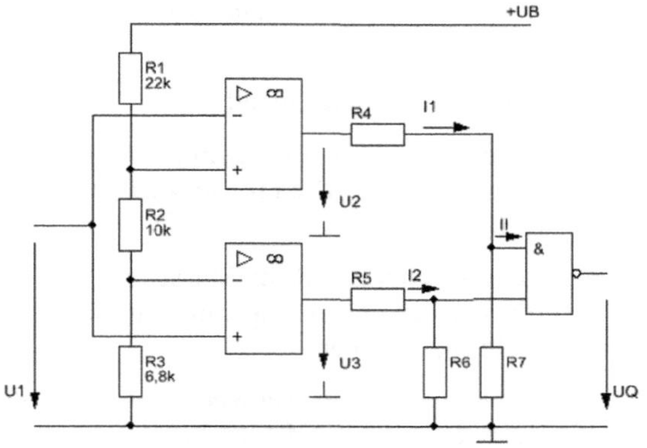

Bild 4

Für TTL-Gatter gilt: I_{IL} = –1mA U_{IL} = 0...0,8 V

I_{IH} = 20µA U_{IH} = 2 V...5 V

2.1 Die Eingangsspannung $u_1(t)$ ist die in **Bild 3** gegebene Dreieckspannung. Ermitteln Sie die Werte der Schaltschwellen der beiden OPs.

2.2 Ermitteln Sie die Übertragungskennlinie $U_Q = f(U_1)$, wenn U_{IL} bzw. U_{IH} in ihren zulässigen Grenzen liegen.

2.3 Berechnen Sie die Widerstände R_4, R_7, wenn $R_4 = R_5$, $R_7 = R_6$ ist. Wählen Sie die Werte nach der E12-Reihe, so dass U_{IL} = 0,8 V nicht über-, und U_{IH} = 2,5 V nicht unterschritten wird! (Nur eine der vielen möglichen Lösungen ermitteln!)

3. **Schmitt-Trigger I mit OP**, siehe **Bild 5**

Der OP ist asymmetrisch mit U_B = ± 15 V betrieben. Der Ausgangsspannungsbereich liegt bei:

1,4 V ≤ U_2 ≤ 14 V. Die übrigen Größen des OPs seien ideal; ebenso sei die Z-Diode mit U_Z = 5 V ideal.

3.1 Wie groß ist U_2, wenn U_1 = 0 ist und der Schalter S_1 geschlossen ist?

3.2 Wie groß ist U_2, wenn U_1 = 0 ist und der Schalter S_1 geöffnet ist?

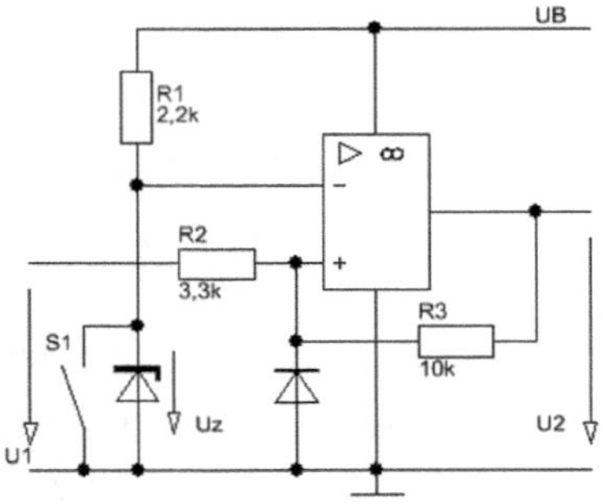

Bild 5

3.3 Skizzieren Sie die Übertragungskennlinie $U_2 = f(U_1)$. $U_2 = f(U_1)$ für den geschlossenen Schalter S_1 (Anmerkung: $U_1 \neq 0$).

3.4 Skizzieren Sie die Übertragungskennlinie für geöffneten Schalter S_1.

4. **Schmitt-Trigger II mit OP**, siehe **Bild 6**

Der OP hat folgende Eigenschaften: Slewrate von 0,5 V/µs und die Aussteuergrenze sei $U_2 = \pm 15$ V (= U_B).

Die übrigen Daten seien ideal!

Die Eingangsspannung u_1 hat sinusförmigen Verlauf mit $\hat{u}_1 = 6$ V. Die Frequenz ist entweder 50 Hz oder 5 KHz.

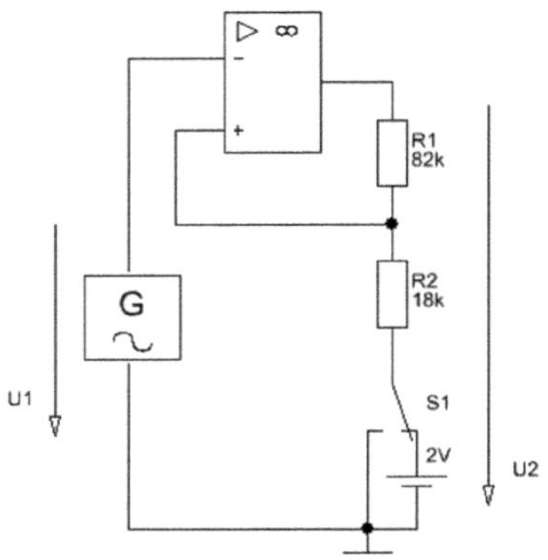

Bild 6

4.1 Wenn der Schalter den R_2 an Masse legt, ist die Frequenz der Eingangsspannung u_1 mit $f_1 = 50$ Hz anzunehmen.

Berechnen Sie die Schaltschwellen, und zeichnen Sie maßstäblich $u_1 = f(t)$ und $u_2 = f(t)$ in zwei Bildern zeitrichtig untereinander (1 Periode lang).

4.2 Wird der Schalter umgelegt, so dass R_2 an U_2 liegt, so ist die Frequenz der Eingangsspannung mit $f_2 = 5$ kHz anzunehmen. Berechnen Sie die Schaltschwellen!

4.3 Skizzieren Sie den zeitlichen Verlauf von u_1 ($f_2 = 5$ KHz) und u_2 über 1,5 Perioden. Beachten Sie dabei die Slewrate!

Lösungen

1. **Füllstandsanzeige**

1.1 $U_{12} = U_{10} = 1{,}7$ V; usw. $U_{80} = 8{,}55$ V (gegen Masse)

1.2 0 V

1.3 Leer: Keine LED darf leuchten, also muss $\varphi_A > 8{,}55$ V sein --> z. B.: 9 V.

1.4 $$\frac{R_2 + R_3 + R_4 + R_5 + R_6}{R_1} = \frac{9V}{3V}$$

$\Rightarrow R_2 + R_3 + R_4 + R_5 + R_6 = 300$ k (1)

S_5 geschlossen: $\varphi_A < 8{,}5$ V --> z. B.: 8 V

$$\Rightarrow \frac{R_2 + R_3 + R_4 + R_5}{R_1} = \frac{8V}{4V}$$

$\Rightarrow R_2 + R_3 + R_4 + R_5 = 2 \cdot R_1$ (2)

(2) ---> (1) $R_6 = 100\ k\Omega$

$S_5 + S_6$ geschlossen: $\varphi_A < 6{,}8$ V ---> z. B.: 6 V $\Rightarrow R_5 = 100\ k\Omega$; usw.
$R_4 = 50\ k\Omega$; $R_2 = 20\ k\Omega$; $R_3 = 30\ k\Omega$

2. Fensterkomparator

2.1 $U_{R3} = \dfrac{U_B \cdot R_3}{R_1 + R_2 + R_3}$ --> 2,1 V

$U_{R2,R3} = \dfrac{U_B(R_2 + R_3)}{R_1 + R_2 + R_3}$ --> 5,2 V

2.2

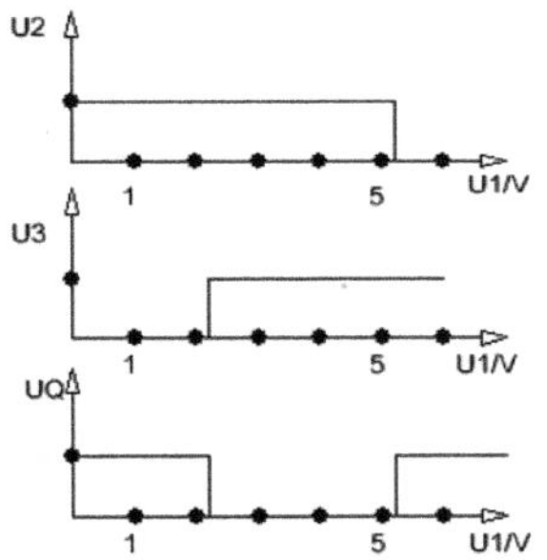

2.3 I_1 (bzw. I_2) $\leq$ 20 mA: Damit diese Bedingung eingehalten wird, kann man:

$R_{4min} > \dfrac{U_{2max}}{I_1}$ wählen, also $\dfrac{11\ V}{20\ mA} = 550\ \Omega$ ---> 560 Ω

Bei $U_{QL} = 2V$ dürfen an R_7 höchstens 0,8 V (= U_{IL}) liegen $\Rightarrow$ an R_4 der Rest von 1,2 V.

Über R_7 fließen zusätzlich 1 mA aus dem Gatter!

$I_{R4} = \dfrac{1{,}2\ V}{560\ \Omega}$ --> 2,14 mA $\Rightarrow R_7 = \dfrac{0{,}8\ V}{I_{R4} + 1\ mA}$ --> 254 Ω.

Damit $I_{QL} = 0{,}8$ V eingehalten wird, wird R_7 kleiner gewählt: $R_7 = 220\ \Omega$.
Machen Sie die Probe bezüglich der Pegel!

3. Schmitt-Trigger I mit OP

3.1 $U_2 = 14\ V$

3.2 Bei asymmetrischem Betrieb wird $U_2 = +1{,}4\ V$ (siehe Aufgabenvorgabe!).

3.3 $U_2 = 14\ V: \Rightarrow I_1 = \dfrac{U_2}{R_3} = 1{,}4\ mA$

$\Rightarrow U_1 = -I_1 \cdot R_2 = -4{,}62\ V$

$U'_2 = 1{,}4\ V: \Rightarrow I_1 = 0{,}14\ mA;$

$U'_1 = -0{,}46\ V$, siehe **Bild 7**

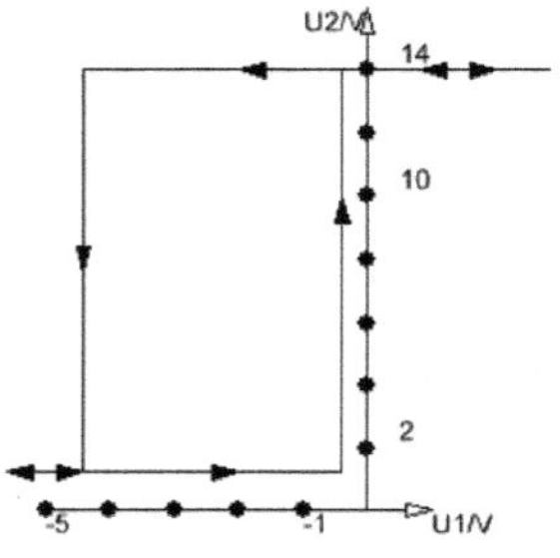

Bild 7

3.4 Es sei $U_2 = 14\ V: \Rightarrow I_3 = \dfrac{U_2 - U_z}{R_3} = 0{,}9\ mA$

$I_3 \cdot R_2 + U_1 - U_z + U_D = 0$

$\Rightarrow U_1 = 2{,}08\ V$

$U'_2 = 1{,}4\ V: \Rightarrow I_4 = \dfrac{U'_1 - U'_2}{R_3} = 0{,}36\ mA$

$I_4 \cdot R_2 + U_D + U_z - U_1 = 0$

$\Rightarrow U'_1 = 6{,}18\ V$, siehe **Bild 8**

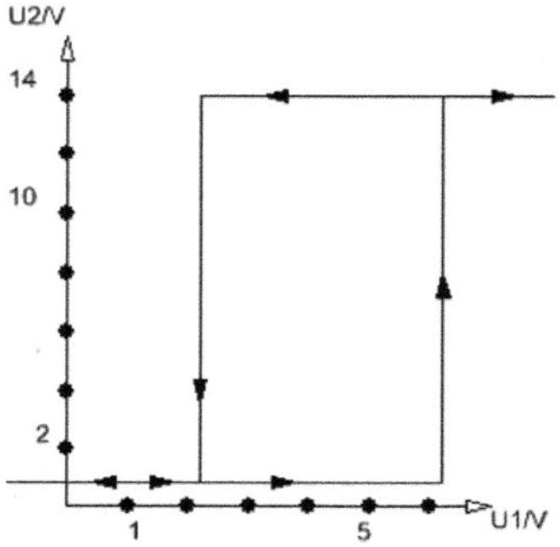

Bild 8

Anmerkungen: I_1 (bzw. I_3) fließt vom Ausgang zum Eingang;
I_2 (bzw. I_4) fließt vom Eingang zum Ausgang;
U_D ist beim Kippen = 0.

4. Schmitt-Trigger II mit OP

4.1 $U_s = U_{R2} = \dfrac{U_B \cdot R_2}{R_1 + R_2} = \pm 2{,}7\ V$, siehe **Bild 9**

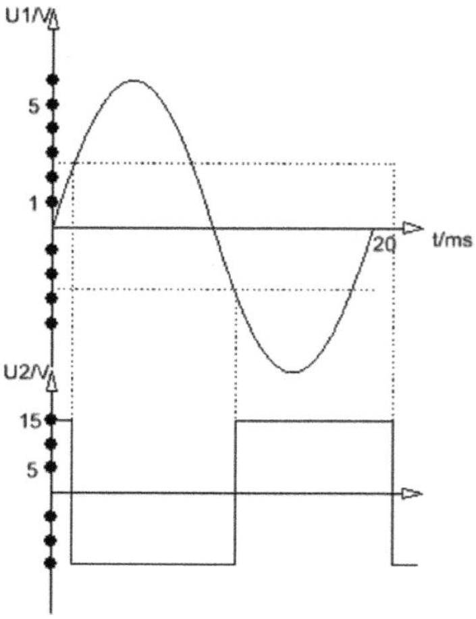

Bild 9

4.2 Siehe **Bilder 10** und **11**

Kippen:

$I_1(R_1 + R_2) + 2\,V - U_2 = 0$

$\Rightarrow I_1 = 130\,\mu A \quad (1)$

$U_{R20} = I_1 \cdot R_2 + 2V \quad (2)$

(1) --> (2) $U_{R20} = 4{,}3\,V$

Nach dem Kippen liegt der Ausgang auf $-U_B$.

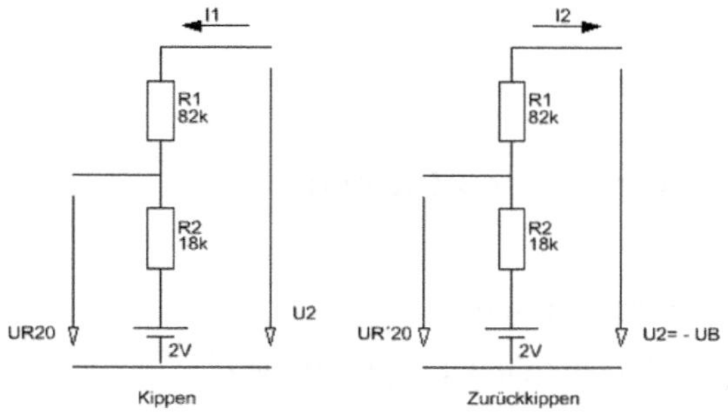

Bild 10

Zurückkippen:

$I_2(R_1 + R_2) - 2\,V + (-U_B) = 0$

$\Rightarrow I_2 = 170\,\mu A$

$U_{R'20} = U_2 - I_2 \cdot R_2 \Rightarrow U_{R'20} = -1\,V$

Slewrate: $\dfrac{15\,V}{30\,\mu s} = \dfrac{0{,}5\,V}{1\,\mu s}$

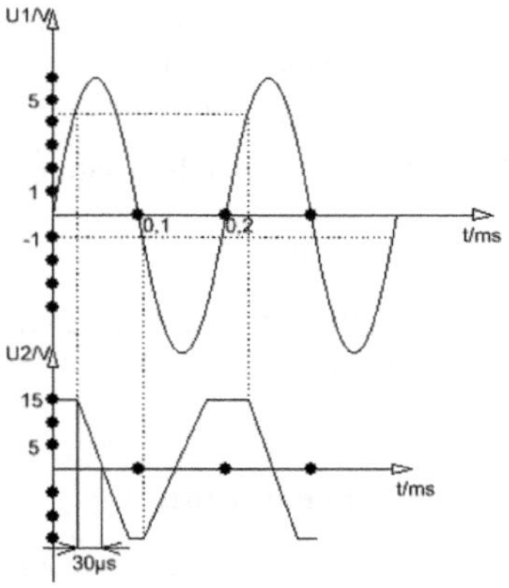

Bild 11

10 Timer-IC NE555

Timer-Anwendungen

Laboraufgaben

1. **Messung der Kippschwellen**

   Bild 1 stellt vereinfacht das Innere des Timer-IC NE555 dar.

   Verbinden Sie die Eingänge 2 mit 6, und legen Sie an diese eine variable Gleichspannung an. Versorgungsspannung $U_B = 12$ V.

1.1 Messen Sie die Übertragungskennlinie

$U_3 = f(U_2)$.

1.2 Wie könnte man die Kippschwellen – bei gleichem U_B – verändern?

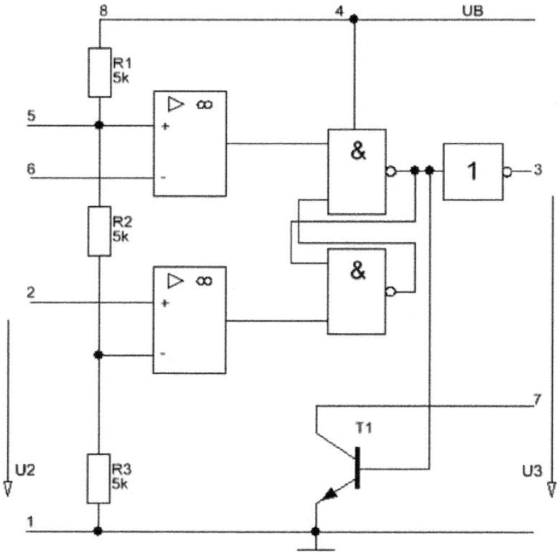

Bild 1

2. **Astabile Kippstufe**

   Bild 2. $U_B = 12$ V; $R_1 = 4{,}7$ kΩ; $R_2 = 10$ kΩ .

2.1 Skizzieren Sie $U_3 = f(t)$ mit Werten für ti und tp.

2.2 Über welche Bauelemente fließt der Ladestrom i_L?

2.3 Bestimmen Sie die Ladezeitkonstante τ_L.

2.4 Über welchen Weg entlädt sich C_1?

2.5 Bestimmen Sie τ_E.

2.6 Vergleichen Sie τ_L mit t_i (sind beide gleich?) und τ_E mit t_p. Um welchen Faktor unterscheiden sie sich?

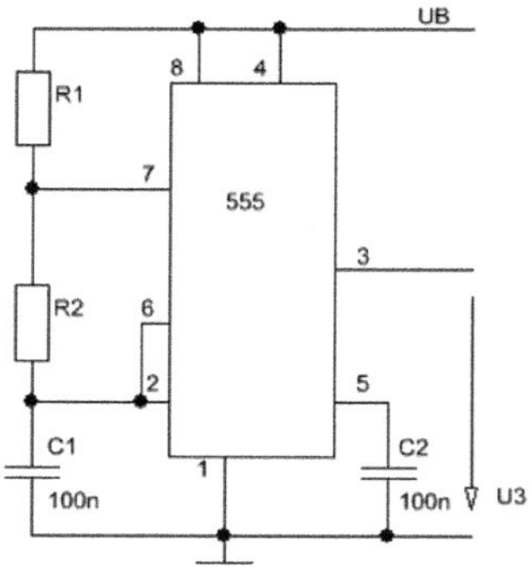

Bild 2

Lösung

1.2 Senkung der oberen Schwelle durch Dazuschalten eines z. B.: 10 kΩ -Widerstandes ($R_2 + R_3$) von Pin 5 gegen Masse usw.

3. **Timer als VCO**

3.1 **Bild 3**: $U_B = 5$ V; $R_4 = 2{,}2$ kΩ; $R_5 = 100$ Ω; $C_1 = 470$ nF;
Messen und skizzieren Sie den zeitlichen Verlauf von u_c, u_2 bei $U_1 = 5$ V.

3.2 Messen Sie die Frequenzen der Ausgangsspannung $u_2(t)$ für folgende U_1-Werte:
5 V; 8 V; 11 V; 14 V.

3.3 Warum ändert sich die Frequenz mit zunehmendem Spannungswert U_1?

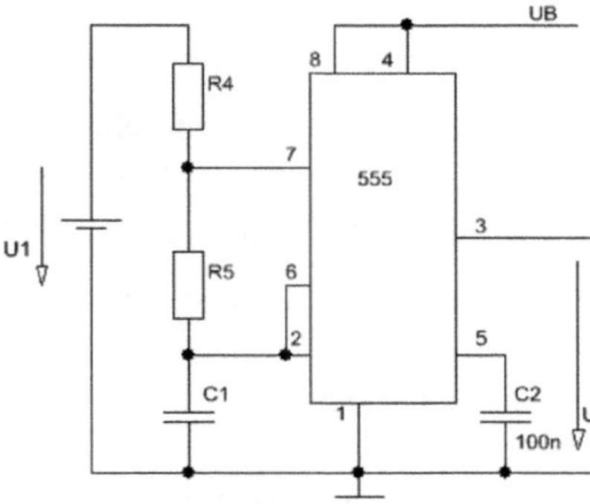

Bild 3

4. **Monostabile Kippstufe**

Bild 4: $U_B = 15$ V; Pulsgenerator
$\hat{u}_1 = 5$ V; $T = 1{,}2$ ms; $t_i << T$.

4.1 Messen und skizzieren Sie:
$u_1(t)$, $u_2(t)$, $u_c(t)$.

4.2 Berechnen Sie die Standzeit (= Zeit der labilen Lage), und vergleichen Sie mit Ihrer Messung.

4.3 Wer verursacht die eventuelle Abweichung?

4.4 Das Monoflop soll eine Standzeit von 1 ms erhalten; dimensionieren Sie die Bauelemente!

4.5 Untersuchen Sie, wie sich ein Triggerimpuls an Pin 2 während der Standzeit auswirkt.

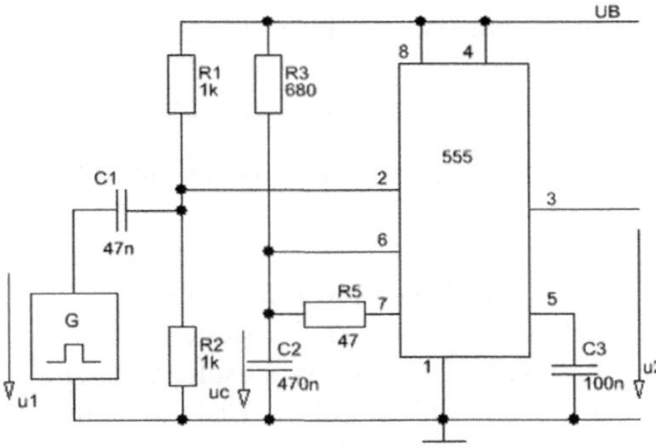

Bild 4

Fragen

- Warum wird das Monoflop mit der negativen Flanke getriggert?
- Welche Aufgabe besitzt der R_5?
- Warum sinkt u_c nicht auf 0 V?

Antworten

- An Pin 2 liegt der Wert für die untere Schwelle, deshalb muss der Wert an Pin 2 sinken, damit der Timer wieder kippt.
- Verhindert eine mögliche Überlastung des Entlade-Transistors (der Kondensator entlädt sich immerhin von 10 V auf fast 0 V).
- Wegen des R_5. Spannungsteiler bestehend aus R_3 und R_5.

Lösungen

3.3 Bei größeren Werten von U_1 wird die obere Schwelle früher erreicht.

4.2 Da sich der Kondensator – abgesehen von R_5 – von 0 V auf die obere Schwelle auflädt, wird $t_i = 1{,}1 \cdot \tau_i = 1$ ms $\Rightarrow t_i = 0{,}91$ ms .
C_2 angenommen mit 100 nF $\Rightarrow$ $R_3 = 9$ kΩ.

4.3 Der R_5. Dadurch sinkt u_c nicht auf 0 V.

Aufgaben

1. **Dimensionierung der astabilen Kippstufe**, siehe **Bild 2**

1.1 Dimensionieren Sie R_1, R_2, so dass der Timer mit T = 0,8 ms und ti $\approx$ tp schwingt (C_1 = 1µF).

1.2 Dimensionieren Sie R_1 und R_2 so, dass ohne Schaltungsänderung an Pin 3 eine Rechteckspannung von 100 kHz mit $\frac{t_i}{T} = 0{,}75$ anliegt (C_1= 10 nF).

1.3 Welche Aufgabe hat der Kondensator C_2?

1.4 Welche schaltungstechnische Möglichkeiten gibt es, ti $\approx$ tp zu machen?

2. **Timer als FM-Modulator** (auch als Laboraufgabe möglich), siehe **Bild 5**
Wenn an Pin 5 eine Wechselspannung u_s mit einem Offset gelegt wird, können die beiden Schwellen ebenso verändert werden wie beim VCO in der Laboraufgabe 3.

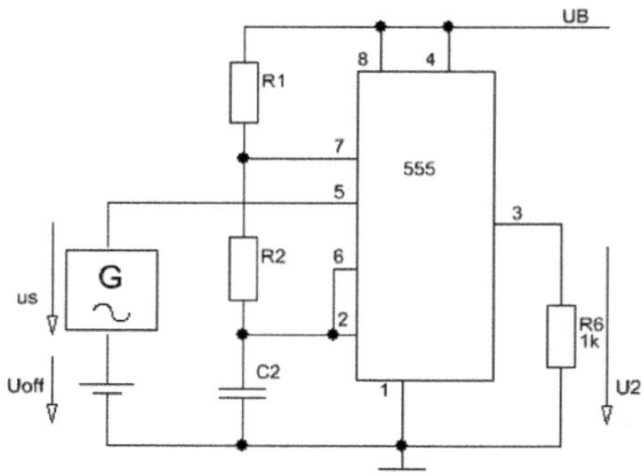

Bild 5

2.1 Welche Werte haben R_1, und R_2, wenn abweichend von **Bild 5** der Pin 5 über ein C an Masse liegt wie in **Bild 2**, damit der Timer mit einer Mittenfrequenz von $f_m \approx 16$ kHz schwingt ($t_i \approx t_p$).

2.2 Wie groß muss der Wert der Offsetspannung gewählt werden nach **Bild 5**, damit der VCO sowohl eine Frequenzu- als auch -abnahme von f_m erfährt?

2.3 Überprüfen Sie Ihr Ergebnis mit PSPICE-Simulation und folgenden Werten:
$\hat{u}_s = 3$ V;
$f_s = 1$ kHz;
$U_B = 12$ V.

Lösungen

1. **Dimensionierung der astabilen Kippstufe**

1.1 Siehe Aufgabe 1.4: Eine der Möglichkeiten ist, $R_2 >> R_1$ zu wählen z. B.: $R_2 = 10 \cdot R_1$ (1)
$T = 0{,}8$ ms $\Rightarrow t_i = t_p = 0{,}4$ ms (2)

$t_i = 0{,}7(R_1 + R_2)C_1$ (3)

(1), (2) --> (3): $R_1 = 51{,}9\ \text{k}\Omega \Rightarrow R_2 = 519\ \text{k}\Omega$

1.2 Mit $t_i = 0{,}75 \cdot T$ und $T = 10\ \mu s \Rightarrow t_i = 7{,}5\ \mu s$; $t_p = 2{,}5\ \mu s$

$\tau_i = \dfrac{t_i}{0{,}7} = 10{,}7\ \mu s$ und $\tau_p = \dfrac{t_p}{0{,}7} = 3{,}5\ \mu s$. Da $\tau_i = (R_1+R_2)C_1$ und

$\tau_p = R_2 \cdot C_1$ ist, wird: $R_2 = 357\ \Omega$; $R_1 = 713\ \Omega$

1.3 Wird der Eingang Pin 5 nicht gebraucht, muss der Eingang wegen möglicher EMV-Einflüsse wechselstrommäßig auf Masse gelegt werden.

1.4 Entweder $R_2 >> R_1$ wählen, oder mit Dioden den Ladestrom- vom Entladestromweg entkoppeln, dann kann $R_1 = R_2$ gemacht werden.

2. **Timer als FM-Modulator**

2.1 $T = 62{,}5\ \mu s = t_i + t_p$; mit $t_i \approx t_p$ wird:
$T \approx 2 \cdot 0{,}7 \cdot R_2C_2$.
$R_2 = 4{,}4\ \text{k}\Omega$; gewählt: $R_1 = 100\ \Omega$.

Stören Sie sich nicht daran, dass die Ausgangsspannung eine Rechteckspannung ist und als FM bezeichnet wird; beim UKW-Receiver wird die ankommende FM in der Amplitude begrenzt, und dann sieht sie so ähnlich aus wie hier. Es werden die Nulldurchgänge ausgewertet nicht die Amplituden.

2.2 Damit die Signalspannung $\hat{u}_s$ die obere und untere Schwelle (8 V und 4 V) überschreitet, muss $U_{off} = 6$ V werden.

11 OP-Verstärker

Invertierende OP-Schaltung

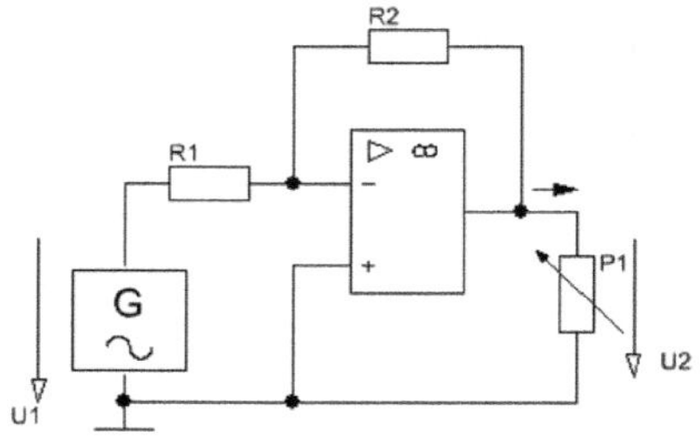

Bild 1

Laboraufgabe

Alle Versuche können mit dem µA741 durchgeführt werden. Dieser OP besitzt ein sehr stabiles Verhalten und ist somit geeignet für grundlegende Messungen; über die schlechte Slewrate muss man hinwegsehen.

Messung an Gleichspannung:

$R_2 = 4{,}7\ k\Omega$; $R_1 = 1\ k\Omega$

1.1 Stellen Sie U_1 so ein, damit am Ausgang $U_2 = 10$ V liegen.

Belasten Sie den Ausgang der OP-Schaltung mit einem Potiometer (2,2 kΩ), und messen Sie den Ausgangskurzschlussstrom I_k bei $U_2 = 10$ V; vergleichen Sie mit dem Datenblatt!

1.2 Welchen Innen- bzw. Ausgangswiderstand besitzt die OP-Schaltung im Bereich $I < I_k$?

Messungen an Wechselspannung:

Achten Sie bei allen Messungen darauf, dass die Ausgangsspannung immer sinusförmig bleibt (gegebenenfalls $\hat{u}_1$ kleiner machen)!

$R_2 = 4{,}7\ k\Omega$; $R_1 = 1\ k\Omega$; $f > 1$ kHz

1.3 Messen Sie die Spannungsverstärkung $v_u = \dfrac{u_2}{u_1}$ bei f = 1 kHz.

1.4 Von welchen Größen hängt v_u ab?

1.5 $f \geq 10$ kHz; $\hat{u}1 \geq 5$ V: Messen Sie die Slewrate bei sinus- oder besser rechteckförmiger Eingangsspannung. Was sagt die Slewrate über das Verhalten des OP aus?

1.6 Messen und skizzieren Sie den Frequenzgang $20\lg\hat{u}_2/\hat{u}_1 = f(f)$.
$100\ Hz \leq f \leq 100$ kHz. Günstig ist (zum Rechnen!) $\hat{u}_1 = 1$ V.

1.7 Messen Sie die Grenzfrequenz fg, und skizzieren Sie den Frequenzgang doppeltlogarithmisch.

1.8 Messen Sie den dynamischen Eingangswiderstand r_1 bei $f \leq 1$ kHz, und vergleichen Sie mit Ihrer Rechnung.

1.9 Messen Sie den Innen- bzw. Ausgangswiderstand r_2 der OP-Schaltung bei f = 1 kHz und f = 50 kHz; bleibt dieser konstant?

2. **OP-Schaltung mit Vorspannung U_v**, siehe **Bild 2**

$R_1 = 1\ k\Omega$; $R_2 = 2{,}2\ k\Omega$; $U_B = \pm 15\ V$.
$\hat{u}_1 = 1\ V$, $f = 1\ kHz$.
P_1 an $\pm U_B$.

2.1 Welchen Einfluss nimmt U_v auf $u_2(t)$?

2.2 Berechnen Sie $\hat{u}_2$ für $U_v = +2\ V$.

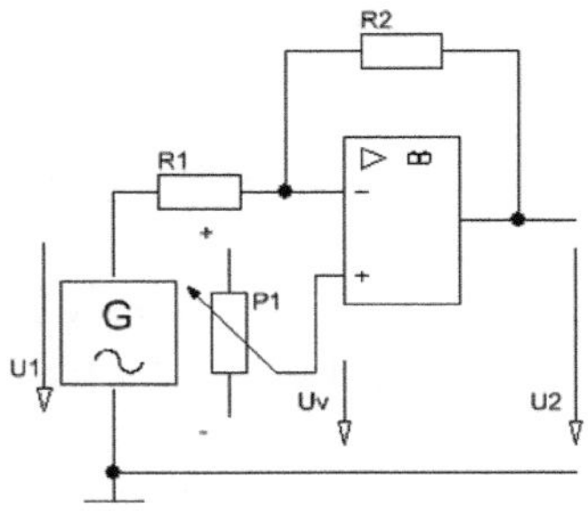

Bild 2

Nichtinvertierende OP-Schaltung

Laboraufgabe

Bild 3: $R_2 = 2{,}2\ k\Omega$; $R_1 = 1\ k\Omega$
$\hat{u}_1 = 1\ V$; $f = 1\ kHz$

3.1 Messen Sie $u_1(t)$ und $u_2(t)$ und skizzieren Sie die Spannungen in ein Achsenkreuz.

3.2 Wie groß ist die Verstärkung v_u?

3.3 Wie groß ist der dynamische Eingangswiderstand r_1 der Schaltung?

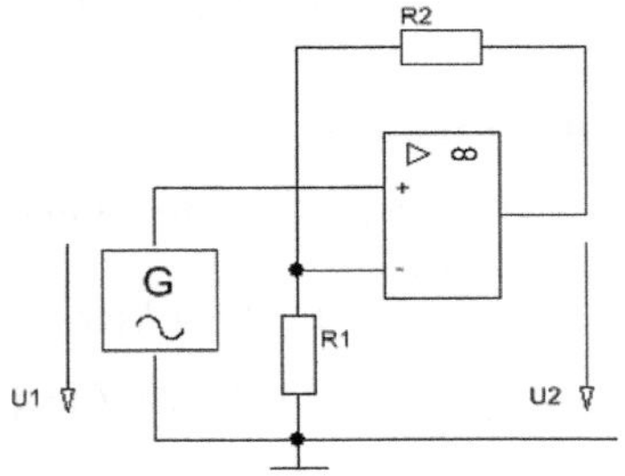

Bild 3

3.4 Beim Einschalten von U_B ist $\hat{u}_1 = 1\ V$ und $\hat{u}_2 = 0$.
Erklären Sie, wie kurz danach $\hat{u}_{R1}$ ebenfalls 1 V beträgt.

3.5 Sie benötigen eine Verstärkerschaltung mit $v_u = 10$ und einem $r_1 \geq 100\ k\Omega$. Für welche Schaltung (invertierend/nichtinvertierend) entscheiden Sie sich? Dimensionieren Sie die Schaltung.

3.6 Sie benötigen eine Verstärkerschaltung mit $v_u \approx 5$ und einem $r_1 \approx 2\ k\Omega$. Für welche Schaltung entscheiden Sie sich?
Dimensionieren Sie die Schaltung.

Lösungen

2. **OP-Schaltung mit Vorspannung U_v**

2.1 Uv bewirkt am Ausgang einen Offset.

2.2 $\underline{Uv = 0}$: $u_2' = -u_1 \cdot \frac{R_2}{R_1} = -2{,}2\ \text{V}$

$\underline{u_1 = 0}$: $u_2'' = Uv(1 + \frac{R_2}{R_1}) = 6{,}4\ \text{V}$ (= Offset)

$u_2 = u_2' + u_2''$

$\Rightarrow u_{1max} = 6{,}4\ \text{V} + 2{,}2\ \text{V} = 8{,}6\ \text{V}$ (bei negativer Eingangsamplitude);

$u_{1min} = 6{,}4\ \text{V} + (-2{,}2\ \text{V}) = 4{,}2\ \text{V}$

OP-Verstärker an asymmetrischer Versorgungsspannung (+U_B)

Nachteilig des OP ist seine symmetrische Versorgungsspannung, denn oft steht nur ein Netzteil mit +U_B gegen Masse zur Verfügung. Wie man dieses Problem löst, soll im Weiteren geklärt werden.

Die Bilder 5 und 6 sind noch unvollständig! Die Schaltung von Bild 4 liegt noch an symmetrischer Versorgungsspannung. Die Erkenntnis aus dieser Schaltung soll in die unvollständigen Schaltungen eingearbeitet werden.

Laboraufgaben

1. **OP an symmetrischer Versorgungsspannung**, siehe **Bild 4**
   $R_1 = 1\ \text{k}\Omega = R_2$; $f = 1\ \text{kHz}$

1.1 Messen Sie, wie U_v die Ausgangsspannung verändert.
(Messungen mit dem Oszilloskop in DC-Stellung)

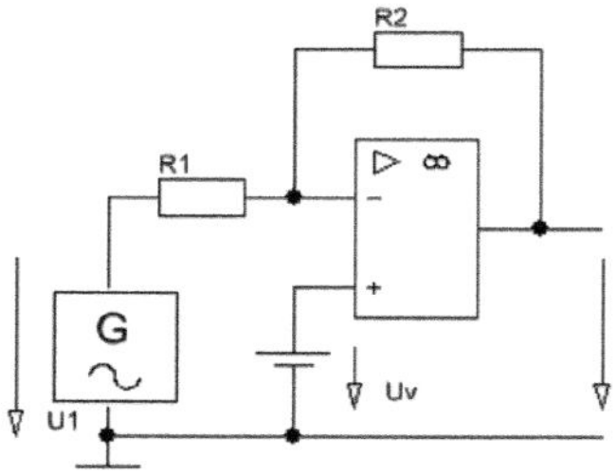

Bild 4

2. **Invertierende OP-Schaltung an asymmetrischer Versorgungsspannung**, siehe **Bild 5**

   $f = 1\ \text{kHz}$; $R_1 = 1\ \text{k}\Omega$

2.1 Erweitern Sie die Schaltung, so dass die Ausgangsspannung einen Offset (= Arbeitspunkt) bei ≈ 15 V/2 bekommt.

2.2 Die Schaltung soll eine Wechselspannungsverstärkung von $v_u = 4{,}7$ besitzen. Berechnen Sie R_2.

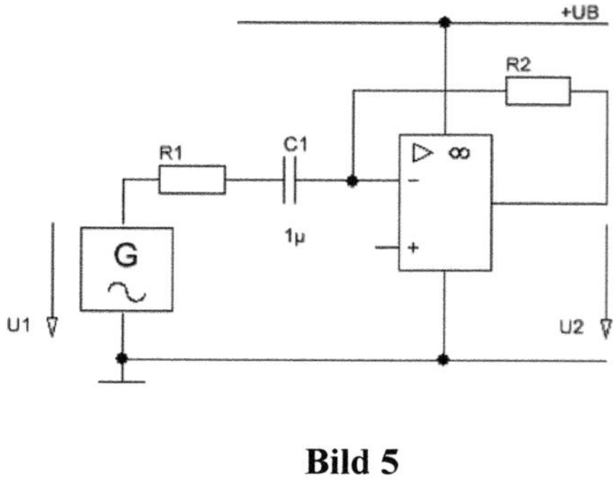

Bild 5

2.3 Messen (in DC-Stellung) und skizzieren Sie $u_1(t)$ und $u_2(t)$ in <u>ein</u> Achsenkreuz.

2.4 Überbrücken Sie C_1, beobachten Sie $u_2(t)$, und erklären Sie das Verhalten!

3. **Nichtinvertierende OP-Schaltung an asymmetrischer Versorgungsspannung**, siehe **Bild 6**
   $f = 1$ kHz; $R_1 = 1$ kΩ

3.1 Erweitern Sie die Schaltung, so dass dieAusgangsspannung einen Offset (= Arbeitspunkt) von ≈ 15 V/2 bekommt.

3.2 Berechnen Sie R_2 für $v_u = 5{,}7$.

3.3 Legen Sie die Werte von R_3 und R_4 fest.

3.4 Messen und skizzieren Sie $u_1(t)$ und $u_2(t)$ in ein Achsenkreuz.

3.5 Wie groß ist der Wechselstromeingangswiderstand r_1 der Schaltung?

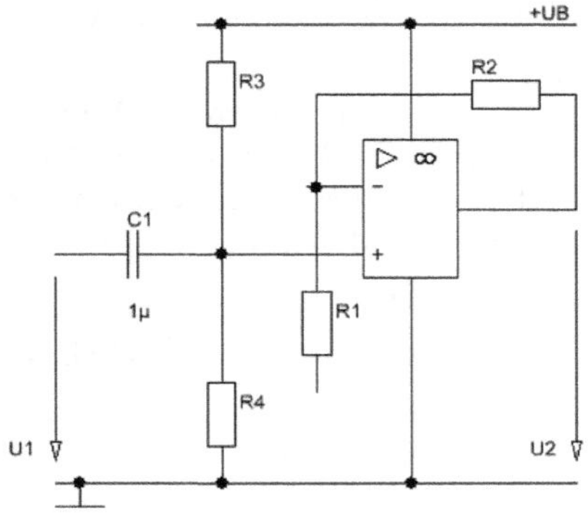

Bild 6

Lösungen

1. **OP an symmetrischer Versorgungsspannung**

1.1 Siehe Lösungen zu: OP-Schaltung mit Vorspannung U_v (2.1 und 2.2).

2. **Invertierende OP Schaltung an asymmetrischer Versorgungsspannung**

2.1 Siehe **Bild 7**:Am nichtinvertierenden Eingang liegt $U_B/2$. Ist $u_1 = 0$, so liegt der linke Pin von R_1 an Masse. C_1 ist geladen und somit geht Xc --> ∞ . Damit wird UB/2 verstärkt mit:

$$V_{u\_} = \frac{U_B}{2}\left(1+\frac{R_2}{R_1+\infty}\right) = \frac{U_B}{2}$$

Grund: $\left(1+\frac{R_2}{R_1+\infty}\right)$ --> 1! (Ohne C_1 würde

$U_B/2$ mit $v_u = 1 + \frac{R_2}{R_1}$ verstärkt werden!)

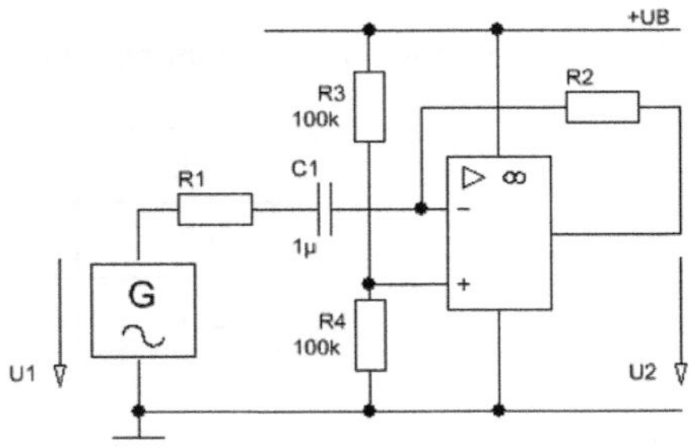

Bild 7

2.2 Davon ausgehend, dass C_1 für Wechselspannung einen Kurzschluss bildet, ist:

$R_2 = v_u \cdot R_1 = 4{,}7$ kΩ

3. **Nichtinvertierende Op-Schaltung an asymmetrischer Versorgungsspannung**

3.1 Siehe **Bild 8**.

3.2 $v_u = (1+\frac{R_2}{R_1}) \Rightarrow R_2 = 4{,}7\ k\Omega$.

3.3 Wegen r_1 und wegen des Wirkungsgrades (Ruhestrom!) sollte der Spannungsteiler hochohmig ausgelegt werden, z. B.: $R_3 = R_4 = 470\ k\Omega$.

3.4 $r_1 = R_3//R_4$ (wechselstrommäßig bildet U_B einen Kurzschluss).

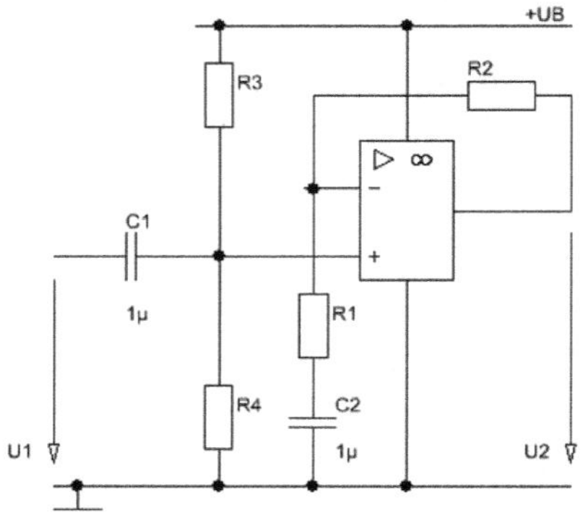

Bild 8

Pegelwandler/Schaltungsentwicklung

Labor- oder Simulationsaufgabe

1. Ein Drucksensor gibt innerhalb seines Nennbereiches eine Ausgangsspannung von 0...2 V ab. Der nachfolgende A/D-Umsetzer benötigt eine Eingangsspannung von – 5 V...+5 V; dabei soll dieser Eingangsspannungsbereich ganz genutzt werden. Also muss zwischen beiden Schaltungen eine Pegelanpassung vorgenommen werden.
Diese noch zu findende Schaltung muss die kleine Eingangsspannungsdifferenz zum Ausgang hin expandieren.

1.1 Ermitteln Sie eine Zuordnung zwischen Eingang und Ausgang des Pegelwandlers:

U_1	U_2
0 V	?
2 V	?

Fragen

- Muss diese Anpass-Schaltung passiv oder aktiv sein? Warum?
- Falls aktiv, ist dann eine Invertierung erforderlich?

Um den Rest der Schaltung zu finden, kann man das Problem mit Hilfe folgender Schritte angehen:

1.2 Skizzieren Sie in einem Achsenkreuz die Übertragungskennlinie $U_2 = f(U_1)$ unter Berücksichtigung obiger Forderungen.

1.3 Erstellen Sie für die Gerade eine (mathematisch/physikalisch) Gleichung auf.

1.4 Welche physikalische Größe bestimmt die Steigung?

1.5 Mit welchem Bauelement (Betriebsmittel) kann man den Achsenabschnitt realisieren?

1.6 Ermitteln Sie die Schaltung, und dimensionieren Sie die Bauelemente.

1.7 Überprüfen Sie Ihre Lösung messtechnisch (oder durch Simulation).

Antworten

- Eine Spreizung der Spannung verlangt eine aktive Schaltung.
- Nein; die Steigung ist positiv, siehe Lösung.

Lösung

Aus der Zuordnung folgt: $v_u = \frac{\Delta U_2}{\Delta U_1} = \frac{-5\text{ V} - (+5\text{ V})}{0 - 2\text{ V}} = \frac{10\text{ V}}{2\text{ V}}$ (= Geraden-Steigung)

$v_u = (1 + \frac{R_2}{R_1}) = 5 \Rightarrow R_2 = 4 \cdot R_1$ (z. B.: $R_1 = 1\text{ k}\Omega$; $R_2 = 4\text{ k}\Omega$)

Ist $U_1 = 0$, so muss nach der Tabelle die Ausgangsspannung -5 V betragen (= Achsenabschnitt der Geraden), d. h., eine weitere Quelle muss (siehe **Bild 9**) den Achsenabschnitt verursachen.
$U_1 = 0$ bedeutet schaltungstechnisch, der invertierende Eingang liegt auf Masse. Uv steuert am invertierenden Eingang siehe **Bild 10**.

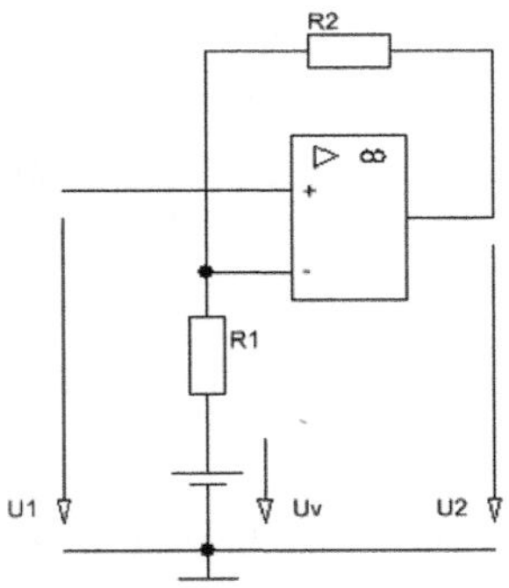

Bild 9

Bild 10: $\frac{U_2'}{U_v} = -\frac{R_2}{R_1} = -\frac{-5\text{ V}}{Uv}$ (= Vu_)

$\Rightarrow U_v = 1{,}25\text{ V}$

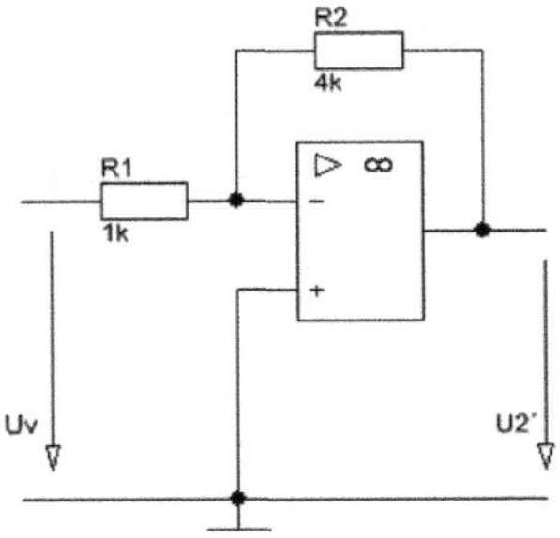

Bild 10

Bemerkung: Die Schaltung ist mit der U_v-Quelle nicht professionell. Die Vorspannung wird besser mit einem Spannungsteiler erzeugt, siehe bei Pegel-Anpassschaltungen.

Gleichrichterschaltung mit OP/Präzisionsgleichrichter

Passive Gleichrichterschaltungen besitzen den Nachteil:

- *dass sie erst ab 0,7 V leitend werden. Müssen Spannungen um 1 V gleichgerichtet wer den, benützt man sogenannte „Präzisionsgleichrichter" oder „aktive Gleichrichter".*
- *dass bei Zwei-Pulsgleichrichtung der Ein- und Ausgang keine durchgängige Massenverbindung besitzt.*

Laboraufgaben

1. **Gleichrichter I**, siehe **Bild 11**

1.1 Messen und skizzieren Sie die Ausgangsspannung der Schaltung, wenn u_1 sinusförmig mit $\hat{u}_1 = 2$ V am Eingang liegt; bestätigen Sie durch Messungen.

1.2 Vergleichen Sie die Ausgangsspannung mit der bei einer passiven Gleichrichtung.

1.3 Handelt es sich hier um eine Ein- oder Zweipulsgleichrichtung?

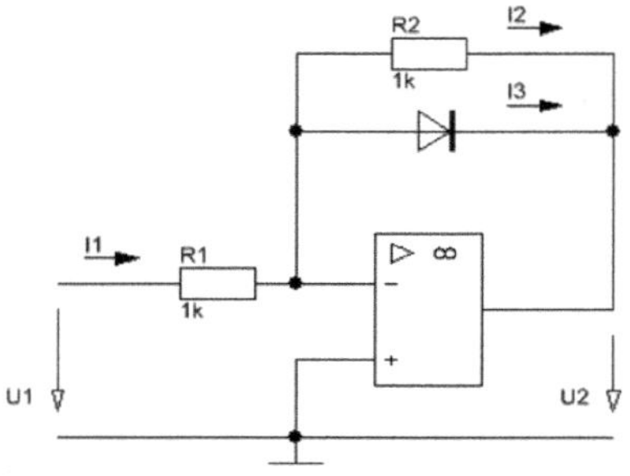

Bild 11

1.4 Ermitteln Sie die Werte von $\hat{u}_2$ für positiven und negativen $\hat{u}_1$-Wert.

1.5 Berechnen Sie $\hat{\imath}_1$ und $\hat{\imath}_2$, und überprüfen Sie das Ergebnis durch Messung.

2. **Gleichrichter II**, siehe **Bild 12**

2.1 Messen und skizzieren Sie die Ausgangsspannungen u_2' und u_2 der Schaltung, wenn $\hat{u}_1 = 2$ V ist.

2.2 Handelt es sich hier um eine Ein- oder Zweipulsgleichrichtung?

2.3 Ermitteln Sie die $\hat{u}_2$-Werte für positiven und negativen $\hat{u}_1$-Wert.

2.4 Berechnen Sie $\hat{\imath}_1$ und $\hat{\imath}_2$.

2.5 Erläutern Sie die Funktion von D_2 bei beiden Halbwellen.

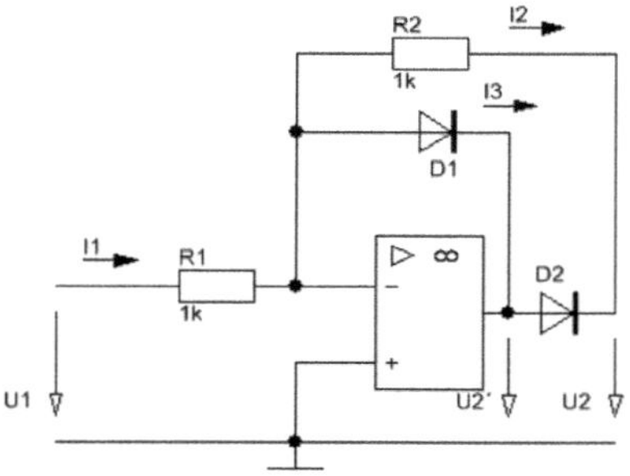

Bild 12

3. Erweitern Sie die Schaltung in **Bild 12** zu einer Zweipulsgleichrichtung.

Lösungen

1. **Gleichrichter I:** siehe Gleichrichter II

2. **Gleichrichter II**

2.3 Für <u>positive</u> Halbwelle u_1: D_2 sperrt; $\Rightarrow$ $-u_2 = 0$ (da $u_D = 0$; $\Rightarrow$ rechter Pin der Diode liegt auf virtueller Masse). Über D_1 fliesst I_3, somit ist $u'_2 = U_{D1} = 0{,}7$ V.
<u>Negative</u> Halbwelle u_1: D_2 leitend; es fliesst I_2. Für nach links zeigende Strompfeile gilt: $I_2 \cdot R_2 + U_D - u_2 = 0$ (U_D --> 0) $\Rightarrow u_2 = +2$ V.

2.4 $\hat{\imath}_1 = \hat{\imath}_2$ und $+U_D - u_1 - \hat{\imath}_1 \cdot R_1 = 0 \Rightarrow \hat{\imath}_1 = -\frac{u_1}{R_1} = -\frac{-2\text{ V}}{1\text{ k}\Omega} = +2$ mA

3. **Zweipulsgleichrichter**, siehe **Bild 13**

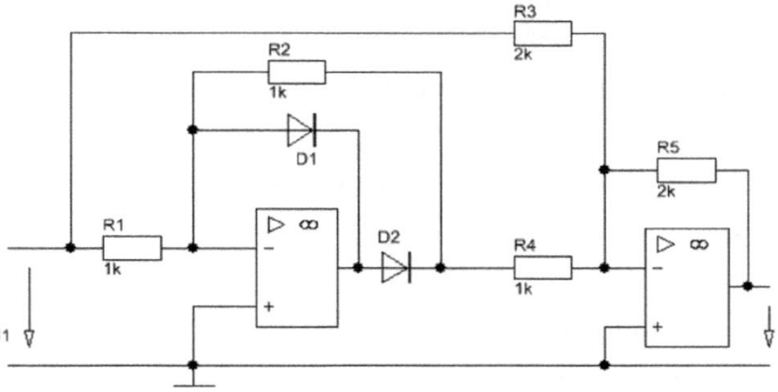

Bild 13

Aufgaben zum OP-Verstärker

Die OP-Verstärkerschaltungen sind Regelschaltungen, d. h., die Schaltung regelt U_D zu Null! Das ist der Knackpunkt zur Lösung <u>aller</u> Aufgaben (U_D wird in der Regel in den Schaltungen nicht eingezeichnet)!

Merke: $U_D = 0$!!

1. **Konstantstromquelle mit OP**, siehe **Bild 14**

$U_B = 15$ V; $U_{ECrest} \leq 0{,}5$ V

1.1 Berechnen Sie I_L für $R_{P2} = 1$ kΩ.

1.2 Klären Sie, warum bei einem hohen R_L-Wert der Konstanstrom I_L abnimmt!

1.3 Berechnen Sie den R_{Lmax} für $I_L \approx$ const.

1.4 Erläutern Sie den Regelvorgang (I_L = const).

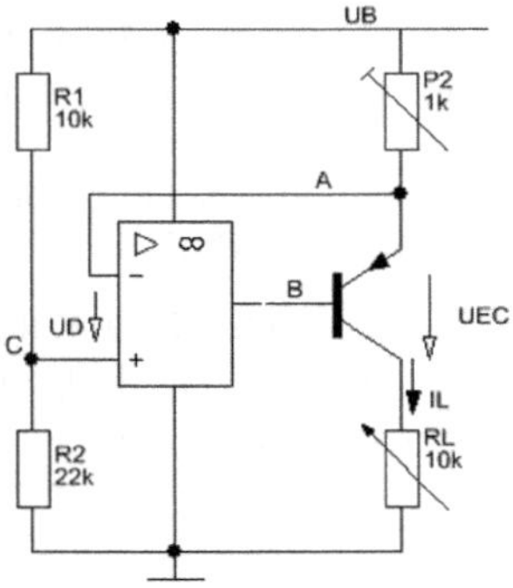

Bild 14

2. **Weitere Konstantstromquelle**, siehe **Bild 15**

Der OP ist symmetrisch mit ± 15 V gespeist; dies ist auch seine Aussteuerungsgrenze. Es sind: $U_Z = 6{,}2$ V; $R_1 = 4{,}7$ kΩ; $U_B = 15$ V; R_L ist variabel. Die beiden Schalter sind mechanisch miteinander gekoppelt.

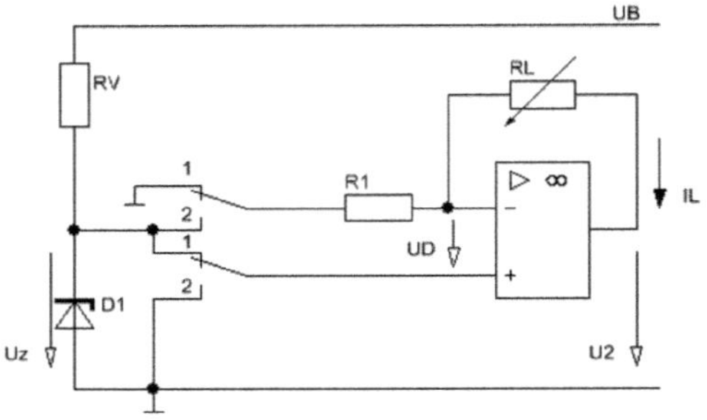

Bild 15

2.1 Ermitteln Sie für die Schalterstellung „1" den Strom durch R_L mit Vorzeichen!

2.2 Ermitteln Sie ebenso den Strom für die Schalterstellung „2".

2.3 Welchen Wert hat U_2 für $R_L = 1$ kΩ bei Schalterstellung „2"?

2.4 In welchen Grenzen darf der Wert von R_L in Schalterstellung „1" liegen, damit I_L = const bleibt?

2.5 Welchen Höchstwert darf R_V haben, damit die Z-Diode in jedem Fall einen $I_z = 5$ mA führt?

3. **OP-Brückenverstärker**, siehe **Bild 16**

Die beiden OPs sind ideal. Es ist $U_B = \pm 15$ V; so groß kann der Aussteuerbereich maximal werden. Der maximale Ausgangsstrom der OPs werde nicht erreicht! $R_2 = R_3 = 47$ kΩ.

Hinweis: Die beiden Schaltungen in **Bild 16** und **Bild 17** verhalten sich ähnlich!

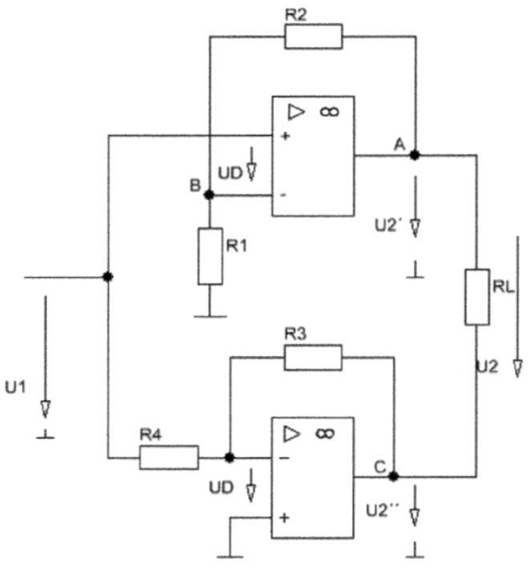

Bild 16

3.1 Am Eingang von **Bild 16** liege ein von Null aus auf positiven Wert ansteigendes Potential.
Beschreiben Sie den Potentialverlauf an den Punkten A, B, C.

3.2 Berechnen Sie R_1 und R_4 in **Bild 16**, damit bei $\hat{u}_1 = 0{,}2$ V am Eingang die Ausgangsspannungen $\hat{u}_2' = \hat{u}_2'' = |12\text{V}|$ annehmen.

Aufgaben 3.3 bis 3.5 beziehen sich auf **Bild 17**.

$R_{12} = R_2 = 100$ kΩ; $R_5 = R_6 = 3{,}3$ kΩ

3.3 Ermitteln Sie die Spannungsverstärkung ($u_{2'}/u_1$) der N_1-Schaltung.

3.4 Ermitteln Sie die Spannungsverstärkung u_2''/u_1 der N_2-Schaltung.

3.5 Berechnen Sie die Gesamtverstärkung $v_u = u_2/u_1$ allgemein als Funktion der entsprechenden Widerstände.

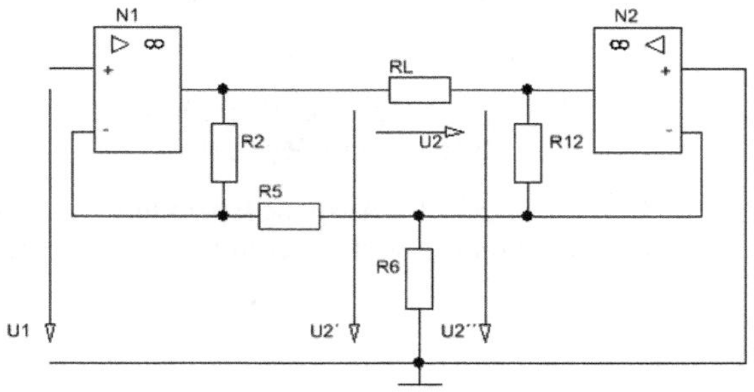

Bild 17

Pegel-Anpassschaltungen

4. **OP-Schaltung**, siehe **Bild 18**

Der OP ist ideal; $U_B = \pm 15$ V; $R_1 = 4$ kΩ; $R_2 = 3$ kΩ

4.1 Berechnen Sie U_2, wenn am Eingang $U_1 = 3$V liegen ($R_3 = 4{,}5$ kΩ).

4.2 Berechnen Sie R_3, damit bei einer Eingangsspannung von $U_1 = 1{,}5$ V die Ausgangsspannung $U_2 = -1$ V beträgt.

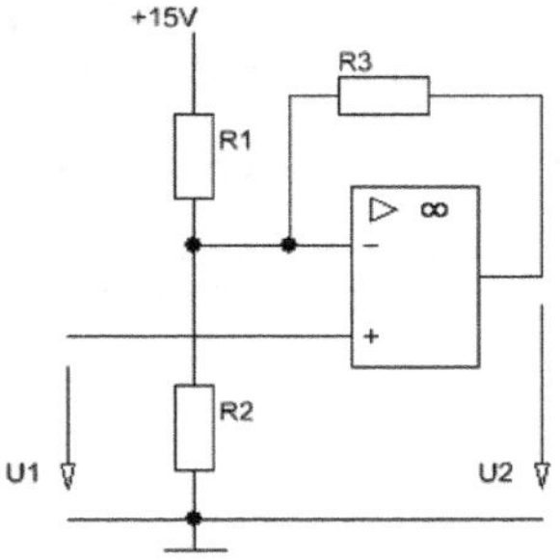

Bild 18

5. **Anpassschaltung mit OP-Schaltung**, (siehe auch) **Bild 18**

In der Laboraufgabe „Pegelwandler" benötigte man eine Vorspannung von $U_V = 1{,}25$ V. Diese Uv wird hier mit dem Spannungsteiler R_1, R_2 erzeugt.

5.1 Dimensionieren Sie R_1, R_2, R_3, so dass die Schaltung folgende Bedingungen der Tabelle erfüllt:

U_1	U_2
0 V	−5 V
2 V	+5 V

6. **Pegelumsetzung von TTL nach RS232**, siehe **Bild 19**

Die Schaltung setzt den TTL-Pegel: 0...5 V um auf den Pegel der RS232-Schnittstelle: +12 V... −12 V. Siehe Tabelle. Der OP sei ideal. $U_B = \pm 15$ V

U_1	U_2
5 V	−12 V
0 V	+12 V

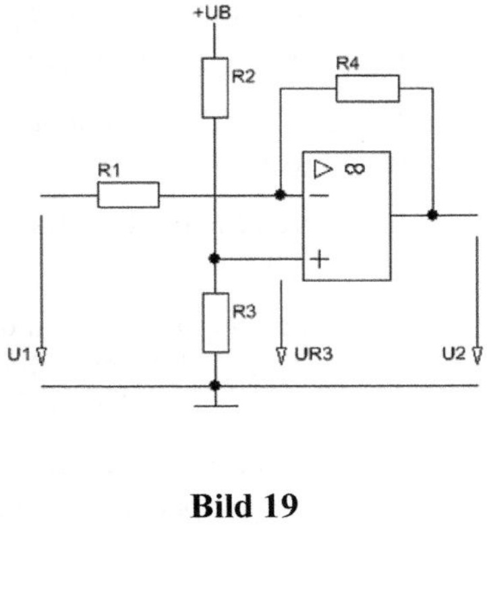

Bild 19

6.1 Dimensionieren Sie alle Bauelemente: R_1,..., R4.

7. **OP mit Vorspannung**, siehe **Bild 20**

Der OP sei ideal; $U_B = +15$ V.

$U_z = 2{,}8$ V; $\hat{u}_1 = 1{,}5$ V (dreieckförmig); f = 1 kHz.;
$R_2 = 2{,}2$ kΩ; $R_1 = 1$ kΩ; Rv = 1kΩ

7.1 Berechnen Sie die Ausgangsspannung u_{2max} und u_{2min} der Schaltung, und skizzieren Sie $u_2(t)$ in Abhängigkeit von $u_1(t)$.

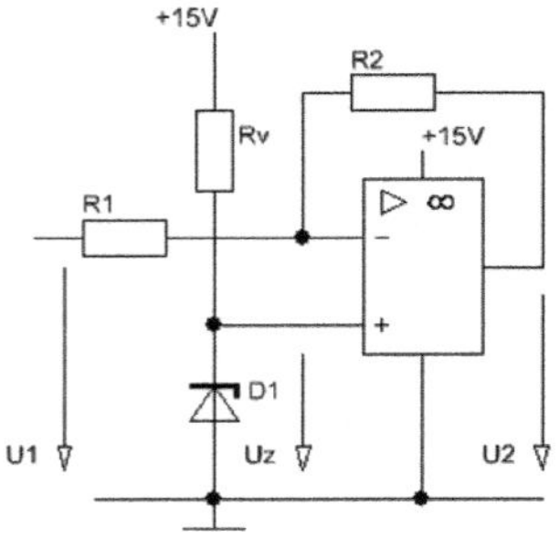

Bild 20

8. **Entartete OP-Schaltung**, siehe **Bild 21**
Der OP ist ideal und liegt an $U_B = \pm 15$V.

8.1 Berechnen Sie U_2 für folgende Werte:

$U_{11} = -3$ V; $U_{12} = 2$ V;
$R_1 = R_2 = 1$ kΩ; $R_3 = 2{,}2$ kΩ

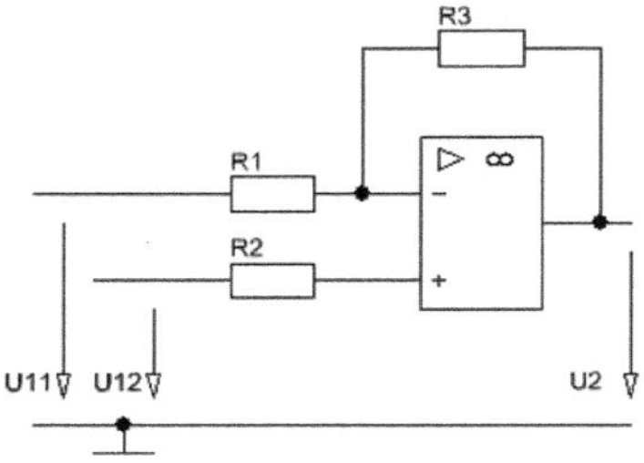

Bild 21

9. **OP mit Endstufe**, siehe **Bild 22**

Der Nachteil einer Op-Schaltung liegt in dem kleinen Ausgangsstrom; wird eine Leistungsverstärkung verlangt, kann mit Hilfe einer nachgeschalteten Endstufe noch eine Stromverstärkung erzielt werden (besser wäre: statt eines OP mit Endstufe ein Endstufen-IC zu verwenden). Zusammen mit der Spannungsverstärkung der OP-Schaltung ergibt sich dann die gewünschte Leistung.

$R_1 = 1$ kΩ; R_2 =?
$R_L = 220$ Ω

9.1 Die Verstärkung der Op-Schaltung soll $v_{u\sim} = 5$ betragen; berechnen Sie R_2.

9.2 Wie groß ist die Spannungsverstärkung $v_{u\sim}$ der Endstufe?

9.3 Skizzieren Sie die Übertragungskennlinie $U_3 = f(U_2)$.

9.4 Beurteilen Sie die Qualität der Ausgangsspannung $u_3(t)$ hinsichtlich der Verzerrungen bei sinusförmigem Verlauf von $u_1(t)$.

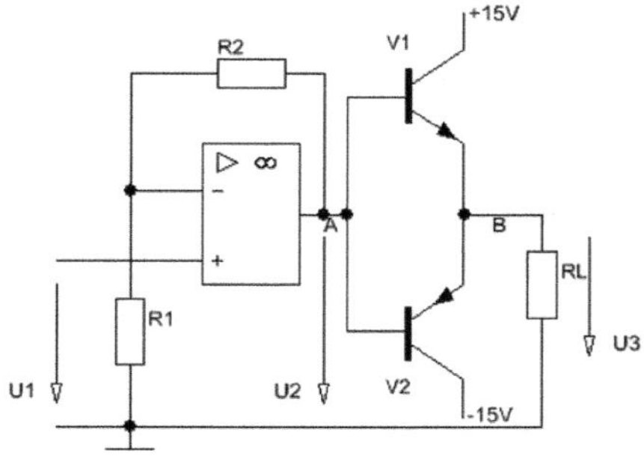

Bild 22

9.5 Welcher Spannungsverlauf ergäbe sich an B (u_3) ohne OP, wenn an den Basen eine dreiecksförmige Spannung von $\hat{u}_2 = 2$ V liegen würde?

9.6 Schließen Sie den rechten Anschluss von R_2, der an Punkt A liegt, am Punkt B an. Wie verändert sich dabei u_3 (t)?

9.7 Berechnen Sie u_{2max}, u_{3max} für $\hat{u}_1$ = 1 V (Anschluss an B), und skizzieren Sie bei beliebiger Zeit: $u_1(t)$, $u_2(t)$, $u_3(t)$ für dreieckförmigen u_1-Verlauf.

10. **Geregeltes Netzgerät mit OP,** siehe **Bild 23**

V_1: 6V8; V_2: 2N3055

Nebige Schaltung ist eine Regelschaltung, die die Spannung U_2 gegen Last- und Eingangsspannungsänderungen stabilisiert.

U_1 = 20 V; U_z = 6,8 V;
B = 100; U_{BE} = 0,7 V;
Der OP sei ideal, ebenso die Z-Diode.

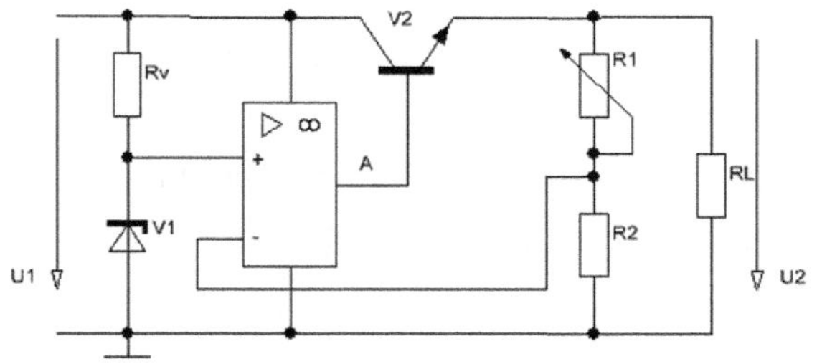

Bild 23

R_1= 10 kΩ; R_2 = 6,8 kΩ; R_L = 47 Ω

10.1 Erklären Sie den Regelvorgang bezüglich U_2, wenn U_1 sich von 0 auf 20 V (z. B.: beim Einschalten) ändert.

10.2 Berechnen Sie die Ausgangsspannung U_2 für untere Schleiferstellung.

10.3 Berechnen Sie Rv, wenn der Diodenstrom 5 mA betragen soll.

10.4 Am Ausgang wird die Spannung von U_2 = 12 V gewünscht. Auf welchen Wert muss R_1 eingestellt werden?

Erweiterung der Schaltung mit einer Strombegrenzung, siehe **Bild 24**

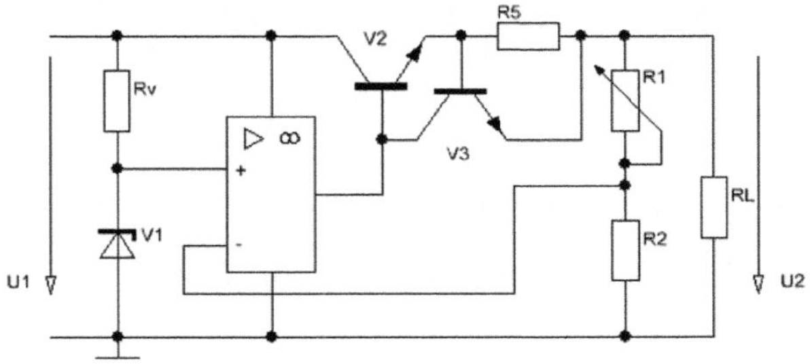

Bild 24

10.5 Erklären Sie das Verhalten des V3 bezüglich der Strombegrenzung, wenn R_L sehr niederohmig wird.

10.6 Berechnen Sie R_5, so dass I_L nicht größer wird als I_{Lmax} = 320 mA.

Lösungen

1. Konstantstromquelle mit OP

1.1 $U_{R2} = 10{,}3\ V$; $U_D \dashrightarrow 0 \Rightarrow \varphi_A = \varphi_C \Rightarrow U_{P2} = U_B - U_{R2}$

$$I_L = \frac{U_{P2}}{R_{P2}} = 4{,}7\ mA$$

1.2 $R_L \uparrow \Rightarrow U_{RL} \uparrow \Rightarrow U_{EC} \downarrow$. Wird U_{ECrest} unterschritten, sinkt I_L (= I_E) --> siehe Ausgangskennlinie

1.3 $R_{Lmax} \cdot I_L + U_{EC} + I_L \cdot R_{P2} - U_B = 0 \Rightarrow R_{Lmax} = 2\ k\Omega$

1.4 $R_L \downarrow$ --> $I_L \uparrow$ --> $U_{P2} \uparrow$ --> $\varphi_A \downarrow \Rightarrow \varphi_A < \varphi_C \Rightarrow \varphi_B \uparrow$ --> $U_{EB} \downarrow$ --> $I_B \downarrow$ --> $I_L \downarrow$

2. Weitere Konstantstromquelle

2.1 $U_D \dashrightarrow 0 \Rightarrow U_{R1} = U_z \Rightarrow I_L = \frac{U_{R1}}{R_1} = -1{,}32\ mA$ (nichtinvertierende OP-Schaltung)

2.2 $I_L = \frac{U_Z}{R_1} = 1{,}32\ mA$ (invertierende OP-Schaltung)

2.3 $U_2 - U_D + U_{RL} = 0$; $U_D \dashrightarrow 0 \Rightarrow U_2 = -U_{RL} = -1{,}32\ V$

2.4 ($U_{R1} = 6{,}2\ V$): $U_{RL} = 0 \ldots (15V - U_{R1}) = 0 \ldots 8{,}8\ V$

2.5 $Rv = \frac{U_B - U_Z}{I_Z + I_L}$ ($Iz = 1{,}32\ mA$) $\Rightarrow Rv = 1{,}4\ k\Omega$

3. OP-Brückenverstärker

3.1 Eingangspotential $\uparrow$ --> $\varphi_A \uparrow$, $\varphi_B \uparrow$, $\varphi_C \downarrow$

3.2

$\frac{\hat{u}_2'}{\hat{u}_1} = \frac{12\,V}{0{,}2\,V} = 60$	$\frac{\hat{u}_2''}{\hat{u}_1} = 60$
$\frac{R_2}{R_1} + 1 = 60 \Rightarrow R_1 = 796\ \Omega$	$\frac{R_3}{R_4} = 60 \Rightarrow R_4 = 783\ \Omega$

3.3 $U_D \to 0 \Rightarrow U_{R6} = 0$: OP mit: $v_{u1} = 1 + \frac{R_2}{R_5} = 31$

3.4 $U_D \to 0 \Rightarrow$ OP mit: $v_{u2} = -\frac{R_{12}}{R_5} = -30{,}3$

3.5 $u_2 = u_2' - u_2''$ (1) mit: $v_{uges} = \frac{u_2}{u_1}$ (2)

$$(1) \to (2):\ v_{uges} = \frac{\left(1+\frac{R_2}{R_5}\right)u_1 - \left(-\frac{R_{12}}{R_5}\right)u_1}{u_1} = 61{,}6$$

4. OP-Schaltung

4.1 $U_D \to 0$, dann liegen am unteren Pin von R_1 ebenso 3 V $\Rightarrow U_{R1} = 12$ V; $U_{R2} = 3$ V und somit:

$I_{R1} = 3$ mA; $I_{R2} = 1$ mA.

Also fließen über R_3: $I_{R3} = 2$mA $\Rightarrow U_{R3} = 9$ V.

$U_{R3} + U_2 - U_{R2} = 0 \Rightarrow U_2 = -6$ V

4.2 $U_D \to 0$, siehe oben: $U_{R1} = 13{,}5$ V; $U_{R2} = 1{,}5$ V; $I_{R1} = 3{,}37$ mA; $I_{R2} = 0{,}5$ mA;

$I_{R3} = 2{,}87$ mA

$I_{R3} \cdot R_3 + U_2 - U_{R2} = 0 \Rightarrow R_3 = 871\ \Omega$

Oder mit Überlagerungsverfahren, siehe **Bilder 25**.

1. $U_1 = 0$ V (linkes Bild):

$\Rightarrow U_2' = -15\text{ V}\,\frac{R_3}{R_1}$

$= -16{,}87$ V

2. 15 V = 0: (rechtes Bild):

$R_1//R_2$

$\Rightarrow U_2'' = U_1\left(1+\frac{R_3}{R_1//R_2}\right) =$

10,87 V,

Somit wird $U_2 = U_2' + U_2'' = -6$ V.

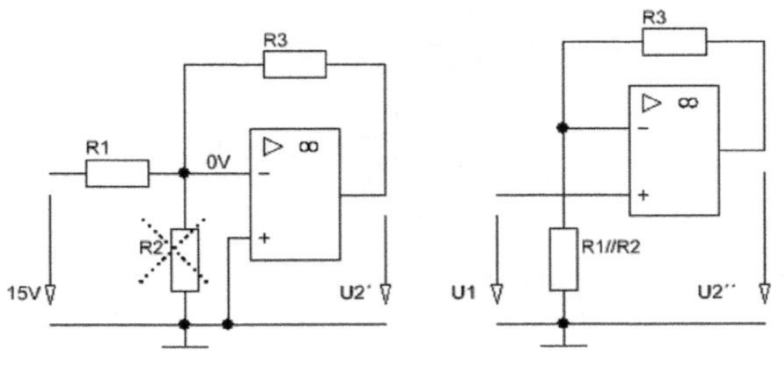

Bild 25

5. **Anpassschaltung mit OP**

5.1 $\underline{U_1 = 0}$: (Schaltungstechnisch liegt der nichtinvertierende Eingang auf Masse wie in **Bild 25** links):

$$\frac{U_2}{U_B} = \frac{-5\,V}{15\,V} = \frac{R_3}{R_1} \Rightarrow R_1 = 3 \cdot R_3 \text{ z. B.: } R_3 = 1\,k\Omega$$

$\Rightarrow R_1 = 3\,k\Omega$

2 V am Eingang bedingen +5 V am Ausgang, siehe **Bild 26**.

$$I_{R3} = \frac{U_{R3}}{R_3} = 3\,mA$$

$$I_{R1} = \frac{U_{R1}}{R_1} = 4{,}33\,mA \Rightarrow I_{R2} = 7{,}33\,mA$$

$R_2 = 273\,\Omega$

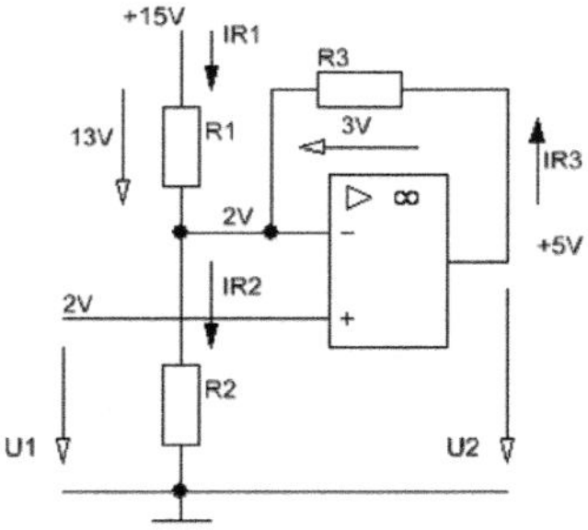

Bild 26

6. **Pegelumsetzung von TTL nach RS232**

6.1 Aus der Tabelle:

$$\Rightarrow \frac{\Delta U_2}{\Delta U_1} = \frac{12\,V - (-12\,V)}{5\,V - 0} = 4{,}8$$

$\Rightarrow R_4 = 4{,}8 \cdot R_1$; gewählt: $R_1 = 2{,}2\,k\Omega$

$\Rightarrow$ 10,56 (10 kΩ + 560 Ω).

$\underline{U_1 = 0}$: siehe **Bild 27**

$$\Rightarrow V_u = \frac{U_2'}{U_{R3}} = (1 + \frac{R_4}{R_1}) = 3{,}4 \text{ und } U_2' =$$

+12V

$\Rightarrow U_{R3} = 2{,}07$ V.

$\Rightarrow U_{R2} = U_B - U_{R3} = 12{,}93$ V

$$\frac{R_2}{R_3} = 6{,}24$$; R_3 gewählt mit 3,3 kΩ

$\Rightarrow R_2 = 20{,}6\,k\Omega$

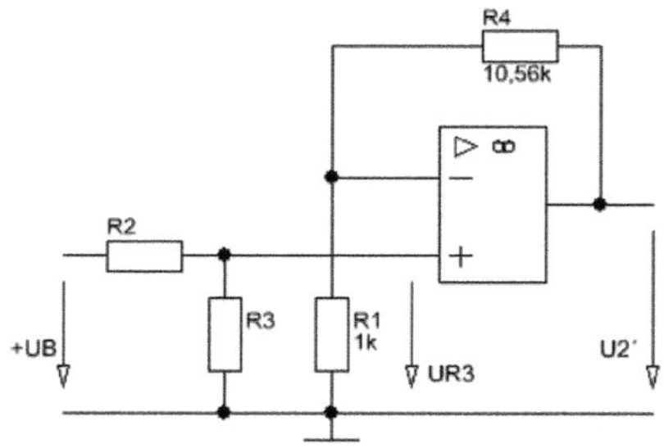

Bild 27

7. **OP mit Vorspannung**

Rechnung für die Werte: u_1: 0 V und 1,5 V:

$u_1 = 0$ V (bei t =0): Eingang liegt auf Masse; Uz liegt am nichtinvertierenden Eingang, d. h., U_z wird mit nichtinvertierenden OP-Schaltung verstärkt: $u_{20} = (1+ \frac{R_2}{R_1})U_z$ = 8,96 V

7.1 $u_1 = 1{,}5$ V, siehe **Bild 28**:

$u_{R1} = 1{,}3\ \text{V} \Rightarrow I_{R1}\ (= I_{R2}) = 1{,}3\ \text{mA}$

$u_{R2} = R_2 \cdot I_{R2} = 2{,}86\ \text{V}$

Masche: $u_{21} - U_z - u_D - u_{R2} = 0$ (u_D --> 0 !)

$u_{21} = 5{,}66\ \text{V}$

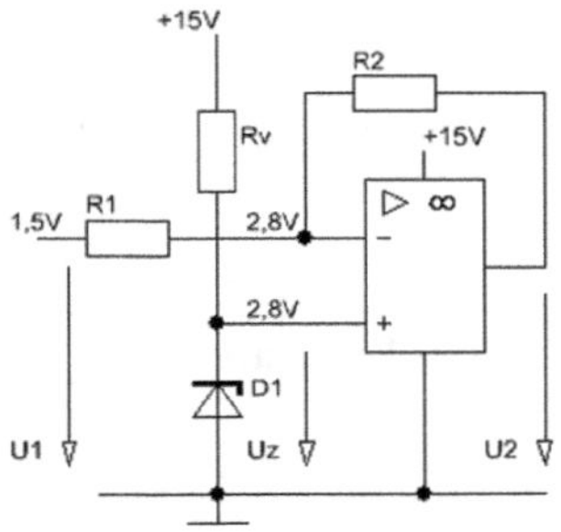

Bild 28

Mit diesen beiden Werten liegt die u_2-Kurve fest, siehe **Bild 29**.

Oder mit Überlagerungsverfahren:

1. $u_1 = 0$: $u_2' = (1 + \frac{R_2}{R_1})U_z = 8{,}96\ \text{V}$

($u_1 = 0$ ergibt den Offset der Kurve bzw. den AP)

2. $U_z = 0$: $u_2'' = -\ u_1(\frac{R_2}{R_1}) = +3{,}3\ \text{V}$

(für $u_1 = -1{,}5$ V)

$u_{2max} = u_2' + u_2'' = 12{,}26\ \text{V}$

$u_{2min} = u_2' + u_2'' = 8{,}96\ \text{V} + (-3{,}3\ \text{V}) = 5{,}66\ \text{V}$

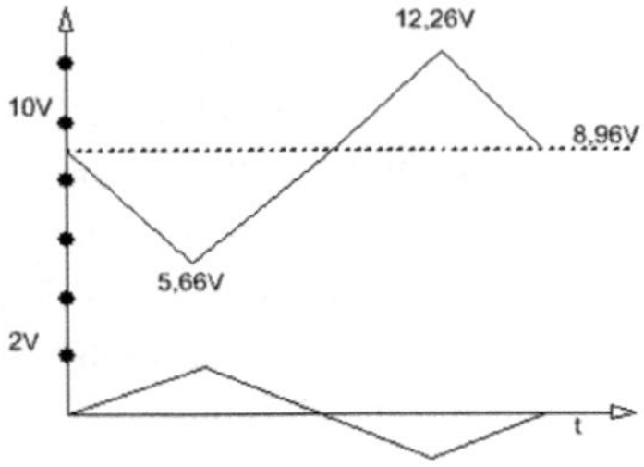

Bild 29

8. **Entartete OP-Schaltung**, siehe **Bild 30**

8.1 Am nichtinv. Eingang liegt U_{12} ($I_{R2} = 0!$), U_D -->0 ⇒ am invertierenden. Eingang liegt auch U_{12}

$U_{R1} = 5V \Rightarrow I_{R1} = (I_{R3}) = 5mA; \Rightarrow U_{R2} = 11$ V
$U_2 - U_{12} - U_D - U_{R3} = 0$

(oder: $-U_{R1} - U_{R3} + U_2 - U_{11} = 0$)

$U_2 = U_{R3} + U_{12} = 13$ V

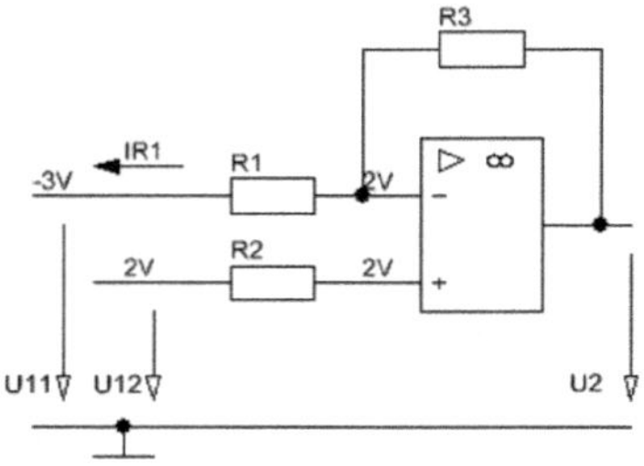

Bild 30

9. **OP mit Endstufe**

9.1 $v_u = (1 + \frac{R_2}{R_1}) = 5 \Rightarrow$

$R_2 = 4 \cdot R_1 = 4$ kΩ

9.2 $v_u \leq 1$ (Kollektorstufe!)

9.3 Siehe **Bild 31**.

9.4 Das Signal ist verzerrt (Übernahmeverzerrungen)

9.5 Das Signal ist um 0,7 V kleiner als u_2 ($\hat{u}_3 = 1{,}3$ V).

9.6 Solange $u_2 < 0{,}7$ V bleibt, ist $u_3 = 0$, und somit fehlt die Gegenkopplungsspannung u_{R1},
d. h., $v_u = v_{u0} = 10^5$; u_2 steigt also mit der Slewrate bis 0,7 V an, somit besitzt $u_3(t)$ keine Übernahmeverzerrungen!

9.7 $\hat{u}_3 = \hat{u}_1 \cdot v_u = 5V; \hat{u}_2 = \hat{u}_3 + 0{,}7$ V

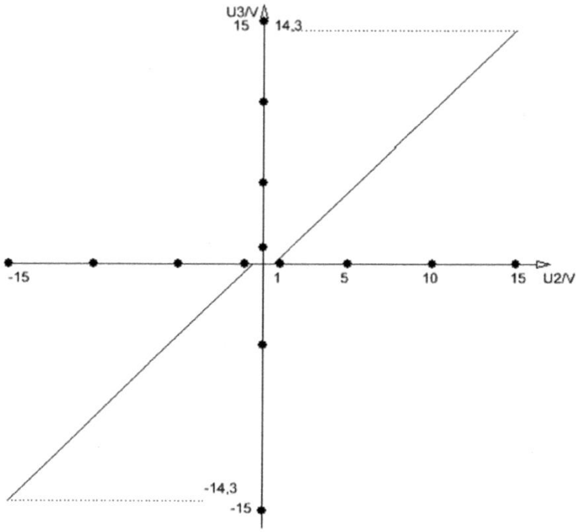

Bild 31

10. Geregeltes Netzgerät

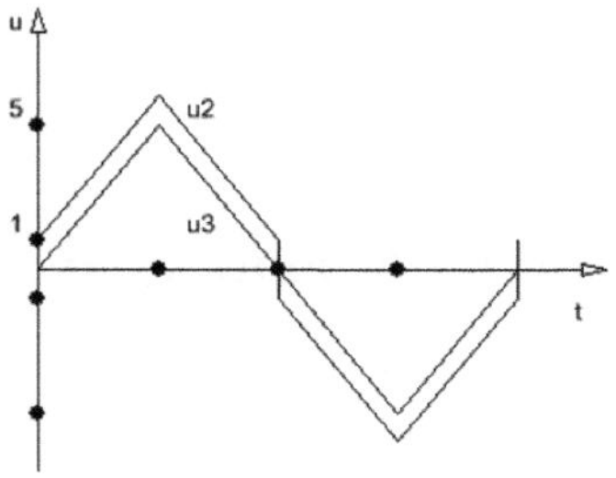

Bild 32

10.1 $U_1 \uparrow$, $U_z \uparrow$, $\varphi_A = 0$, V_2 sperrt, $U_2 = 0$, $U_{R2} = 0 \Rightarrow$
$V_u = V_{u0} = 10^5 \Rightarrow \varphi_A \uparrow$,
V_2 leitet, $U_2 \uparrow$,

U_{R2} steigt bis $U_{R2} = U_z$ ist ($U_D = 0$).

10.2 Da $U_D = 0$ ist, wird $U_{R2} = U_z \Rightarrow \dfrac{U_2}{U_z} = \dfrac{R_1 + R_2}{R_2}$

$U_2 = 16{,}8\ \text{V}$

10.3 $R_v = 2{,}64\ \text{k}\Omega$

10.4 $R_1 = 8{,}9\ \text{k}\Omega$

10.5 R_5 fungiert als Stromfühler. Fallen an ihm 0,7 V ab, beginnt V_3 zu leiten und führt den Basisstrom von V_2 über R_L ab, so dass V_2 in Richtung des Sperrzustandes geht.

10.6 $R_5 = \dfrac{U_{BE}}{I_{Lmax}} = 2{,}18\ \Omega\ (2{,}2\ \Omega)$

12 Addierer mit OP

Addier-Schaltungen

Aufgaben

1. **Gleichrichtung mit OP**, siehe **Bild 1**

   Die OPs sind ideal und liegen an ± 15 V; U_F = 0,7 V. Die Eingangsspannung u_1 ist dreieckförmig mit $\hat{u}_1$ = ± 3 V, die Zeit t ist beliebig.

   $R_1 = R_2 = R_4 = 1\ k\Omega$;
   $R_3 = R_5 = 2\ k\Omega$

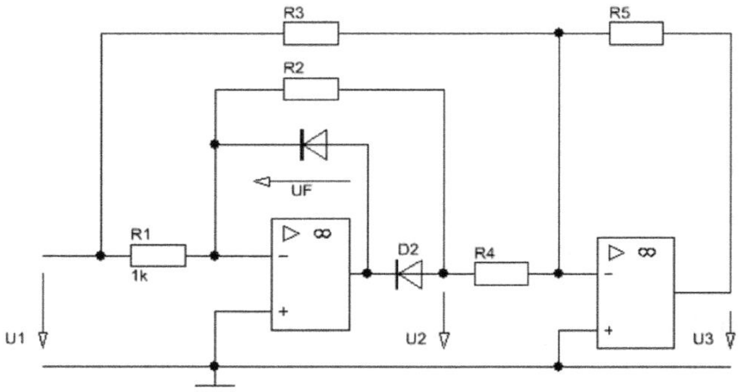

Bild 1

1.1 Ermitteln Sie die Werte $\hat{u}_2$ und $\hat{u}_3$.

1.2 Skizzieren Sie über 2 Perioden hinweg untereinander: $u_1(t)$, $u_2(t)$ und $u_3(t)$.

2. **Überblend-Regler**, siehe **Bild 2**

   Mit dem mechanisch gekoppelten Potentiometer R_3, R_4 kann z. B. ein Gespräch (U_{11}) mit Musik (U_{12}) „überblendet" werden.

   $R_1 = R_2 = 10\ k\Omega$;
   $R_3 = R_4 = 100\ k\Omega$;
   $R_5 = 50\ k\Omega$

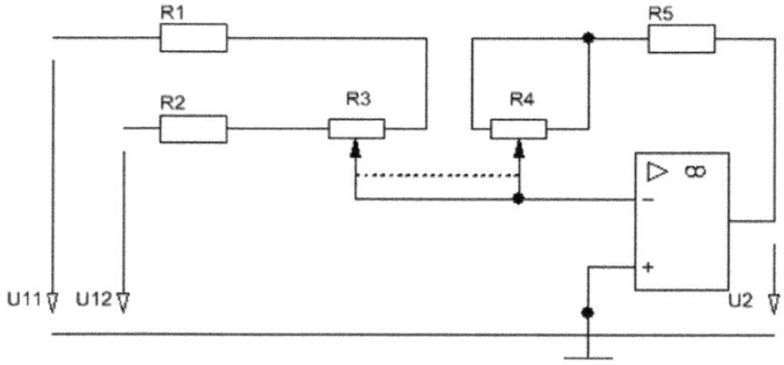

Bild 2

2.1 Berechnen Sie die beiden Verstärkungsfaktoren, mit denen U_{11} (--> V_{u1}) und U_{12} (--> V_{u2}) verstärkt werden, wenn das Potentiometer in der <u>rechten</u> Endposition steht.

2.2 Berechnen Sie die beiden Verstärkungsfaktoren, mit denen U_{11} (--> V_{u1}) und U_{12} (--> V_{u2}) verstärkt werden, wenn das Potentiometer in der linken Endposition steht.

2.3 Berechnen Sie die beiden Verstärkungsfaktoren, mit denen U_{11} (--> V_{u1}) und U_{12} (--> V_{u2}) verstärkt werden, wenn das Potentiometer in der Mitte steht.

3. **Kennliniensteller**, siehe **Bild 3**

Die OPs seien ideal und werden mit $U_B = \pm 15$ V betrieben.

$R_2 = R_3 = R_4 = R_5 = 2\ k\Omega$

Die Schaltung soll folgende Forderung erfüllen:

$\mathbf{U_3 = 2 \cdot U_1 + 2\ V}$

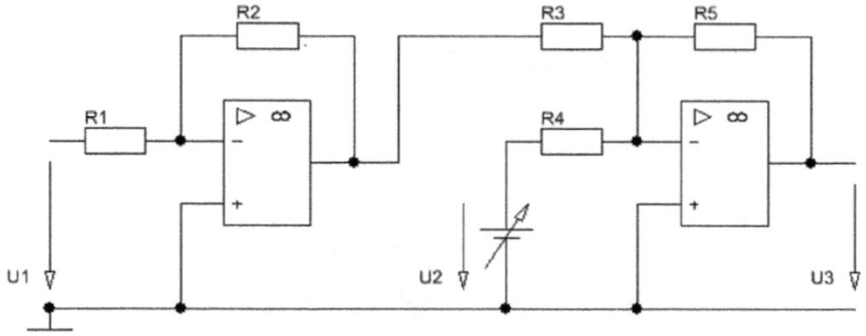

Bild 3

3.1 Ermitteln Sie R_1 und U_2.

3.2 Skizzieren Sie die Übertragungskennlinie: $U_3 = f(U_1)$ für $-1\ V \leq U_1 \leq +5$ V.

3.3 Verändern Sie die Schaltung (Skizze!), damit folgende Forderung erfüllt wird:

$\mathbf{U_3 = -2 \cdot U_1 + 2\ V}$

3.4 Skizzieren Sie die Übertragungskennlinie: $U_3 = f(U_1)$ für $-1\ V \leq U_1 \leq +5$ V.

4. **DA-Umsetzer (4 Bit)**, siehe **Bild 4**

Der OP sei ideal und liegt an $\pm U_B$.

Die Schalter sind in der Praxis MOS-FET-Schalter und integriert mit dem OP im IC: AD7520.

$R = 22\ k\Omega$; $U_{ref} = -6{,}2$ V

4.1 Welche Potentiale haben die Knoten 1,..,4?

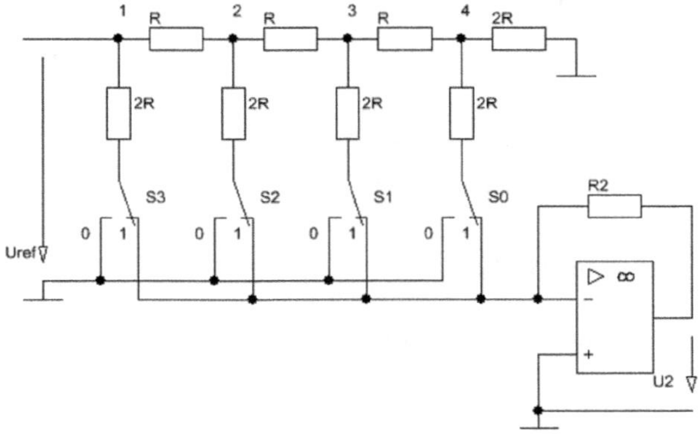

Bild 4

4.2 Berechnen Sie die Ströme, die durch die 2R-Widerstände fließen.

4.3 Berechnen Sie R_2, so dass $U_2 = 5$ V beträgt, wenn die Schalter S_0, S_1, S_2 an 0 liegen und der Schalter S_3 in Stellung 1 steht.

4.4 Wie groß wird U_2 maximal?

Lösungen

1. Gleichrichtung mit OP

1.1 $\hat{u}_1 = \underline{+3\ V}$: $\hat{u}_2 = -\dfrac{R_2}{R_1} \cdot \hat{u}_1 = -3$ V; $\hat{u}_3 = -1 \cdot \hat{u}_1 - 2 \cdot \hat{u}_2 = +3$ V

$\hat{u}_1 = \underline{-3\ V}$: $\hat{u}_2 = 0$ V (D_2 sperrt) $\hat{u}_3 = +3$ V $+ 0 = +3$ V

1.2 Zwei positive Dreiecke (siehe auch Kapitel 11 Laboraufgabe Gleichrichterschaltung Aufgabe 2).

2. Überblend-Regler

2.1 R_4 ist kurzgeschlossen! $V_{u1} = -\dfrac{U_2}{U_{11}} = -\dfrac{R_5}{R_1} = -5$

$$v_{u2} = -\frac{U_2}{U_{12}} = -\frac{R_5}{R_2 + R_3} = -0{,}45 \text{ (Musik ist ausgeblendet)}$$

2.2 R_4 ist kurzgeschlossen! $v_{u1} = -\dfrac{R_5}{R_1 + R_3} = -0{,}45$ (Gespräch ist ausgeblendet)

$$v_{u2} = -\frac{R_5}{R_2} = -5$$

2.3 $$v_{u1} = v_{u2} = -\frac{\left(\dfrac{R_4}{4}\right) + R_5}{R_1 + \left(\dfrac{R_3}{2}\right)} = -1{,}25$$

3. Kennliniensteller

3.1 $U_1 = 0$ gesetzt, dann ist $U_3' = 0 + U_2 \Rightarrow U_3' = -\dfrac{R_5}{R_4} U_2 = -2$ V

$\Rightarrow U_2 = -2$ V

$U_2 = 0$ gesetzt, dann ist $U_3'' = 2 \cdot U_1 + 0 \Rightarrow R_1 = 1/2 \cdot R_2 = 1\ k\Omega$

3.2 Siehe **Bild 5**.

3.3 Siehe **Bild 5** mit
$R_1 = R_2$

3.4 Siehe **Bild 6**.

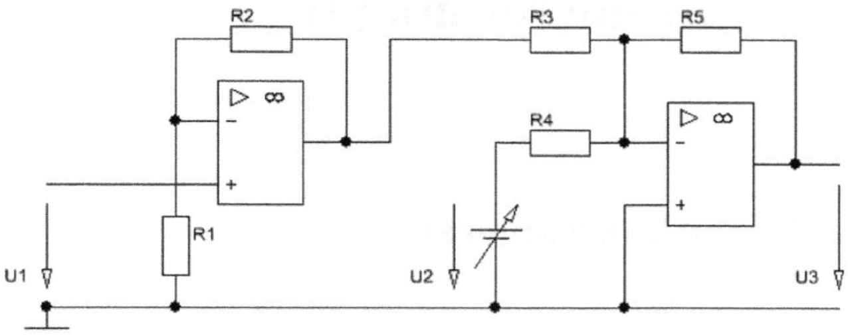

Bild 5

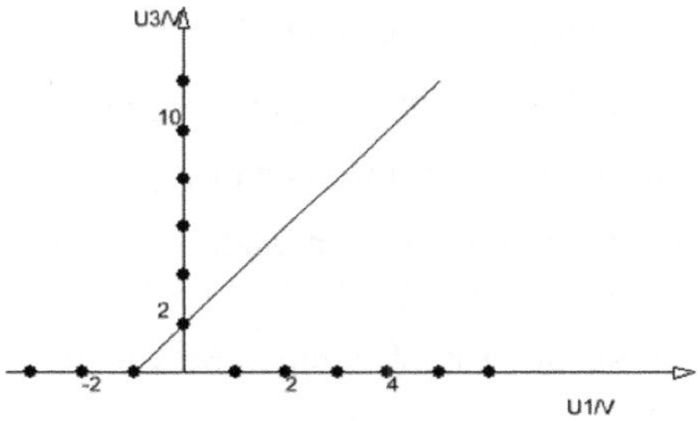

Bild 6

4. DA-Umsetzer

4.1 Das R-2R-Netzwerk halbiert die Spannung an jedem Knoten also:

1	2	3	4
6,2 V	3,1 V	1,55 V	0,775 V

4.2 an 1: $I_1 = \frac{\varphi_1}{2R} = 141\ \mu A$;
$I_2 = 70{,}45\ \mu A$;
$I_3 = 35{,}2\ \mu A$;
$I_4 = 17{,}6\ \mu A$.

4.3 $\frac{U_2}{U_{ref}} = -\frac{R_2}{2R} \Rightarrow R_2 = 35{,}48\ k\Omega$

4.4 $U_{2max} = -I_{ges} \cdot R_2 = -9{,}37\ V$

13 Subtrahierer mit OP

Einfacher Subtrahierer

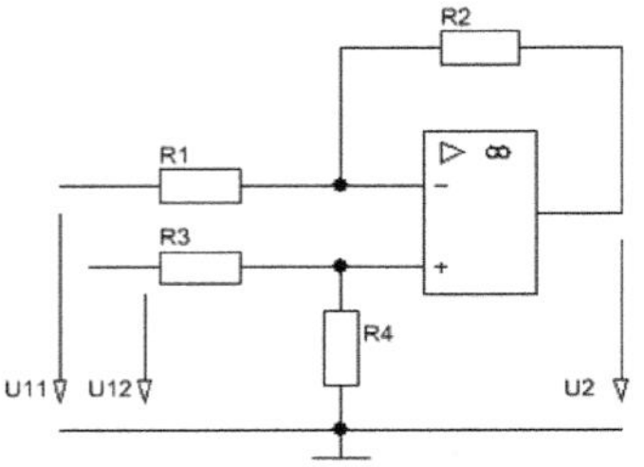

Bild 1

Laboraufgabe

Bild 1: $R_1 = R_3 = 1\ k\Omega$; $R_2 = R_4 = 2{,}2\ k\Omega$

1.1 Skizzieren Sie die Schaltung, für $U_{11} = 1$ V und $U_{12} = 0$. Berechnen und messen Sie U2′.

1.2 Skizzieren Sie die Schaltung, für $U_{11} = 0$ und $U_{12} = 2$ V. Berechnen und messen Sie U2′′.

1.3 Berechnen Sie U_2, wenn an den Eingängen: $U_{11} = 1$V und $U_{12} = 2$ V liegen.

1.4 Wie groß wird U_2, wenn an beiden Eingängen ein gleich großes Signal (Gleichtaktsignal) $U_{11} = U_{12} = 3$ V gelegt wird? (Störsignale sind z. B.:Gleichtaktsignale).

1.5 Prüfen Sie die Aufgaben durch Messungen nach (an Gleich- oder Wechselspannung)!

1.6 Messen Sie die Eingangswiderstände r_{11} und r_{12}; welchen Schluss ziehen Sie daraus?

Aufgaben

1. **Kennliniensteller**

   Bild 1: $R_1 = R_4 = 47\ k\Omega$; die Schaltung soll die Forderung erfüllen:
   $\mathbf{U_2 = U_{12} - 5 \cdot U_{11}}$

   Berechnen Sie R_2 und R_3.

2. **Übungsaufgabe** siehe **Bild 2**

2.1 Ermitteln Sie $u_2(t)$ und $u_3(t)$ für die an den beiden Eingängen liegenden Spannungsfunktionen $u_{11}(t)$ und $u_{12}(t)$.

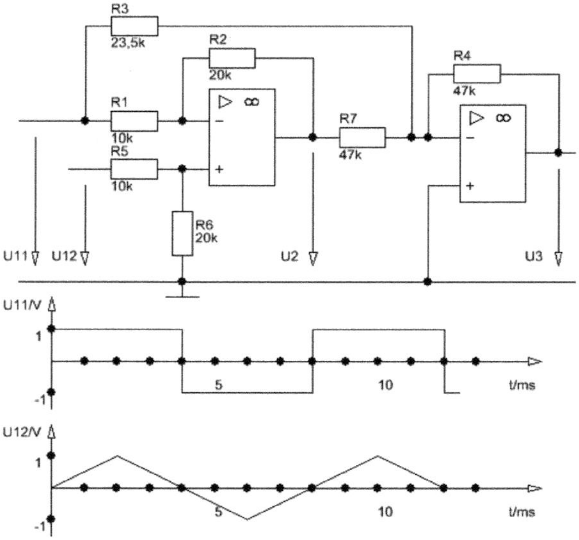

Bild 2

Erweiterte Subtrahierschaltung

3. **Symmetrier-Verstärker**, siehe **Bild 3**

Die Schaltungsteile II und III befinden sich so ähnlich in denfolgenden ICs: MAX436(*), INA114, SSM2019. Mit dem Widerstand Zt bzw. Rt wird der Verstärkungsgrad eingestellt.

(*): siehe Kommunikationstechnik, Kapitel 2: Leitungen, Aufgabe 7.2

Für 3.1 bis 3.6 gelten: $R_1 = R_2 = R_3 = R_4 = R_5 = R_6 = 25\ k\Omega$

Schaltung I ist an II angeschlossen:

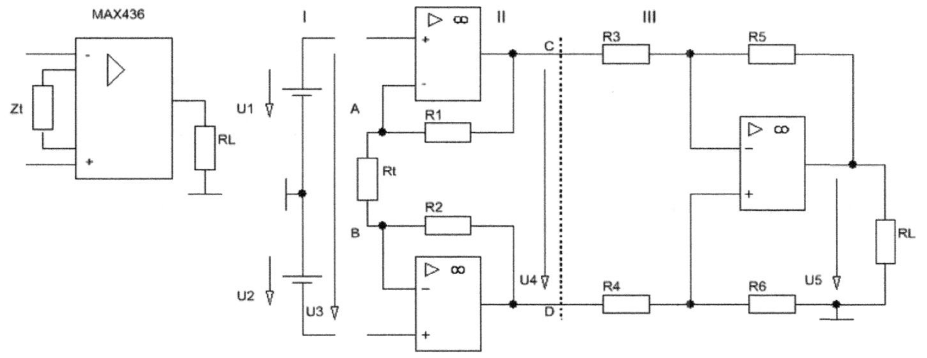

Bild 3

3.1 Welche Aufgabe hat die Eingangsstufe II?

3.2 Es seien $U_1 = U_2 = 0{,}5$ V; geben Sie die Potentiale an A und B an.

3.3 Berechnen Sie den Strom durch R_t, wenn $R_t = 10\ k\Omega$ beträgt.

3.4 Geben Sie die Potentiale an C und D an, und ermitteln Sie U_4.

3.5 Welcher Spannungswert (U_5) liegt am Ausgang der Schaltung III?

3.6 Wie ändert sich die Gesamtverstärkung V_{ug} der Schaltung (wird größer/kleiner/bleibt gleich), wenn für R_t der Wert 5 kΩ eingesetzt wird?

3.7 Leiten Sie die Beziehung her: $U_4 = f(U_3, R_1, R_t)$ für den Fall: $R_1 = R_2$.

3.8 Leiten Sie die Beziehung her: $U_5 = f(U_1, U_2, R_1,..., R_6)$ für den Fall: $R_1 = R_2$ und $R_3 \neq R_4 \neq R_5 \neq R_6$.

4. **Subtrahierer mit Vorspannung**, siehe **Bild 4**

Der OP ist ideal. Die maximale Ausgangsspannung beträgt $U_2 = \pm 15$ V.

$R_1 = 5\ k\Omega$; $R_2 = R_3 = 10\ k\Omega$; $R_4 = 2{,}5\ k\Omega$;
$U_{v1} = 15$ V; $U_{v2} = 10$ V.

4.1 Welche Ausgangsspannung $u_2(t)$ ergibt sich für den Zeitpunkt t = 0 (u_1 = 2 V), wenn der Schalter in Stellung 1 ist?

4.2 Welche Ausgangsspannung $u_2(t)$ ergibt sich für den Zeitpunkt t = 0, wenn der Schalter in Stellung 2 ist?

4.3 Zeichnen Sie den zeitlichen Verlauf $u_2(t)$ $0 \leq t \leq 4$ ms in ein Diagramm, wenn der Schalter in Stellung 1 ist.

4.4 Zeichnen Sie den zeitlichen Verlauf u2(t) $0 \leq t \leq 4$ ms in ein Diagramm, wenn der Schalter in Stellung 2 ist.

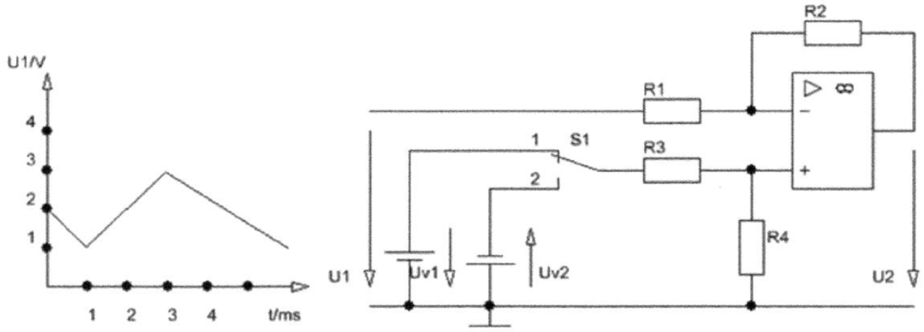

Bild 4

5. **Temperaturmessung**, siehe **Bild 5**

Us = +15 V;

Der OP ist ideal und liegt an $U_B = \pm 15$ V.

5.1 Der Widerstand R_7 der Brücke ist ein NTC; dieser hat bei 20 °C einen Wert von 2 kΩ. Das Potentiometer R_8 ist auf 4,7 kΩ eingestellt. Berechnen Sie die Potentiale an A und an B für folgende Dimensionierung: $R_1 = R_3 = 2{,}2$ kΩ; $R_2 = R_4 = 4{,}7$ kΩ.

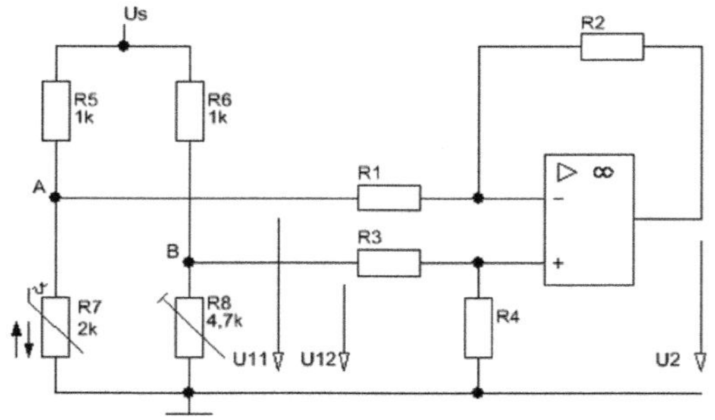

Bild 5

5.2 Berechnen Sie U_2.

5.3 Auf welchen Wert muss das Potentiometer eingestellt werden, damit bei ϑ = 20 °C die Ausgangsspannung U_2 den Wert +1 V besitzt?

5.4 Dimensionieren Sie R_1,... R_4, so dass folgende Forderung erfüllt wird: Ist R_8 auf den Wert von 4,7 kΩ eingestellt, soll U_2 = 10 V $\pm$ 1 % betragen ($R_1 = R_3$; $R_2 = R_4$).

Lösungen

1. **Kennliniensteller**

$U_{12} = 0$: (nichtinvertierender Eingang an Masse) $\Rightarrow U_2' = -5 \cdot U_{11} \Rightarrow R_2 = 5 \cdot R_1$, somit ist $R_2 = 235\ k\Omega$.

$U_{11} = 0$ (invertierender Eingang an Masse): $U_2'' = U_{12} \Rightarrow V_u = 1$, da $(1 + \frac{R_2}{R_1}) = 6$ ist,

muss der Teiler R_3, R_4 die Spannung U_{12} auf 1/6 teilen, damit $V_u = 1$ wird.
$\Rightarrow R_3 = 5 \cdot R_4 = 235\ k\Omega$

2. **Übungsaufgabe**

2.1 $U_2 = \frac{R_2}{R_1}(U_{12} - U_{11})$;

$$-U_3 = \frac{R_4}{R_7} U_2 + \frac{R_4}{R_3} U_{11}$$

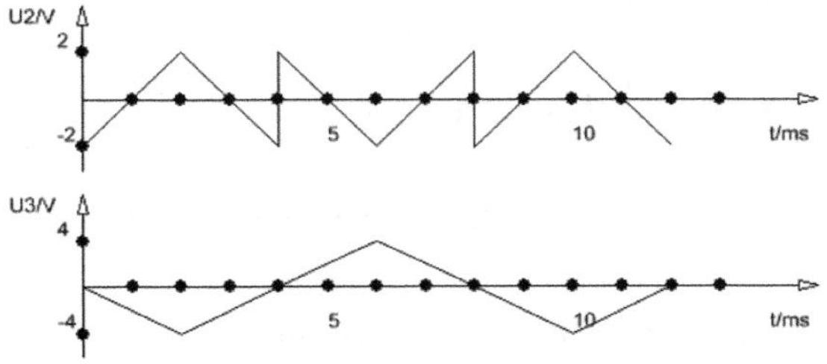

Bild 6

3. **Symmetrierverstärker**

3.1 Zur Erhöhung des Eingangswiderstandes der beiden Eingänge.

3.2 Da U_D --> 0, liegt an A: +0,5 V und an B: −0,5 V

3.3 An R_t liegt die Spannung $U_3 = 1$ V (I_1 fließt von C nach D): $I_1 = \frac{U_3}{R_t}$ (1) = 100 µA

3.4 $U_{R1} = I_1 \cdot R_1 = 2{,}5$ V und $U_{R2} = 2{,}5$ V $\Rightarrow \varphi_C = 2{,}5\ V + 0{,}5\ V$; $\varphi_D = -2{,}5\ V - 0{,}5\ V$

$I_1(R_1 + R_t + R_2) - U_4 = 0$ (2) $\Rightarrow U_4 = 6$ V

3.5 Bei dieser Dimensionierung von Schaltung III ist $V_u = 1$, also $U_5 = U_4 = 6$ V. Die Verstärkung erfolgt in Stufe II mit R_t.

3.6 $R_t \downarrow$ --> $I_1 \uparrow$ --> (siehe 3.4): $U_{R1}, U_{R2} \uparrow \Rightarrow U_4 = U_5 \uparrow$.

3.7 (1) --> (2): $U_4 = \frac{U_3}{R_t}(R_1 + R_t + R_2)$ bzw. $U_4 = U_3(1 + \frac{2R_1}{R_t})$ (3)

3.8 Siehe **Bild 7**: $U_{11} = U_1(1 + \frac{2R_1}{R_t})$ (4) und $U_{12} = U_2(1 + \frac{2R_1}{R_t})$ (5)

$U_{12} = 0$: $U_5' = -U_{11}\frac{R_5}{R_3}$ (6)

$U_{R6} = \frac{U_{12} \cdot R_6}{R_4 + R_6}$ (7)

$U_{11} = 0$: $U_5'' = U_{R6}(1+ \frac{R_5}{R_3})$ (8)

$U_5 = U_5' + U_5''$ (9)

(6), (7), (8) --> (9)

$$U_5 = -U_{11}\frac{R_5}{R_3} + U_{12}\frac{R_6}{R_4+R_6}(1+\frac{R_5}{R_3}) \quad (10)$$

(4), (5) --> (10):

$$U_5 = U_2(1 + \frac{2R_1}{R_t})(\frac{R_6}{R_4+R_6})(1 + \frac{R_5}{R_3}) - U_1(1 + \frac{2R_1}{R_t})(\frac{R_5}{R_3})$$

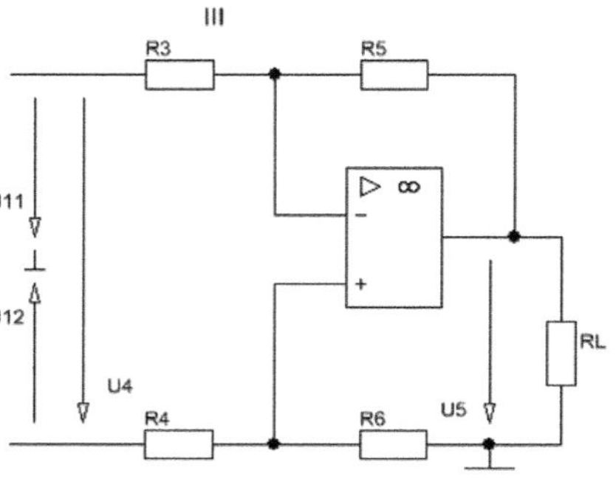

Bild 7

Beachten Sie, in der Aufgabe liegt am unteren (nichtinvertierenden) Eingang –0,5 V.

4. **Subtrahierer mit Vorspannung**

4.1 $U_{R4} = 3$ V. Entweder mit dem Überlagerungs- oder Maschenverfahren.

Das Überlagerungs-Verfahren ergibt für $U_{R4} = 0$: $U_2' = -4$ V; für $U_1 = 0$: $U_2'' = +9$ V

$\Rightarrow U_2 = U_2' + U_2'' = 9\text{ V} + (-4\text{ V}) = 5$ V

Mit Maschen:

$I_1 \cdot R_1 + U_D + U_{R4} - U_1 = 0$

$\Rightarrow I_1 = -0{,}2$ mA (U_D --> 0)

$I_1 \cdot R_2 + U_2 - U_{R4} - U_D = 0$

$\Rightarrow U_2 = 5$ V (U_D --> 0)

4.2 $U_{R4} = -2$ V; $I_1 = 0{,}8$ mA; $U_2 = -10$ V

$\Rightarrow U_2 = U_2' + U_2'' = 9\text{ V} + (-4\text{ V}) = 5$ V

Siehe **Bild 8** links.

Maschen:

$I_1 \cdot R_1 + U_D + U_{R4} - U_1 = 0$

$\Rightarrow I_1 = -0{,}2$ mA (U_D --> 0)

$I_1 \cdot R_2 + U_2 - U_{R4} - U_D = 0$

$\Rightarrow U_2 = 5$ V (U_D --> 0)

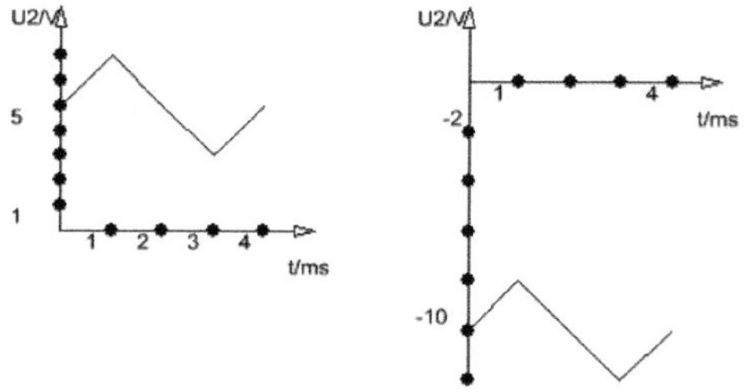

Bild 8

4.3 $U_{R4} = -2$ V; $I_1 = 0{,}8$ mA; $U_2 = -10$ V

t = 1ms: $I_1 \cdot R_1 + U_D - U_1 = 0 \Rightarrow I_1 = 0{,}6$ mA

$I_1 \cdot R_2 + U_2 - U_{R4} - U_D = 0 \Rightarrow U_2 = -8$ V

Siehe **Bild 8** rechts.

5. Temperaturmessung

5.1 Die OP-Eingänge mit R_1, R_3, R_4 belasten die Brücke:

$$R_8' = R_8 \,//\, (R_3 + R_4) = 2{,}8\ \text{k}\Omega \Rightarrow \varphi_B = \frac{U_S \cdot R_8'}{R_6 + R_8'} = 11\ \text{V}\ \ (= U_{12})$$

$$R_7' \approx R_7//(R_1+R_4) = 1{,}55\ \text{k}\Omega\ \ (*) \Rightarrow \varphi_A = 9{,}1\ \text{V}\ \ (= U_{11})$$

(*) Die exakte Rechnung wäre: Am nichtinvertierenden Eingang liegen 7,5 V und somit auch am invertierenden Eingang (U_D--> 0), damit ergibt sich die Schaltung in **Bild 9**.

Mit dem Überlagerungsverfahren oder mit der ESQ: müsste man U_{R7} berechnen.
Mit der ESQ:
($R_i = R_5 \,//\, R_7$); U_0 usw. wird $U_{R7} = 9{,}45$ V. Das weicht etwas ab vom obigen Ergebnis (9,1 V).

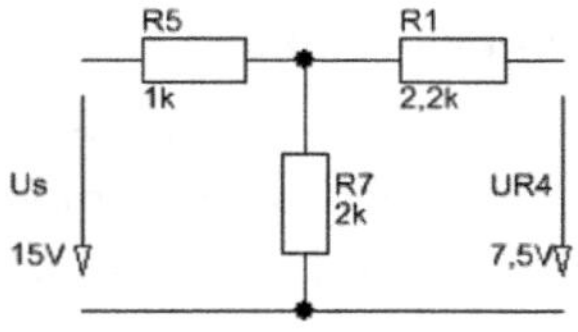

Bild 9

5.2 $$U_2 = \frac{R_2}{R_1} U_{12} - \frac{R_2}{R_1} U_{11} = 4\ \text{V}\ \ (1)$$

5.3 Aus (1): $U_{12} = 9{,}5\ \text{V} \Rightarrow U_{R6} = U_S - U_{12} = 5{,}5\ \text{V}$

$$I_{R3} = \frac{U_{12}}{R_3 + R_4} = 1{,}37\ \text{mA};\ I_{R6} = \frac{U_{R6}}{R_6} = 5{,}5\ \text{mA} \Rightarrow R_8 = \frac{U_{12}}{I_{R8}} = 2{,}3\ \text{k}\Omega$$

5.4 Damit die OP-Eingänge die Brücke nicht zu sehr belasten, werden $R_1 = R_3 = 10\ \text{k}\Omega$ gewählt.

$U_{R8} = 12{,}37$ V und $U_{R7} = 10$ V ($\approx$ Leerlaufspannungen)

$$\text{Aus (1): } \frac{R_2}{R_1} = \frac{U_2}{U_{R8} - U_{R7}} = 4{,}2 \Rightarrow R_2 = R_4 = 42\ \text{k}\Omega$$

14 OP als Integrierer

Integration mit passiver RC-Schaltung

Laboraufgabe

Die Berechnung des arithmetischen Mittelwertes einer Rechteckspannung ist eine mathematische Integration.

1. Gegeben ist die Rechteckspannung mit $\hat{u} = 6$ V und ti = tp.

   Ermitteln Sie den Mittelwert (U_{DC}) dieser Spannung in **Bild 1**.

   Bemerkung:

   Am Ausgang einer Integrier-Schaltung müsste der Spannungswert gleich dem Mittelwert dieser Rechteck-Spannung sein. Das ist Ziel der Aufgaben: 2.1 und 2.2.

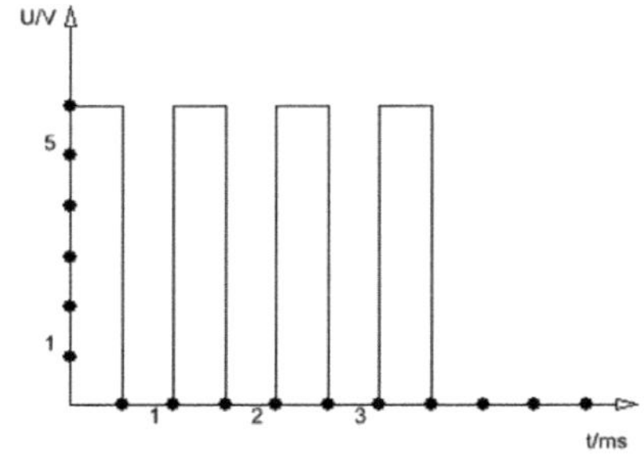

Bild 1

2. **Integration mit einer passiven RC-Schaltung**

2.1 Skizzieren Sie eine RC-Integrierschaltung.

2.2 Wie groß muss die Zeitkonstante gegen über T gewählt werden, damit eine RC-Schaltung integriert bzw. den Mittelwert bildet?

2.3 Bauen Sie die Schaltung auf (R = 1 kΩ), messen Sie U_{DC} (alle Messungen in DC-Stellung!), und skizzieren Sie u_2(t).

2.4 Wie und warum ändert sich U_{DC} bei Belastung mit R_L = 470 Ω?

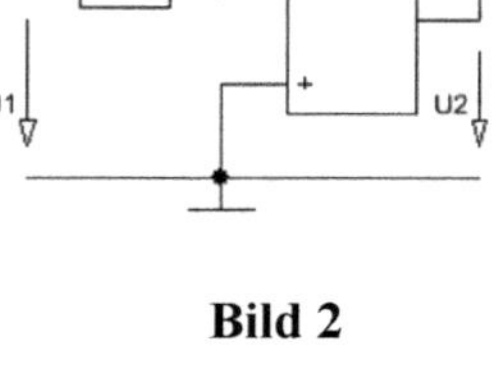

Bild 2

Integration mit OP-Schaltung

3. **OP als Integrierer**, siehe **Bild 2**

3.1 Bauen Sie die Schaltung auf, und berechnen Sie mit der Erkenntnis aus 2.2) den C_2. $R_1 = 10\ k\Omega$

3.2 Legen Sie die Spannung von **Bild** 1 an den Eingang, und messen Sie $u_2(t)$.

3.3 Warum liegt am Ausgang der Schaltung ein „falscher“ U_{DC}-Wert? Begründen Sie!

3.4 Am Eingang von **Bild 2** liegt die Rechteck-Wechselspannung, siehe **Bild 3**. Messen Sie $u_2(t)$. Welcher DC-Wert müsste theoretisch am Ausgang liegen? Warum weicht der gemessene Wert ab?

3.5 Schalten Sie einen Widerstand R_2 dem C_2 parallel, siehe **Bild 4** mit dem Wert: $R_2 = 10\ k\Omega$; ($= R_1$). Die Wechselspannung von **Bild 1** liegt am Eingang. Messen und skizzieren Sie $u_2(t)$.

3.6 Um welchen Mittelwert pendelt $u_2(t)$?

3.7 Ändern Sie R_2 auf 22 kΩ; um welchen Mittelwert pendelt jetzt $u_2(t)$? Begründen Sie!

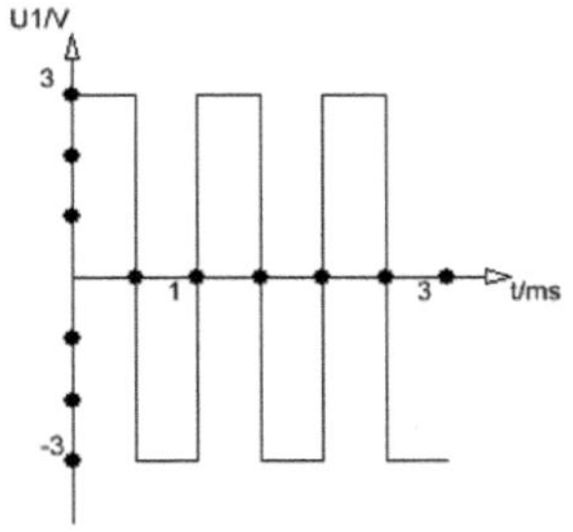

Bild 3

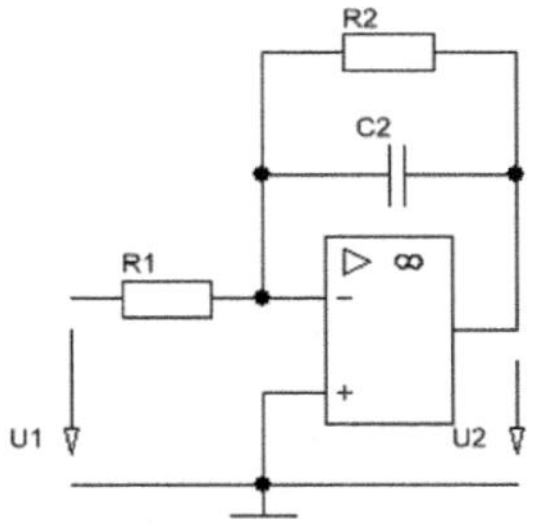

Bild 4

Lösung zu 3.7

Der Mittelwert wird gebildet, wenn C_2 aufgeladen ist, also

$$R_C \dashrightarrow \infty, \Rightarrow V_{u-} = -\frac{U_{2DC}}{U_{1DC}} \dashrightarrow -\frac{R_2}{R_1}.$$

$$\Rightarrow U_{2DC} = -U_{1DC} \cdot \frac{R_2}{R_1} = -3\ V \cdot 2{,}2 = -6{,}6\ V.$$

Aufgaben

1. **Integrierer ohne R_2**, siehe **Bild 2**

1.1 Der Integrierer wird mit der Impulsfolge (**Bild 5**) angesteuert. Berechnen Sie die Ausgangsspannung U_2 nach dem Ende des 4. Impulses. Der Kondensator war bei t = 0 ungeladen.
$C_2 = 22$ nF; $R_1 = 10$ kΩ

1.2 Nach dem 4. Impuls wird an den Eingang eine Gleichspannung von $U_1 = -2$ V gelegt. Wie lange dauert es, bis $U_2 = 0$ V beträgt?

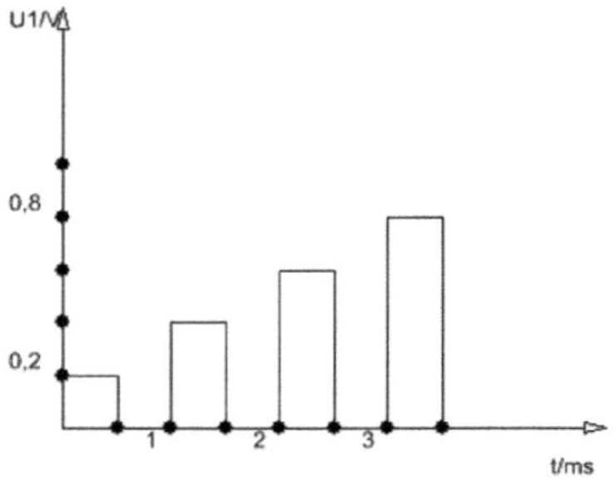

Bild 5

2. **Mittelwertbildung**

Der OP sei ideal; er wird mit $U_B = \pm 15$ V gespeist; sein Ausgangsspannungsbereich liegt bei ± 14 V.

2.1 Die Spannungsquelle (u_1) darf maximal mit $\hat{\imath}_1 = 0{,}856$ mA belastet werden, und wenn die Eingangsspannung I anliegt, soll die Ausgangsspannung $u_2(t)$ minimal um den Wert –8 V pendeln, siehe **Bild 6**. Dimensionieren Sie C_2, R_1 und R_2.

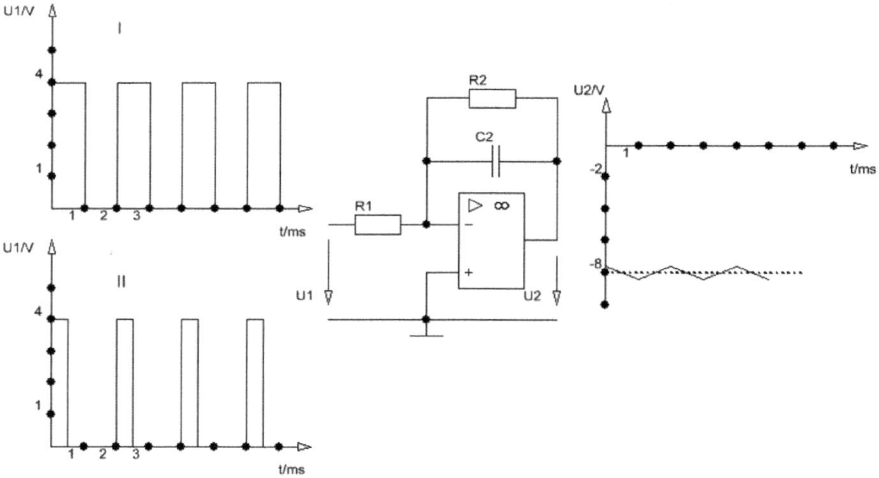

Bild 6

2.2 Am Eingang liege die Eingangsspannung II. Es seien: $R_1 = 1$ kΩ; $R_2 = 5{,}6$ kΩ und $C_2 = 3{,}3$ µF. Um welchen Wert pendelt die Ausgangsspannung $u_2(t)$, und zwar sehr lange nach dem 1. Impuls?

2.3 Die Eingangsspannung II liege an einer passiven und unbelasteten RC-Schaltung. Die Schaltung soll den <u>Mittelwert</u> der Eingangsspannung sehr gut nachbilden.

Skizzieren Sie die Schaltung, und dimensionieren Sie R und C.

3. **Funktionsgenerator**, siehe **Bild 7**

Die Ausgangsspannungsbereiche der OPs sind ± 15 V; die Slewrate sei ideal.

3.1 Der Schalter befindet sich in **2**: C_2 ist ungeladen. Auf welche Spannung (mit Vorzeichen!) lädt sich C_2 auf, wenn $\hat{u}_3 = +15$ V beträgt?

3.2 Der Schalter befindet sich in **2**: C_2 ist ungeladen. Auf welche Spannung lädt sich C_2 auf, wenn $\hat{u}_3 = -15$ V beträgt?

3.3 Der Schalter befindet sich jetzt in **1**: Berechnen Sie die Periodendauer T für den eingeschwungenen Zustand (nach den ersten Kippvorgängen).

3.4 Schalter in **1**: Skizzieren Sie u_2 und u_3 in ein Diagramm mit Spannungs- und Zeitwerten für mindestens 1 Periode (Maßstab nach Gutdünken!).

Die OPs werden mit ± 15 V versorgt.

$R_1 = 47$ kΩ; $C_2 = 100$ nF

$R_2 = 22$ kΩ; $R_3 = 68$ kΩ

$U_B = 6$ V.

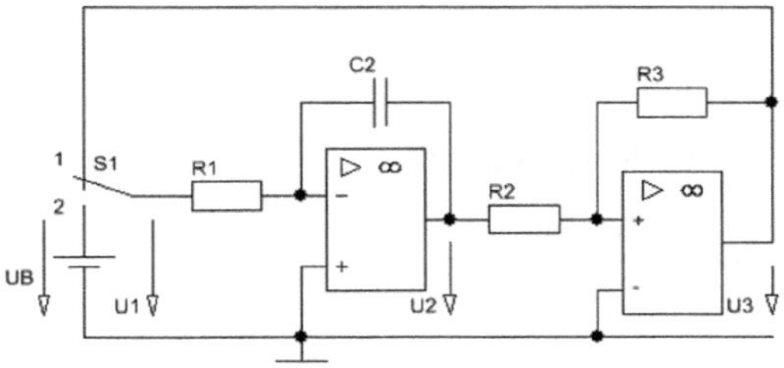

Bild 7

4. **Integrierverstärker**, siehe **Bild 8**

Der OP-Ausgangsspannungsbereich sei: ± 15 V; die Slewrate beträgt in 4.4: 0,5V/µs.

4.1 Wie groß ist u_2, wenn der Schalter seit langer Zeit geschlossen ist?

4.2 Zur Zeit t = 0 wird der Schalter für die Dauer $\Delta t = 100$ µs geöffnet und danach wieder geschlossen.

Berechnen Sie C_2, so dass die Ausgangsspannung u_2 während der Öffnungsphase 10 V wird.

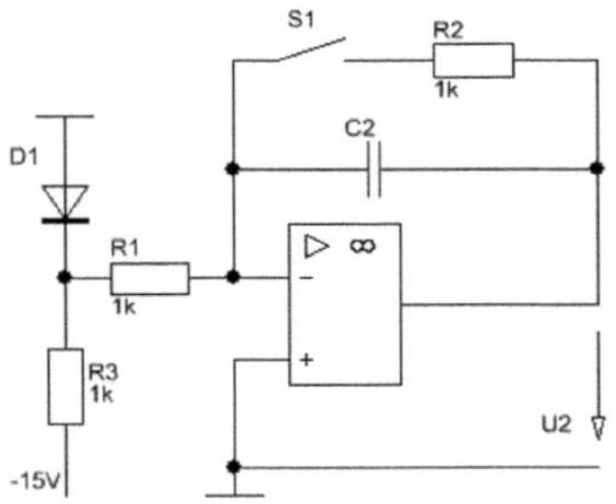

Bild 8

4.3 Skizzieren Sie den zeitlichen Verlauf von u_2 innerhalb des Zeitintervalles: $0 \leq t \leq 150$ µs für eine ideale Slewrate.

4.4 Wie ändert sich der Verlauf von u_2 nach Aufgabe 4.3, wenn für den OP obige Slewrate berücksichtigt werden muss? Tragen Sie den geänderten Verlauf gestrichelt in das Diagramm mit ein.

5. **Integration mit OP**

Die folgende Zeitfunktion, siehe **Bild 9**, liegt am Eingang der Schaltung von **Bild 2**.
$R_1 = 10\ k\Omega$; $C_2 = 150\ nF$

Ermitteln Sie den Verlauf der Ausgangsspannung $u_2(t)$.

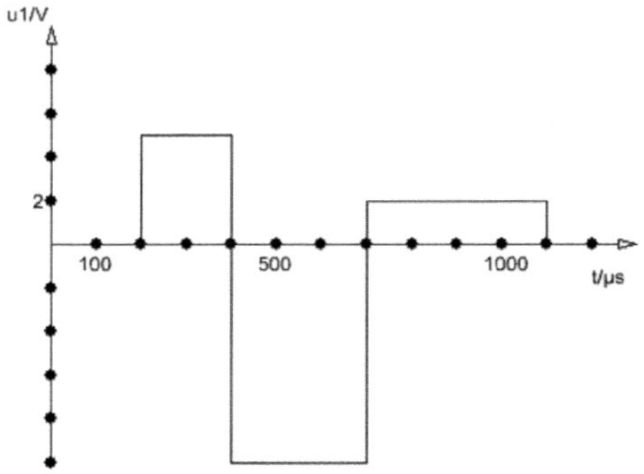

Bild 9

Lösungen

1. **Integrierer ohne R2**

1.1 $u_2 = -\frac{u_1 \cdot \Delta t}{\tau} + U_{20}$

$$u_2 = -(\frac{0,2\ V \cdot 0,5\ ms}{0,22\ ms} + 0 + \frac{0,4\ V \cdot 0,5\ ms}{0,22\ ms} + ...) = -4,55\ V$$

1.2 $u_2 = -\frac{u_1 \cdot \Delta t}{\tau} + U_{20}$ (Bemerkung: Ist C_2 ungeladen, dann ist $U_{20} = 0$.)

$$0\,V = -\frac{u_1 \cdot \Delta t}{\tau} + (-4,55\,V) \Rightarrow \Delta t = t_E - t_A = 0,5\,ms$$

2. **Mittelwertbildung**

2.1 $R_1 = \frac{\hat{u}_1}{\hat{i}_1} = 4,7\ k\Omega$

$U_{1DC} = 2\,V$; mit $U_{2DC} = -V_u \cdot U_{1DC}$ wird, da C_2 auf $U_{2DC} = -8$ V geladen ist,

$V_u = -4 \Rightarrow R_2 = -V_u \cdot R_1 = 18,8\ k\Omega$ --> 22 kΩ.

Damit die Schaltung einen Mittelwert bilden kann, muss $\tau \gg t_i$ bzw.T sein z. B.:

$$C_2 = \frac{20 \cdot 1\,ms}{22\ k\Omega} \approx 1\,\mu F$$

2.2 $U_{1DC} = \frac{4\text{ V} \cdot 0{,}5\text{ ms} + 0}{2\text{ ms}} = 1\text{ V}$

mit v_u= 5,6 wird U_{2DC} = 5,6 V

2.3 R_1 und C_2 in Reihe. U_2 wird über C_2 abgegriffen. $\tau \gg t_i$, siehe 2.1.

3. **Funktionsgenerator**

3.1 $\tau = R_1 \cdot C_2 = 6{,}8\text{ ms}$

C_2 lädt sich bis zur Kippschwelle: $i_{R3} = \frac{u_3}{R_3} = 220\ \mu\text{A} \Rightarrow u_2 = i_{R3} \cdot R_2 = -4{,}8\text{ V}$

3.2 u_2 müsste zum Kippen positiv werden, kann aber nicht; also lädt sich C_2 auf –15 V auf.

3.3 $u_2 = -\frac{u_1 \cdot \Delta t}{\tau} + U_{20}$ (1) oder nach Gleichung (2).

$$+4{,}8\text{ V} = -\frac{(-15\text{V})\Delta t}{4{,}7\text{ ms}} + (-4{,}8\text{ V}) \Rightarrow \Delta t = 3\text{ ms}\ \ (T = 6\text{ ms})$$

3.4

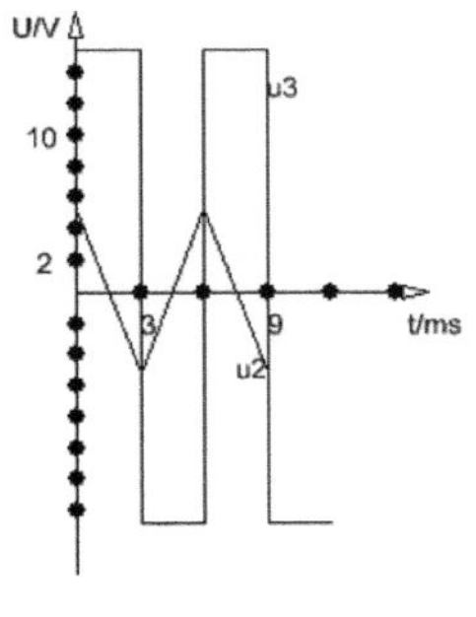

Bild 10

4. **Integrierverstärker**

4.1 $U_F = U_1 = -\ 0{,}7$ V; $v_u = -R_2/R_1 = 1 \Rightarrow U_2 = +\ 0{,}7$ V

4.2 U_{20} = +0,7 V. Werte in Formel (1) eingesetzt:

$$10\text{ V} = -\frac{(-0{,}7\text{ V}) \cdot 100\ \mu\text{s}}{1\text{ k} \cdot C_2} + (+0{,}7\text{ V}) \quad \Rightarrow C_2 = 7{,}5\text{ nF}$$

oder: nach folgender Beziehung: $\Delta u_2 = -\frac{u_1}{R_1 \cdot C_2} \Delta t$ (2) mit $\Delta t = t_E - t_A$ (3)

(End- minus Anfangswert) und: $\Delta u_2 = U_2 - U_F = 9{,}3\text{ V}$.

4.3 Siehe **Bild 11**

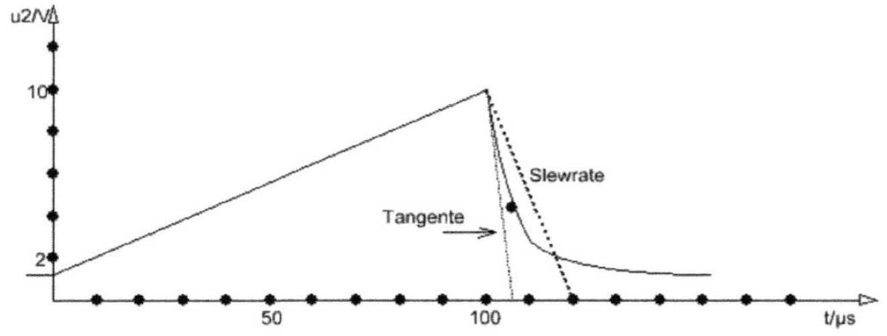

Bild 11

$\tau = R_2 \cdot C_2 = 7{,}5\ \mu s$ (Tangente) --> $u_2 = 0{,}7\ V + 3{,}4\ V = 4{,}1\ V$

4.4 Siehe **Bild 11**: 0,5 V/µs = 10V/20 µs. Die Kurve läuft entlang der gestrichelten Slewrate-Geraden bis zum Schnittpunkt und dann entlang der Kurve aus 4.3.

5. Integration mit OP

$\tau = R_1 \cdot C_2 = 1{,}5\ ms$

t = 100 µs: $u_2 = 0$ (C_2 ungeladen --> $U_{20} = 0$)

t = 200 µs...400 µs: $u_2 = -\frac{5\ V \cdot 200\ \mu s}{1{,}5\ ms} + 0 = -0{,}66\ V$

Bemerkung: $U_{C2} = -U_2 = +0{,}66\ V$)

t = 400 µs...500 µs: $u_2 = 0 + (-0{,}66\ V) = U_{20}$

t = 500 µs...700 µs:

$u_2 = -\frac{-10\ V \cdot 0{,}2\ ms}{1{,}5\ ms} + (-0{,}66\ V)$

usw.

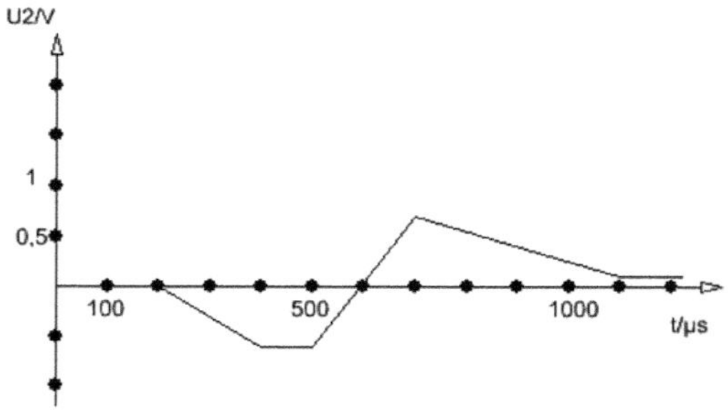

Bild 12

15 Regelkreis mit OP

P-Regler

Laboraufgabe

Aufgrund des großen Schaltungsaufwandes ist es sinnvoll, die Aufgaben mit PSPICE-Simulationen zu bearbeiten, deshalb wird auch auf einige Lösungen verzichtet.

Es gibt P-, I, PI, PID- Regler (P = Proportional, I = Integrierer, D = Differenzierer). Allen gemeinsam sind der geschlossene Regelkreis und der Vergleich des eingestellten Sollwertes mit dem Istwert, z. B.: Wird der Thermostat im Zimmer auf 23° (Sollwert) erhöht, muß der Regelkreis die Heizleistung soweit erhöhen, bis die Zimmertemperatur (Istwert) den Sollwert von 23° erreicht hat.

Beispiel für einen Regler ist die Konstantspannungsquelle (siehe Kapitel 11, Aufgabe 10):

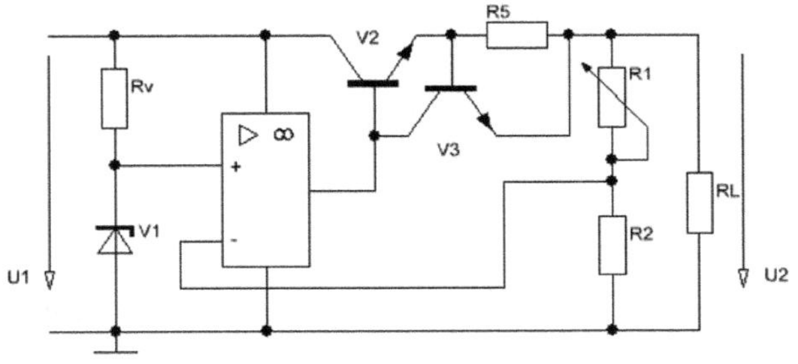

Bild 1

Ein Regler besteht immer aus einem Regelkreis, bestehend aus dem Sollwert, der Regelstrecke, dem Vergleicher (OP), dem Istwert, dem Stellglied und der Regelabweichung. Störgrößen (z. B.: geöffnetes Fenster, ...) soll der Regelkreis ausgleichen können.

Prinzip:

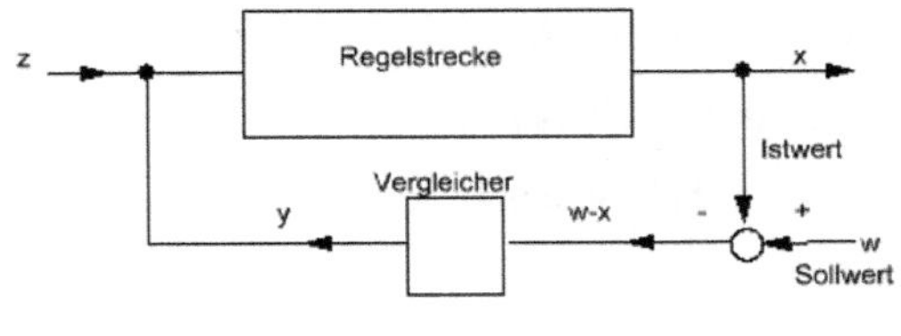

Bild 2

Wird der Istwert kleiner als der Sollwert, wird (w-x) groß und somit auch die Stellgröße y. Wird dagegen der Istwert x größer als der Sollwert w, so wird (w-x) negativ und y sinkt, daher muss der Istwert gegenkoppelnd wirken!

Aufgaben

1. **Konstantspannungsquelle**

1.1 Tragen Sie in der Schaltung, **Bild 1**, die Größen: x, (w-x), y, z ein.

1.2 Wo genau befindet sich die Regelabweichung?

1.3 Markieren Sie in **Bild 1** die Rückführung!

2. **Weitere Regelschaltung**, siehe **Bild 3**

$R_1 = R_5 = 1\ \text{k}\Omega$;

$R_2 = R_6 = 2\ \text{k}\Omega$;

$R_3 = 1\ \text{k}\Omega$; $R_4 = 3\ \text{k}\Omega$.

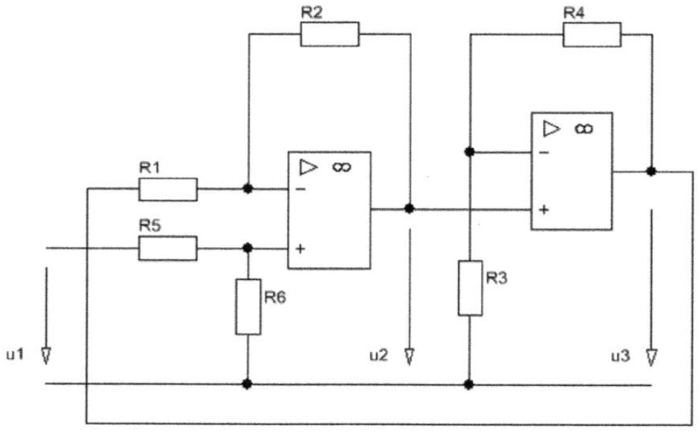

Bild 3

2.1 Ermitteln Sie $\frac{U_3}{U_1}$, ausgehend von dem Sonderfall: $R_1 = R_5$ und $R_2 = R_6$, und berechnen Sie U_3 für $\hat{u}_1 = 6$ V (= U_{soll}).

2.2 Simulieren Sie die Schaltung, und vergleichen Sie u_1 (u_{soll}) mit u_3 (u_{ist}). Lassen Sie dabei u_1 linear ansteigen: entweder mit DC-Sweep oder mit VPULSE: tR = 1 ms; tF = 1 ms; Pw = 1 µs; Per = 2 ms.

2.3 Kann nach der Gleichung von 2.1 $U_{ist} = U_{soll}$ werden?

2.4 Um welche Reglerart handelt es sich? (D, I, P, ...)

2.5 Ändern Sie R_4 auf 5 kΩ ab; wie ändert sich dabei die Kurve?

P-I-Regler

3. **Erweiterung mit einem I-Regler**, siehe **Bild 4**

3.1 Vervollständigen Sie die Schaltung zu einem Regelkreis, beachten Sie dabei die Gegenkopplung (Phasenlage), und simulieren Sie ihre Schaltung: $R_1 = R_5 = 1\ k\Omega$; $R_2 = R_6 = 2\ k\Omega$; $R_3 = 1\ k\Omega$; $C_2 = 100\ nF$; $\hat{u}_{soll} = 6\ V$. (u_{soll} mit Rechteck als Einschalteimpuls)

3.2 Wird $U_{ist} = U_{soll}$?

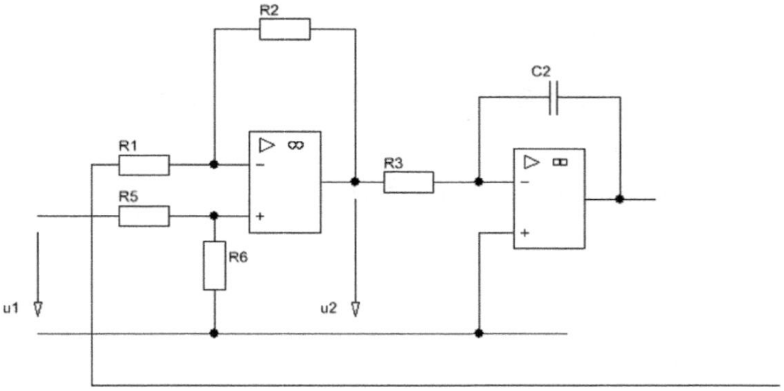

Bild 4

4. **Regelkreis mit Störgröße**

Wird in einem beheizten Zimmer das Fenster oder die Tür geöffnet, muss der Regler den Wärmeverlust ausgleichen (offenes Fenster = Störgröße). Simulieren Sie diese Störgröße mit einer Pulsspannung, die verzögert wirkt, so dass Sie den Einfluss der Störgröße und deren Ausregelung nachvollziehen können.

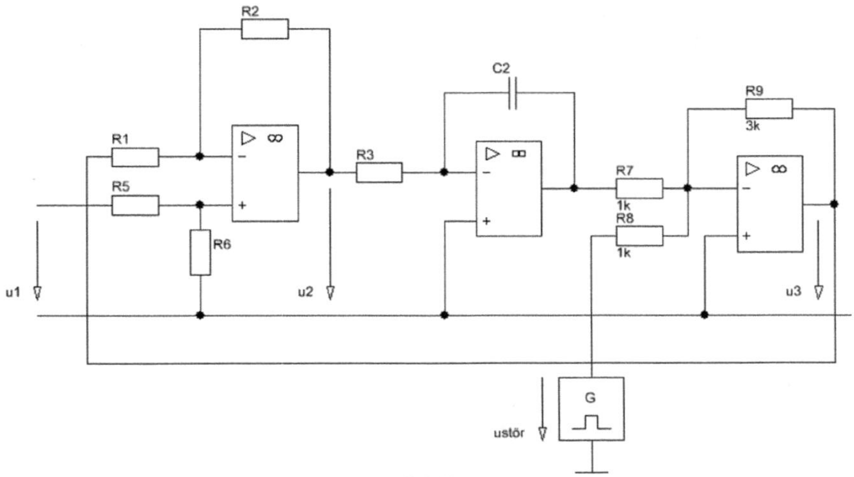

Bild 5

4.1 Simulieren Sie die Schaltung mit den Angaben zu PSPICE:
Für u_1: Pulsspannung (VPULSE): DC = AC = 0; V1= 0 V; V2 = 6 V; TD = 0, TR = TF = 1µs; PW= 1ms; PER = 10 ms.

Für $u_{stör}$: Pulsspannung (VPULSE): DC = AC = 0; V1= 0 V; V2 = 2 V; TD = 0,5 ms; TR = TF = 1 µs; PW = 0,2 ms; PER = 2 ms

Lösungen

1. Konstantspannungsquelle

1.1 w --> Spannung an V_1; x $\triangleq U_{R2}$; (w – x) $\triangleq U_D$ des OP; y $\triangleq I_B$ des V_2.

1.2 An den OP-Eingängen.

1.3 Verbindung von R_2 zum invertierenden OP-Eingang.

2. Weitere Regelschaltung

2.1 $U_3 = U_2(1 + \frac{R_4}{R_3})$ (1)

$U_2 = U_1 \frac{R_2}{R_1} - U_3 \frac{R_2}{R_1}$ (2)

(1) --> (2) $\frac{U_3}{U_1} = \frac{\frac{R_2}{R_1}\left(1 + \frac{R_5}{R_6}\right)}{1 + \frac{R_2}{R_1}\left(1 + \frac{R_5}{R_6}\right)}$

2.3 Da der Nenner größer ist als der Zähler, ist das nicht möglich; es bleibt also eine Regeldifferenz.

2.4 Zwei P-Regler.

16 Schaltregler

Gesteuerter Durchflusswandler

Laboraufgabe

Hinweis: Schaltnetzteile arbeiten mit Impulsbreitenmodulation, d. h., sinkt R_L, so würde ohne Regelung U_L ebenfalls sinken. Mit Regelung wird die Verringerung von U_L mit einer Vergrößerung von ti ausgeglichen. Bei der Aufgabe 2 erfolgt die Regelung mit einem P-Regler!

Spule (35 mH): der Fa. Leybold oder Phywe; Transistor BSY...; OP: µA741.
Die folgenden Aufgaben wurden simuliert (PSPICE), siehe **Bild 1**.

Der Timer 555 wird als Schalter verwendet. Damit die Slewrate des OP keinen zu großen Einfluss nimmt, wird die Schaltfrequenz tief angesetzt.
U_B (=V1) = 12 V. Der „Sollwert" wird mit der Quelle V2 eingestellt.

Da es keine Rückführung gibt, handelt es sich um eine Steuerung.

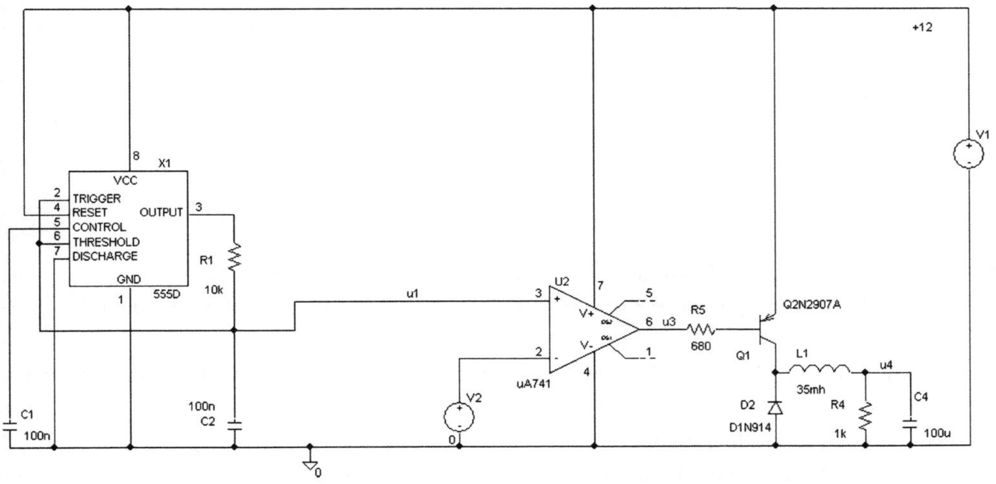

Bild 1

1. **Messungen**

1.1 Welchen Sollwert-Bereich kann man in **Bild 1** nur einstellen?

1.2 Messen Sie $U_4 = f(U_{soll})$ bei $R_4 = 1\ k\Omega$.

1.3 Wie ändert sich U_4 in Abhängigkeit der Belastung mit R_4?

1.4 Berechnen Sie die Kippfrequenz des Timers 555.

Schaltregler LT1070CT

2. **Erweiterung der Schaltung mit einem P-Regler**

2.1 Fügen Sie in die Schaltung von **Bild 1** einen P-Regler ein: An dem einen Eingang des P-Reglers liegt die Spannungsquelle mit U_{soll}, am anderen Eingang liegt ein Teil der rückgekoppelten Ausgangsspannung U_4.

2.2 Überprüfen Sie durch Messungen oder Simulation einerseits die Abhängigkeit von der Belastung: $U_4 = f(R_L)$, andererseits die Abhängigkeit der U_4 von U_{soll}: $U_4 = f(U_{soll})$.

2.3 Stellen Sie eine mathematisch/physikalische Beziehung zwischen U_4, U_2, U_{soll} auf: $U_4 = f(U_2, U_{soll}, R_{...})$.

3. **DC-DC-Aufwärtswandler mit Schaltregler LT1070CT**, siehe **Bild 2**

$L_1 = 150\ \mu H$; D_5 = Schottky-Diode

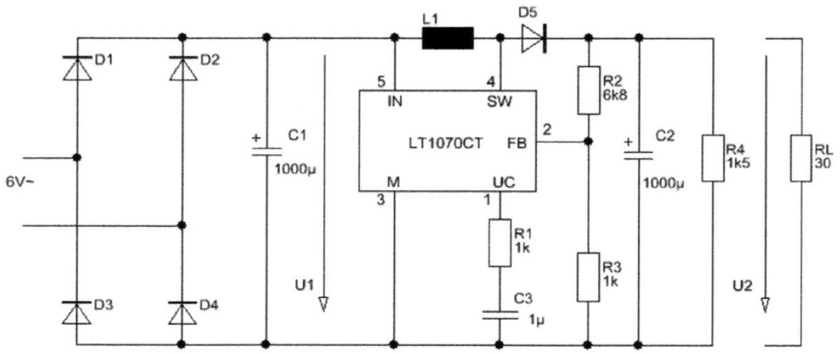

Bild 2

3.1 Messen Sie U_2 und die Spannung am FB-Eingang (Feedback-Eingang). Bemerkung: Diese Spannung wird intern mit dem Sollwert verglichen und t_i dann nachgestellt.

3.2 Am Ausgang werden $U_2 = 12$ V gewünscht: Berechnen Sie für konstante U_{FB} den Widerstand R_2.

3.3 Belasten Sie U_2 mit 30Ω/10W. Welche Leistung wird bei U_2 an R_L abgegeben, und welche Leistung wird am Eingang bei U_1 bezogen?

3.4 Oszilloskopieren Sie U_{SW} bei unterschiedlicher Last ($R_L > 30\Omega$). Mit welcher Schaltfrequenz arbeitet der Regler?

Lösungen

1. Messungen

1.1 4 V < Usoll < 8 V

1.4 $\tau_i = \tau_p = R_1 \cdot C_2 = 1$ ms.

$t_i = t_p = 0.7 \cdot 1 \text{ ms} \Rightarrow T = 1{,}4$ ms.

f = 714 Hz

2. Erweiterung der Schaltung mit einem P-Regler

2.1 Siehe **Bild 3**.

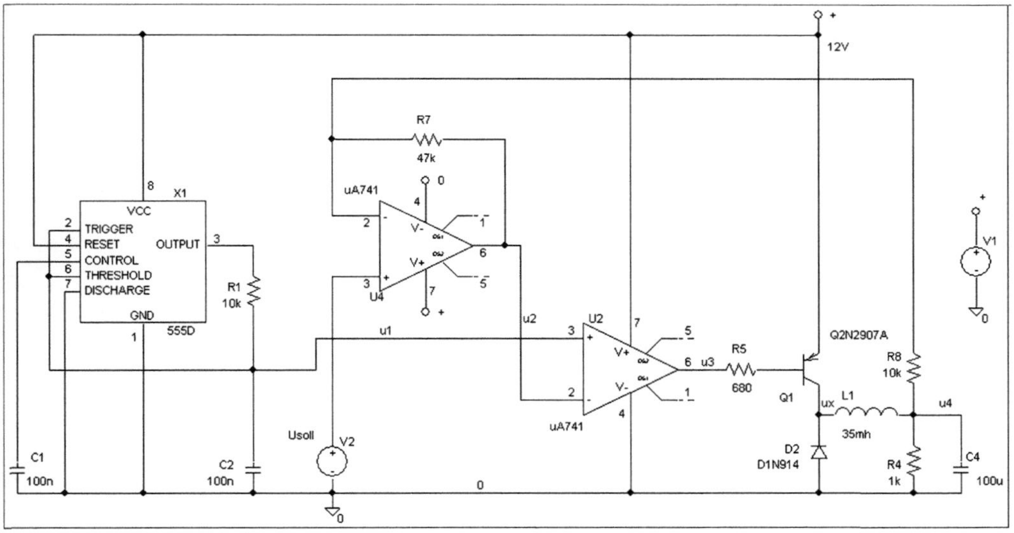

Bild 3

2.3 U_{soll} am nichtinvertierenden Eingang wird mit $(1+\frac{R_7}{R_8})$ verstärkt, siehe Kapitel 11:

$$U_4 = \frac{-U_2 + U_{soll}(1+\frac{R_7}{R_8})}{\frac{R_7}{R_8}} \quad \text{bzw.: } U_4 = \frac{-U_1 + U_{soll}(1+\frac{R_7}{R_8})}{\frac{R_7}{R_8}}$$

3. **DC-DC-Aufwärtswandler mit Schaltregler LT1070CT**

3.2 $\frac{R_2}{U_{R2}} = \frac{R_3}{U_{FB}} \Rightarrow R_2 = R_3 \frac{U_{R2}}{U_{FB}}$

3.3 $I_2 = \frac{U_2}{R_L} = 400\ \text{mA};$

$P_2 = U_2 \cdot I_2$

$P_1 = U_1 \cdot I_1 = 7\ \text{V} \cdot 0{,}9\ \text{A} = 6{,}3\ \text{W}$

17 AD- und DA-Umsetzung

AD-Umsetzung (ADU)

Aufgaben

1. **AD-Umsetzer (ADU)**
   2-Bit-Umsetzer, siehe **Bild 1**
   ($Q_0 \triangleq 2^0$, $Q_1 \triangleq 2^1$)

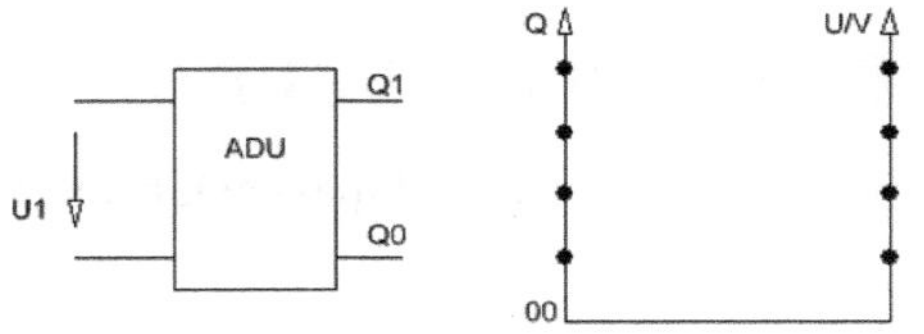

Bild 1

1.1 Der analoge Eingangsspannungsbereich des 2-Bit-ADU ist $U_1 = 0...10$ V ($F_s = 10$ V). Wie hoch ist seine Auflösung (V/Digit)?

1.2 Wie groß ist der maximale analoge Wert U_{1max}, der mit einem 2-Bit-ADU gemessen werden kann?

1.3 Wieviele Quantisierungsstufen besitzt der 2-Bit-ADU?

1.4 Tragen Sie die Spannungswerte und den dazu gehörigen digitalen Wert in **Bild 1** ein.

1.5 Berechnen Sie die Auflösung eines 12-Bit-ADU.

1.6 Wie groß ist der maximale analoge Wert bei obigem Eingangsspannungsbereich, der mit einem 12-Bit-ADU gemessen werden kann?

2. **ADU nach der Zählmethode**, siehe **Bild 2**

   Die Schaltung soll in 1 V-Schritten negative Spannungen Ux bis 10 V anzeigen können. Der 4-Bit-Zähler arbeitet im 8-4-2-1-Code und gibt an den Ausgängen bei High: 5 V und bei Low 0 V ab. Der OP-Verstärker besitzt die Ausgangsspannung ± 15 V .

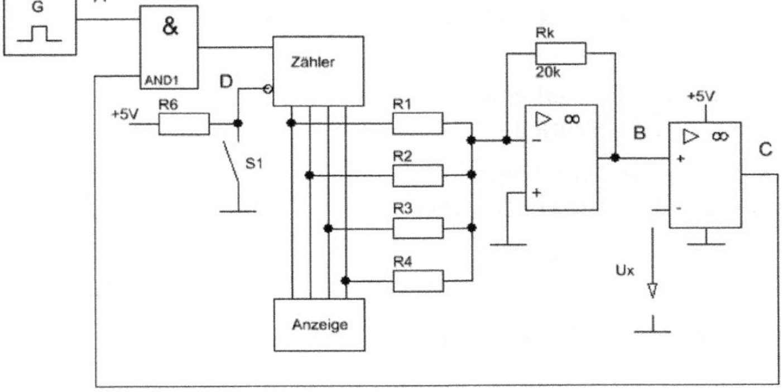

Bild 2

2.1 Berechnen Sie die Widerstände R_1,...R_4; an R_1 liegt das LSB. Bei High an R_1 soll an B die Spannung –1 V erzeugt werden.

2.2 Skizzieren Sie die Spannungs-Zeit-Diagramme an den Punkten A...D der Schaltung, wenn die zu messende Spannung U_x = – 5,4 V beträgt.

2.3 Wie groß ist die Abweichung vom gemessenen zum tatsächlichen Wert?

DA-Umsetzung (DAU)

3. **DAU mit Dual-Slope-Verfahren** (Integrierendes Verfahren), siehe **Bild 3**

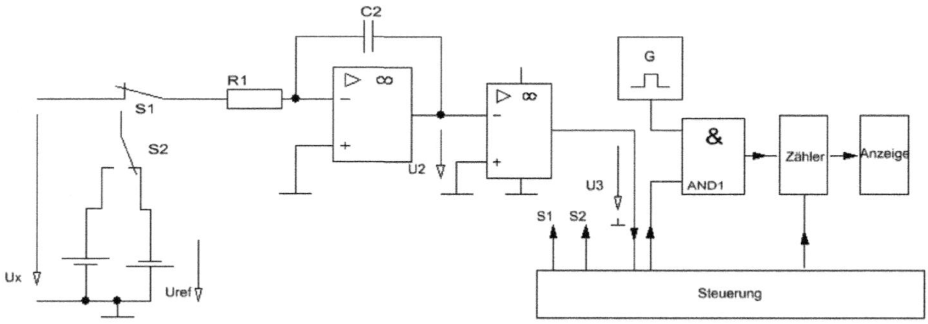

Bild 3

3.1 Gegeben ist in **Bild 4** der Verlauf der Ausgangsspannung u_2 des Integrators bei Ux = –2 V.
Welchen qualitativen Verlauf nimmt $u_2(t)$ bei Ux = –4 V? Begründen Sie!

3.2 Welche Parameter bestimmen die beiden Steigungen der Geraden?

3.3 In welchem Zeitbereich wird der Messwert (= Ausgabewert) festgestellt?

3.4 Wie groß ist die tatsächliche Messzeit t_1 (in ms)?

3.5 Warum wird diese Zeit auf einen bestimmten ms-Wert beschränkt?

3.6 Von welchen Parametern hängt die Messgenauigkeit ab und von welchen nicht?

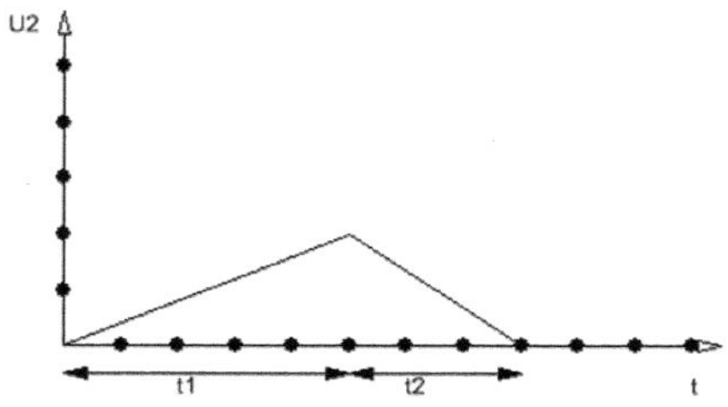

Bild 4

4. **DA-Umsetzung** (DAU), siehe Kapitel 12 Aufgabe 4

Lösungen

1. AD-Umsetzer (ADU)

1.1 $A = \frac{F_s}{2^n}$ (1) mit n = Anzahl der Bits wird $A = 2{,}5 \frac{V}{Digit}$ (F_s = Full-Scale)

1.2 Siehe **Bild 5** (Flash-Umsetzer), also 7,5 V.

1.3 Siehe **Bild 6 -->** 3 Stufen.

1.4 Siehe **Bild 6**.

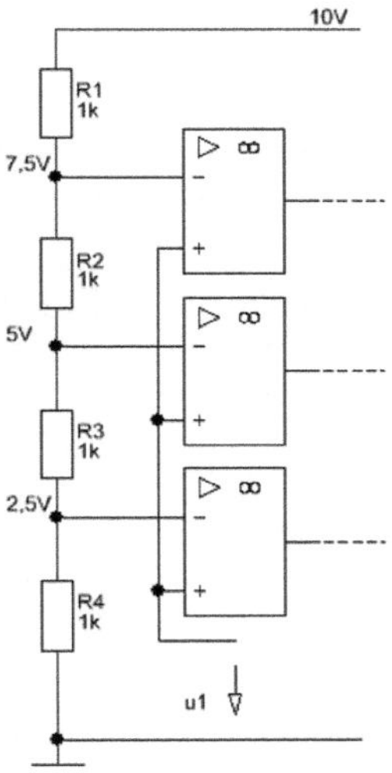

Bild 5

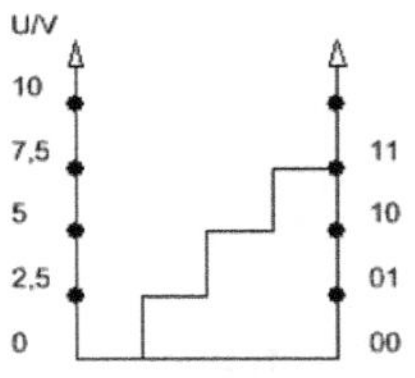

Bild 6

1.5 Nach Gleichung (1): 2,44 mV/Digit

1.6 $F_s - A = 9{,}99756$ V

2. **ADU nach der Zählmethode**

2.1 $v_u = \frac{R_k}{R_1} \Rightarrow R_1 = -\frac{U_1 \cdot R_k}{U_2} = 100\ k\Omega$ ($U_B = -1$ V)

$R_2 = 50\ k\Omega$ ($U_B = -2$ V) ; $R_3 = 25\ k\Omega$; ($U_B = -4$ V); $R_4 = 12{,}5\ k\Omega$

2.2 Siehe **Bild 7**.

2.3 $U_{Anzeige} - Ux = 0{,}6$ V

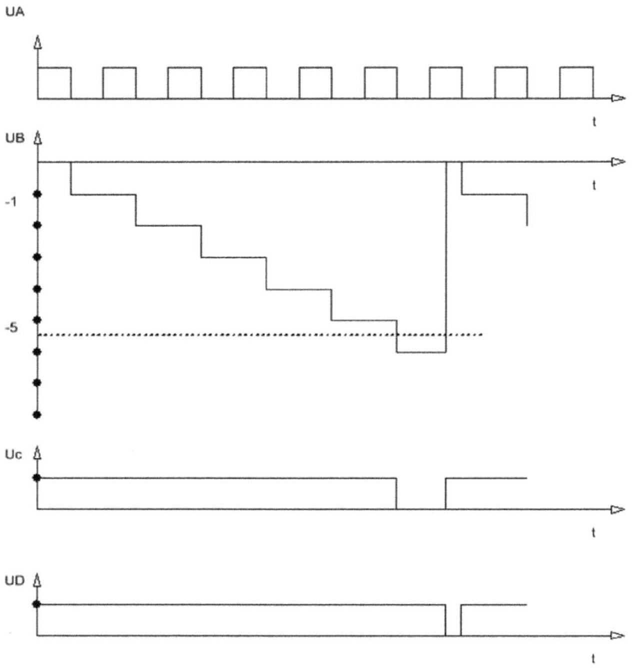

Bild 7

3. **DAU mit Dual-Slope-Verfahren**

3.1 t_1: Die Steigung der Geraden ist $-\dfrac{U_x}{\tau}$

$\Rightarrow$ Steigung ist ~ U_x

3.2 τ ist für t_1 und t_2 gleich, also bestimmt nur U_x die Steigung bzw. U_{ref}.

3.3 In t_2.

3.4 20 ms $\left(=\dfrac{1}{50\text{ Hz}}\right)$

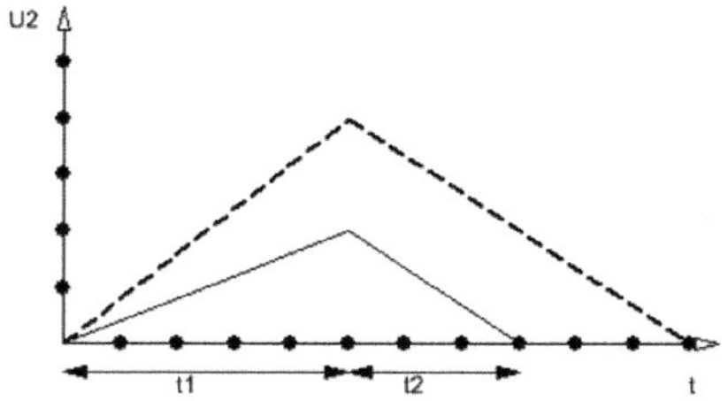

Bild 8

3.5 Somit können Brummspannungen, die vom 230V-Netz verursacht werden, ausgemittelt werden.

3.6 Messgenauigkeit ist ~ U_{ref} und der Taktfrequenz; sie hängt nicht von R_1 oder C_2 ab!

Teil II
INFORMATIONSTECHNIK

1. Kommunikationssysteme

1 Fourier-Analyse

Rückblick: Zur Berechnung der Frequenzanteile eines rechteckförmigen Signales gibt es einerseits die Fourier-Reihen (siehe Tabellenbücher) andererseits die Spektraldichtefunktion

der Form: $y(x) = a\frac{\sin x}{x}$ --> $U(nf_0) = 2 \cdot u_{ss}\frac{t_i}{T}\cdot\frac{\sin \pi n f_0 t_i}{\pi n f_0 t_i}$ (1) (n = 1, 2 , 3,...).

Mit den Fourier-Reihen können Signale mit $t_i = t_p$, mit der Spektraldichtefunktion Signale mit $t_i = t_p$ und ti $\neq$ tp analysiert werden. In der Laboraufgabe 1.2 wird das Signal mit $t_i = t_p$ sowohl mit der Fourier-Reihe als auch der Spektraldichtefunktion berechnet.

Übung zur Fourier-Synthese/Fourier-Reihe (mit PSPICE-Simulation):

Schalten Sie 6 Sinusgeneratoren (VSIN) in Reihe, und tragen Sie folgende Werte ein:

1. $\hat{u}_1 = 12$ V; 1 kHz. 2. $\hat{u}_2 = -4$ V; 3 kHz. 3. $\hat{u}_3 = 2{,}4$ V; 5 kHz. 4. $\hat{u}_4 = -1{,}7$ V; 7 kHz.

5. $\hat{u}_5 = 1{,}33$ V; 9 kHz. 6. $\hat{u}_6 = -1{,}1$ V; 11 kHz. Alle Generatoren bekommen noch eine Phasenverschiebung von 90° --> PHASE = 90.

Ergebnis: Sie erhalten eine rechteckähnliche Spannungsform.

Die von Ihnen eingetragenen Generator-Werte sind die Koeffizienten der Fourier-Reihe.

Mit der Fourier-Reihe könnte man also auch Rechteckspannungen erzeugen (Synthese), oder anders herum: Wenn ein Rechteck aus unendlich vielen Sinusspannungen besteht, kann man diese nach Frequenz und Amplitude analysieren.

Aufgaben

1. **Bild 1: Signal mit $\frac{t_i}{T}$ = 0,5**

   Mit den Werten: ti = 100 µS; ti/T = 0,5;
   $\hat{u} = 1$ V, $u_{ss} = 4$ V .

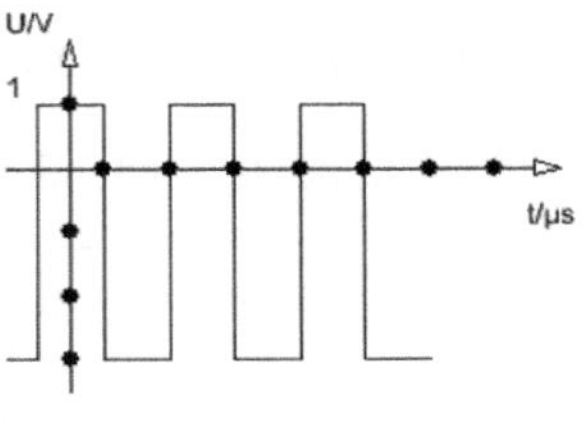

Bild 1

1.1 Berechnen Sie den DC-Anteil.

1.2 Berechnen Sie 5 Linien des Spektrums mit der Fourier-Reihe und der Spektraldichtefunktion, und skizzieren Sie das Spektrum.

Vergessen Sie bei der Berechnung nicht, den Taschenrechner auf den Modus: Rad zu stellen !

1.3 Verifizieren Sie Ihr Ergebnis mit PSPICE-Simulation. (Bemerkung: Je mehr Perioden Sie bei der Berechnung zulassen (Final-Time), desto genauer wird das Spektrum). Wählen Sie z. B.: Final Time >> 2 ms, und beachten Sie, dass PSPICE im Spektrum den Betrag der Spannung wiedergibt!

1.4 Wie ändert sich das Spektrum, wenn bei gleichem t_i und t_p das Signal mit einem Offset von +3 V beaufschlagt wird?

2. **Bild 2: Zeitfunktion mit** $\frac{t_i}{T} < 0{,}5$

Bild 2 stellt ein mehrfach gesendetes Bitwort: 1000010000100... dar.

Die Bitdauer beträgt $t_i = 4$ µs; $\hat{u} = 4$ V.

2.1 Berechnen Sie das Spektrum bis zur 1. Nullstelle.

2.2 Berechnen Sie die Nullstellen.

2.3 Ermitteln Sie das Spektrum.

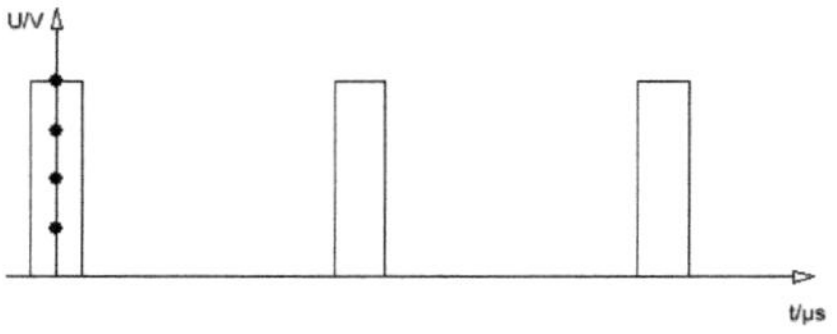

Bild 2

3. **Analyse eines Bitmusters**

3.1 Ermitteln Sie den DC-Anteil, und berechnen Sie einige Linien des Spektrums des folgenden periodisch wiederkehrenden Bitmusters: 1000000100000010000001..., wenn $\hat{u} = 5$ V und die Übertragungsrate 2 Mbit/s beträgt.

3.2 Welche Bandbreite muss das Kabel besitzen, wenn bis zur 1. Nullstelle übertragen werden soll?

3.3 Wie ändert sich das Spektrum, wenn nun laufend das Datenwort: ...1010101010101010... gesendet wird?

Zusammengesetzte Signale

Die Signale der folgenden Aufgaben kommen durch Überlagerung zweier oder mehrerer Rechtecksignale zustande.
Man zerlegt das Signal, analysiert dann jedes separat und addiert dann im Spektrum die Linien beider Signale. Allerdings darf bei der Zerlegung, wenn man mit Hilfe der Gleichung (1) die Spektrallinien berechnen möchte, dabei keine zeitliche Verschiebung (t_D) entstehen; das leistet die Spektraldichtefunktion nicht! siehe **Bild 4**.

4. **Signal 1**

4.1 Zerlegen Sie das Signal in **Bild 3** in zwei Signale, so dass diese mit Hilfe der Gleichung (1) in 4.3 analysiert werden können.

4.2 Ermitteln Sie den DC-Wert des Signales.

4.3 Berechnen Sie die Nullstellen.

4.4 Berechnen Sie die Linien des Spektrums bis zur 2. Nullstelle.

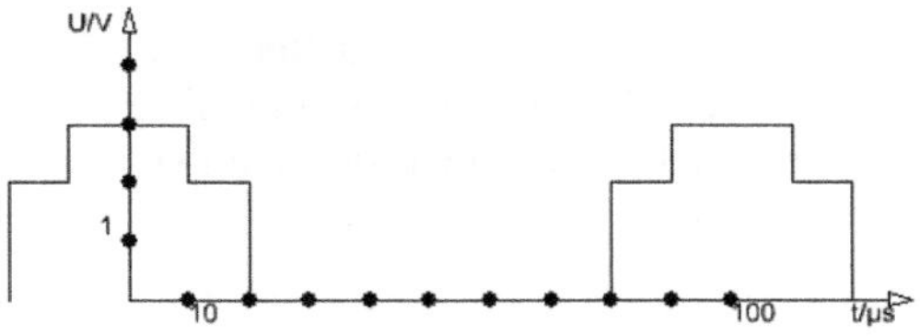

Bild 3

4.5 Das Signal von **Bild 3** könnte man auch so wie in **Bild 4** gezeigt zerlegen, diese Zerlegung wäre <u>falsch</u>! Warum?

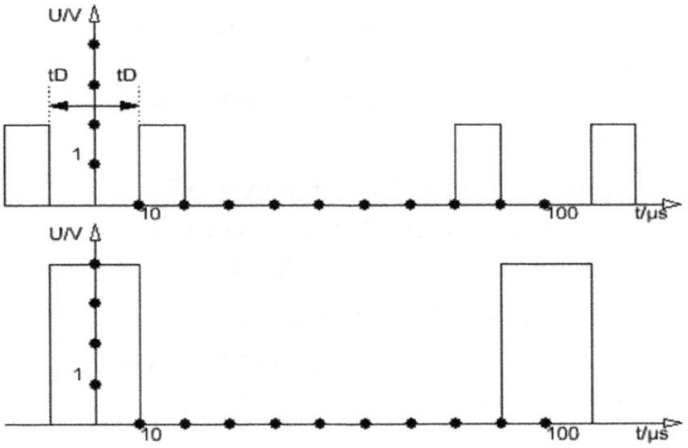

Bild 4

5. **Signal 2**

5.1 Zerlegen Sie das Signal in **Bild 5** in zwei Signale, so dass diese mit Hilfe der Gleichung (1) in 5.3 analysiert werden können.

5.2 Ermitteln Sie den DC-Wert des Signales und berechnen Sie die Nullstellen.

5.3 Berechnen Sie die Linien der Grundwellen.

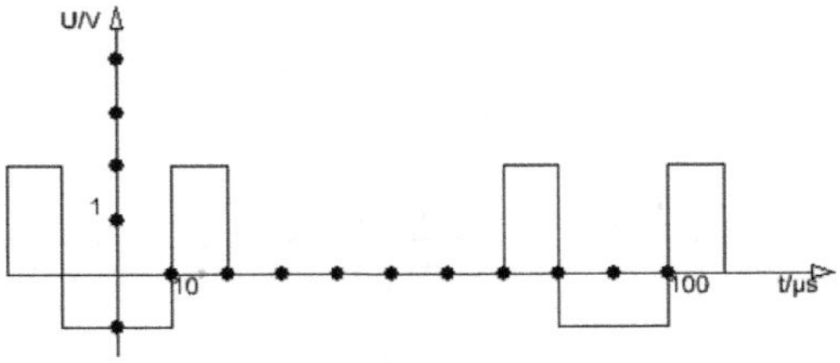

Bild 5

6. **Signal 3**

6.1 Zerlegen Sie das Signal in **Bild 6** in zwei Signale, so dass diese mit Hilfe der Gleichung (1) analysiert werden könnten.

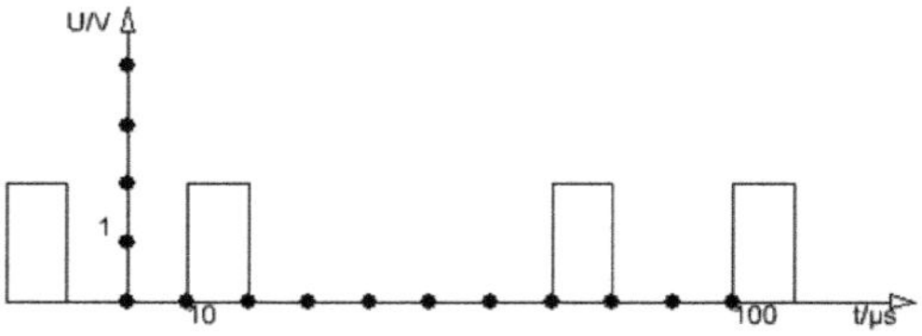

Bild 6

6.2 Ermitteln Sie den DC-Wert des Signals.

7. **Signal 4**

7.1 Das Signal in **Bild 7** ist das AMI-codierte Binärsignal: 1,0,1,0,1,.... Da hier $t_i = t_p$ ist, dürften nur die ungeradzahligen Vielfache von f_0 auf tauchen.

Zerlegen Sie das Signal in zwei Signale, so dass diese mit Hilfe der Gleichung (1) analysiert werden können.

7.2 Ermitteln Sie den DC-Wert des Signals, und berechnen Sie einige Linien des Spektrums.

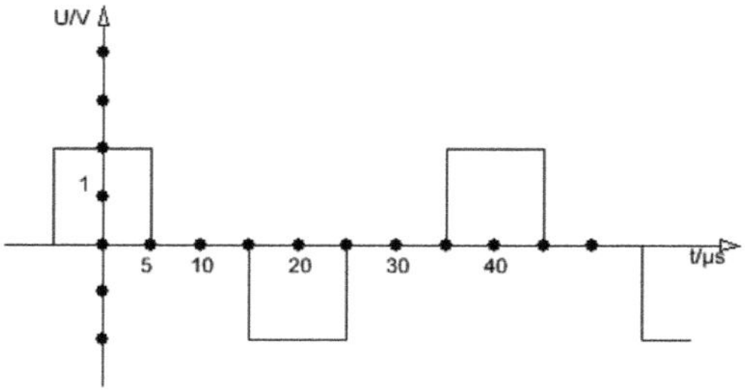

Bild 7

Lösungen

1. **Signal mit $\frac{t_i}{T} = 0{,}5$**

1.1 $U_{DC} = \frac{u_i \cdot t_i + u_p \cdot t_p}{T} \quad (2) \quad \Rightarrow \frac{100\,\mu s \cdot 1\,V + 100\,\mu s \cdot (-3\,V)}{200\,\mu s} = -1\,V$

1.2 $u(t) = U_{DC} + 2\frac{uss}{\pi}\left[\frac{1}{1}\cos 1\omega_0 t - \frac{1}{3}\cos 3\omega_0 t + \frac{1}{5}\cos 5\omega_0 t - ...\right] (2)$

$T = 200\ \mu s \Rightarrow f_0 = 5\ kHz$ $\qquad U_{DC} = -1\ V$

Linien: $1f_0 = 5$ kHz (Grundwelle) ---> $\qquad U_0 = 2\frac{4V}{\pi}1 = 2{,}54V$

$3f_0 = 15$ kHz (1. Oberwelle) ---> $\qquad U_3 = -2\frac{4V}{\pi \cdot 3} = -0{,}848V$

$5f_0 = 25$ kHz (2. OW) ---> $\qquad U_5 = 2\frac{4V}{\pi \cdot 5} = 0{,}508V$ usw.

Mit (1): $U(1f_0) = 2 \cdot 4\,V \cdot 0{,}5 \dfrac{\sin \pi \cdot 1 \cdot 0{,}5}{\pi \cdot 1 \cdot 0{,}5} = 2{,}54\,V$ $\left(\dfrac{t_i}{T} = f_0 t_i = 0{,}5\right)$

$U(2f_0) = 4\,V \dfrac{\sin \pi \cdot 2 \cdot 0{,}5}{\pi \cdot 2 \cdot 0{,}5} = 0$ (1. Nullstelle, d. h., diese Linie gibt es nicht *)

$U(3f_0) = 4\,V \dfrac{\sin \pi \cdot 3 \cdot 0{,}5}{\pi \cdot 3 \cdot 0{,}5} = -0{,}848\,V$

$U(4f_0) = 4\,V \dfrac{\sin \pi \cdot 4 \cdot 0{,}5}{\pi \cdot 4 \cdot 0{,}5} = 0\,V$ (2. Nullststel-le,....)

$U(5f_0) = 4\,V \dfrac{\sin \pi \cdot 5 \cdot 0{,}5}{\pi \cdot 5 \cdot 0{,}5} = 0{,}51\,V$

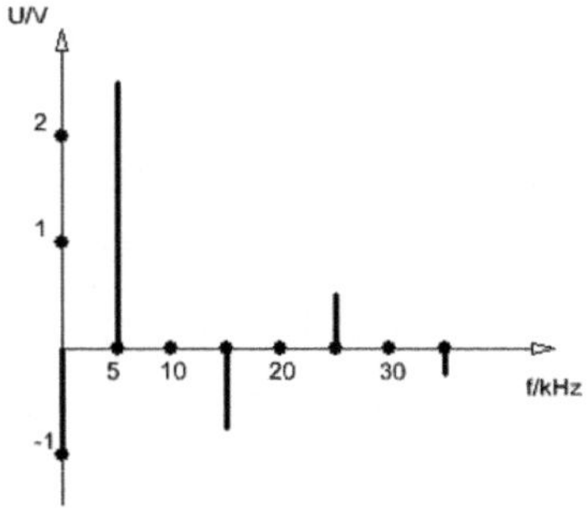

Bild 8

*) Aus der Fourier-Reihe ist zu ersehen, dass es nur ungerad-zahlige Vielfache von f_0 gibt. Die geradzahligen Vielfache sind die Nullstellen.

1.3

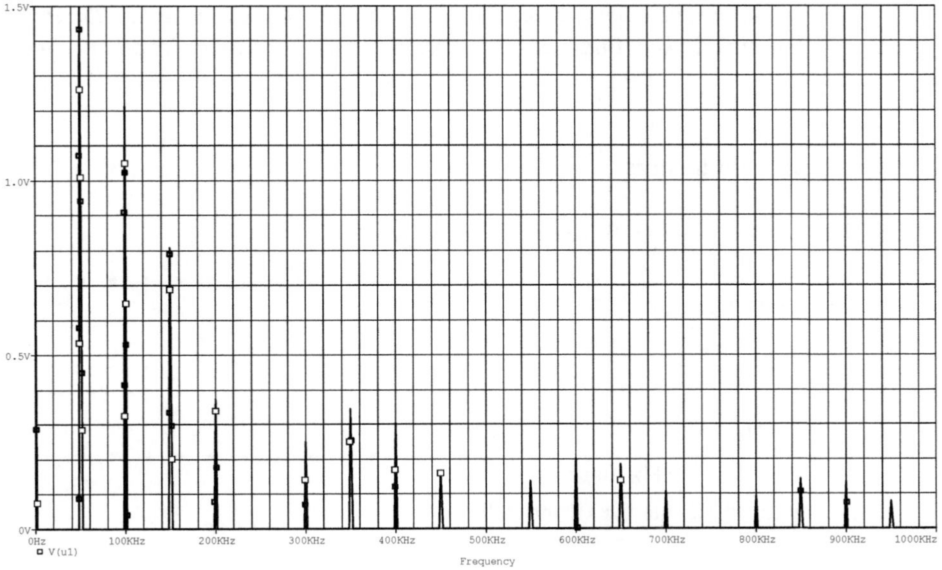

Bild 9

1.4 Ein Offset bewirkt keine Spektrallinie; es ändert sich nur der DC-Anteil.

2. **Zeitfunktion mit** $\frac{t_i}{T} < 0,5$

2.1 $T = 5 \cdot t_i = 20\ \mu s \Rightarrow f_0 = 50\ kHz$

$$\frac{t_i}{T} = \frac{1}{5} = f_0 t_i$$

mit (1): $U(1f_0) = 2 \cdot 4\ V \cdot 0,2 \frac{\sin \pi \cdot 1 \cdot 0,2}{\pi \cdot 1 \cdot 0,2} = 1,49\ V$ (50 kHz)

$U(2f_0) = 1,21\ V$ (100 kHz)

$U(3f0) = 0,81V$ (150 kHz)

$U(4f0) = 0,375\ V$ usw.

2.2 Die Nullstellen ergeben sich, wenn: $n \cdot f_0 \cdot t_i = 1;2;3;...$ wird (ganzzahliges π).

$\Rightarrow$ Die 1. Nullstelle liegt bei $f_1 = 1/t_i = 250\ kHz$ (dabei wurde: $1f_0 = f_1$ gesetzt)

$\Rightarrow$ Die 2. Nullstelle liegt bei $f_2 = 2/t_i = 500\ kHz$ (dabei wurde: $2f_0 = f_2$ gesetzt)

usw. siehe **Bild 9** (PSPICE)

Bemerkung: Die Übertragungssysteme (z. B. Kabel etc.) müssen für Datenübetragung eine Bandbreite mindestens bis zur 1. Nullstelle zur Verfügung stellen. Daher ist 1/ti ein Maß für die Bandbreite eines Signales $\Rightarrow$ *Hohe Bitrate* ($t_i \downarrow\downarrow$), *hohe Bandbreite*!
Beispiel: Ein Zündfunken, Blitz mit t_i *--> 0 besitzt* ∞ *Bandbreite (stört alle Frequenzbänder).*

3. **Analyse eines Bitmusters**

3.1 2 Mbit in 1s: $t_{Bit} = \frac{1\ s}{2\ M} = 0,5\ \mu s$

(2): $U_{DC} = \frac{5\ V \cdot 10\ ns + 0}{70\ ns}$

$= 0,714\ V$

3.2 $f_1 = 1/t_i = 2\ MHz$

3.3 $T' = 1\ \mu s \Rightarrow f_0' = 1\ MHz$ innerhalb f_1 liegt nur die Linie der Grundwelle f_0', davor lagen mit $f_0 = 285,7\ kHz$; 7 Linien
(Grundwelle und 6 OW)

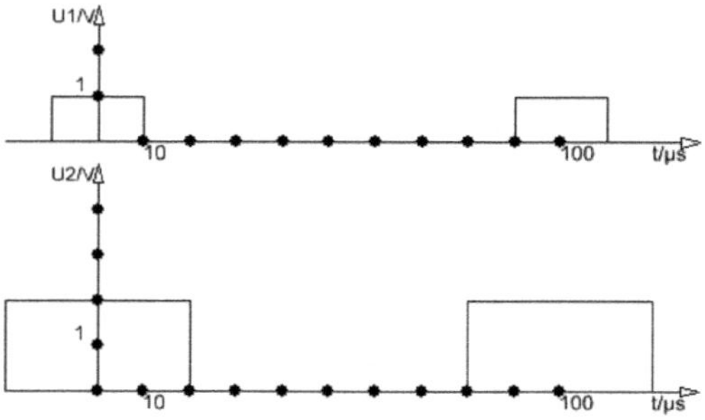

Bild 10

4. **Signal 1**

4.1 siehe **Bild 10**

4.2 $U_{DC1} = 0{,}2$ V

$U_{DC2} = 0{,}8$ V $\Rightarrow U_{DC} = 1$ V

oder (2): $U_{DC} = \dfrac{2\text{ V}\cdot 40\ \mu\text{s} + 1\text{ V}\cdot 20\ \mu\text{s} + 0}{100\ \mu\text{s}} = 1\text{ V}$

4.3 $\dfrac{n}{t_{i1}}$ = 50 kHz; 100 kHz; 150 kHz; ... $\dfrac{n}{t_{i2}}$ = 25 kHz; 50 kHz; 75 kHz; ... (n = 1; 2; 3;..)

4.4

$U_1(nf_0) = 2\dfrac{1\text{V}\cdot 20\mu\text{s}}{100\mu\text{s}}\dfrac{\sin\pi n0{,}2}{\pi n0{,}2}$	$U_2(nf_0) = 2\dfrac{2\text{V}\cdot 40\mu\text{s}}{100\mu\text{s}}\dfrac{\sin\pi n0{,}4}{\pi n0{,}4}$	U_{gesamt}
$U(1f_0) = 0{,}374$ (10 kHz)	$U(1f_0) = 1{,}2$ V (10 kHz)	1,57 V
$U(2f_0) = 0{,}3$ V (20 kHz)	$U(2f_0) = 0{,}37$ V (20 kHz)	0,67 V
$U(3f_0) = 0{,}2$ V	$U(3f_0) = -0{,}25$ V	−0,05 V
$U(4f_0) = 0{,}09$ V	$U(4f_0) = -0{,}37$ V	−0,28 V

4.5 Wegen t_D.

5. **Signal 2**

5.1 siehe **Bild 11**

5.2 $U_{DC} = 0{,}221$ mV

$\dfrac{n}{t_{i1}}$ = 25 kHz; 50 kHz;...

$\dfrac{n}{t_{i2}}$ = 50 kHz; 100 kHz

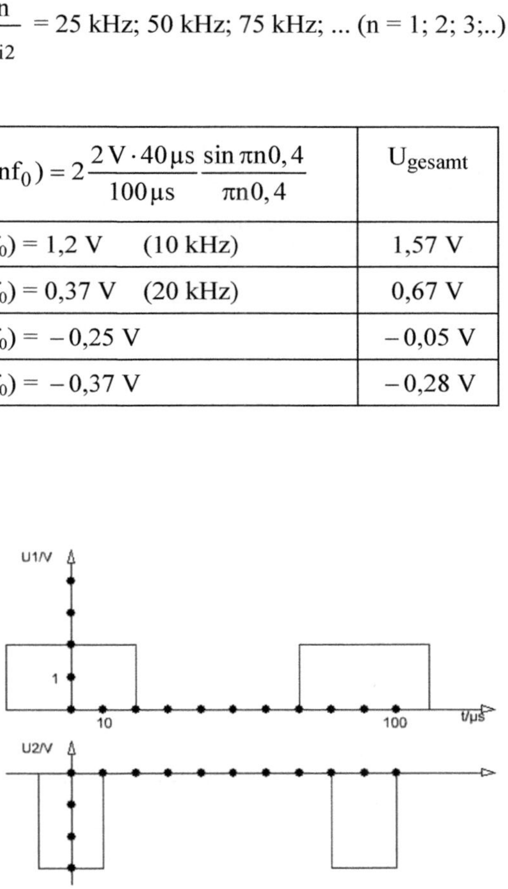

Bild 11

5.3 $f_0 t_{i1} = 0{,}444$; $f_0 t_{i2} = 0{,}222$;
$f_0 = 11{,}11$ kHz

$U_1(1f_0) = 1{,}25$ V

$U_2(1f_0) = -1{,}227$ V

6. **Signal 3**

6.1 siehe **Bild 12**

6.2 U_{DC} = 444,4 mV

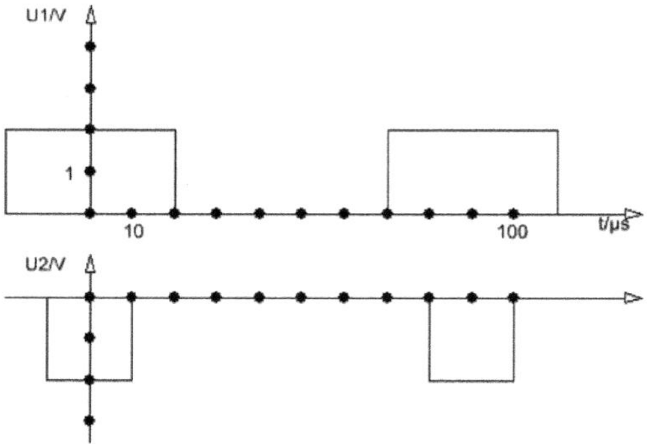

Bild 12

7. **Signal 4**

7.1 Eine mögliche Zerlegung u. a. siehe **Bild 13**.

7.2 U_{DC} = 0

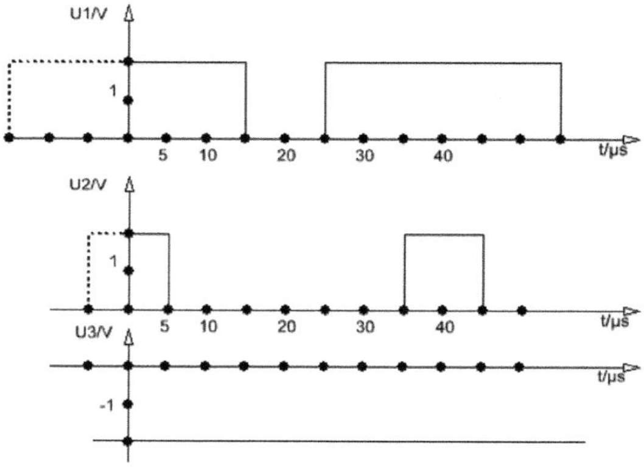

Bild 13

U1	U2	Uges
$U_1(1f_0) = 0{,}9$ V	$U_2(1f_0) = 0{,}9$ V	1,8 V
$U_1(2f_0) = -0{,}636$ V	$U_2(2f_0) = 0{,}636$ V	0
$U_1(3f_0) = 0{,}3$ V	$U_2(3f_0) = 0{,}3$ V	0,6 V
$U_1(4f_0) = 0$	$U_2(4f_0) = 0$	0
$U_1(5f_0) = -0{,}18$ V	$U_2(5f_0) = -0{,}18$ V	–0,36 V
$U_1(6f_0) = 0{,}212$ V	$U_2(6f_0) = -0{,}212$ V	0

2 Leitungen

Pulse auf Leitungen

Laboraufgaben

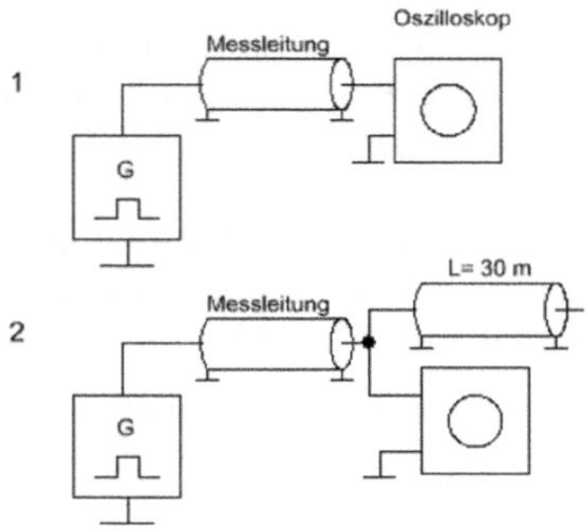

Bild 1

Bemerkungen zum Pulsgenerator: Sie müssen die Impulszeit (Duration-Time) und die Periodendauer (Repetition-Time) separat einstellen.

1. **Messungen am Pulsgenerator**

Messungen mit: 50 Ω-Messleitungen (Koaxleitung) L $\leq$ 1m; Pulsgenerator mit 50 Ω-Ausgangswiderstand.

Bild 1 (1): Bei den folgenden Messungen sollten die Einstellungen ti $\approx$ 50 ns und T $\approx$ 400 ns betragen: û = 5 V.

1.1 Messen und skizzieren Sie die Pulsform mit dem Spitzenwert.

1.2 Stecken Sie zwischen Messleitung und Oszilloskop einen 50 Ω-Adapter und skizzieren Sie die Pulsform mit dem Spitzenwert.

1.3 Beurteilen Sie die Pulsform, und erklären Sie die Ursache der unterschiedlichen Pulsformen bei 1.2 im Vergleich zu 1.1.

2. **Impulse auf einer nicht abgeschlossenen 30 m langen Koax-Leitung**

Koaxleitung mit Z = 50 Ω und ($R_L = \infty$), siehe **Bild 1** (2):
Verbinden Sie die beiden Leitungen und das Oszilloskop mittels eines T-Stückes (ohne 50 Ω-Adapter). Stellen Sie am Pulsgenerator ti auf 50 ns und T $\approx$ 1 µs ein. û = 5 V

2.1 Skizzieren Sie die Pulsform.

2.2 Welche der Pulse kommen vom Generator?

2.3 Woher kommen die anderen?

2.4 Messen Sie den zeitlichen Abstand der Pulse (vom Generator-Puls ausgehend).

2.5 Wie würde sich der zeitliche Abstand ändern, wenn an das Kabel ein zweites mit z. B. 30 m Länge angeschlossen werden würde ($R_L = \infty$)?

2.6 Schließen Sie das 30 m-Kabelende mit 50 Ω ab, und skizzieren Sie die Pulsform.

2.7. Der Verkürzungsfaktor V_k der 30 m-Leitung ist $\approx$ 0,66. Berechnen Sie daraus und mit 2.4
die Länge des Kabels ($R_L = \infty$).

Anpassung/Fehlanpassung/Impulslaufzeiten

Laboraufgaben (mittels Simulation)

3. **Anpassung**
$R_i = Z_1 = R_L = 75\ \Omega$; $V_k = 0{,}66$; $L_1 = 60$ m

Hinweis: die Leitungen in PSPICE sind verlustlos, d. h., es ist $\alpha = 0$; die Kabellänge muss als Pulslaufzeit angegeben werden!
z.B.: 30 m $\hat{=}\ t_D = 150$ns

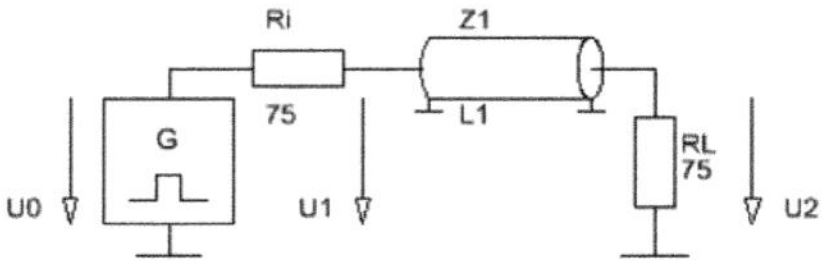

Bild 2

3.1 **Bild 2:** Berechnen Sie die Laufzeit der Impulse im Koax-Kabel, und verifizieren Sie diese durch Simulation ($\hat{u}_0 = 12$ V).

3.2 Ermitteln Sie die Spannungen: $\hat{u}_1$ und $\hat{u}_2$.

3.3 Warum ist $\hat{u}_1 < \hat{u}_0$?

3.4 Wie groß ist die zeitliche Verschiebung der beiden Spannungen u_2 und u_1, und wodurch kommt sie zustande?

4. **Fehlanpassung durch $R_L > Z$**

Die Leitung (siehe **Bild 2**) wird mit $R_L = 150\ \Omega$ fehlangepasst ($R_L \neq Z_1$):

4.1 Messen Sie die Spannungshöhen: $\hat{u}_1$und $\hat{u}_2$.

4.2 Wie groß ist die zeitliche Verschiebung des reflektierten Impulses zum Generatorimpuls?

4.3 Erklären Sie die Zeitdauer der Verschiebung!

5. **Fehlanpassung durch $Z_1 \neq Z_2$**, siehe **Bild 3**:

$u_0 = 12$ V

Leitung 1:

$Z_1 = 75\ \Omega$; $L_1 = 60$ m;
$V_k = 0{,}66$

Leitung 2:
$Z_2 = 93\ \Omega$; $L_2 = 40$ m;
$V_k = 0{,}66$

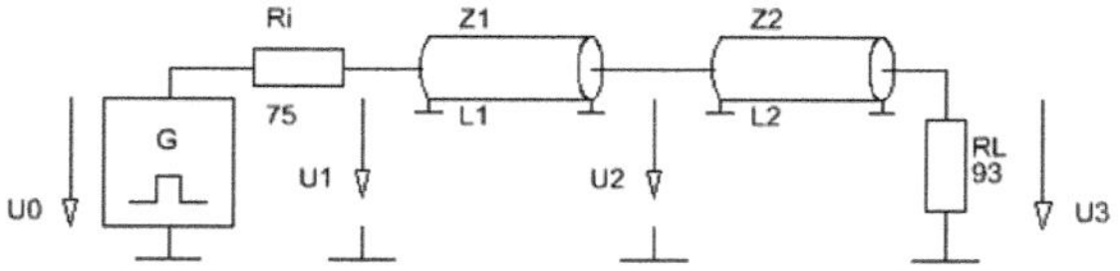

Bild 3

Die beiden Koaxleitungen sind ohne Anpassglied miteinander verbunden:

5.1 Berechnen Sie die Laufzeit der Impulse in der Koaxleitung L_2.

5.2 Wie groß ist die gesamte Laufzeit vom Eingang der Leitung L_1 bis zum R_L? Prüfen Sie nach!

5.3 Messen Sie die Spannung $\hat{u}_1$: Wie groß ist die Laufzeit des reflektierten Impulses? Begründen Sie diese!

5.4 Warum sind die Werte von $\hat{u}_2$ und $\hat{u}_3$ größer als $\hat{u}_1$?

6 **Anpassung mit Übertrager** (Balun), siehe **Bild 4**
Die Leitung (Z_1, L_1) der Aufgabe 5 wird an die Leitung (Z_2, L_2) angepasst:

Beim idealen Übertrager gilt $Z_1 = ü^2 \; Z_2$ wegen $P_1 = P_2$; somit kann mit Hilfe des Übersetzungsverhältnisses ü der Z_2 dem Z_1 angepasst werden.

PSPICE-Übertrager siehe unter: XFRM-linear in der analog.slb. Dieser wird mit L_1 und L_2 festgelegt; es gilt:

$L_1 = ü^2 L_2$

(L > 1 mH wählen).

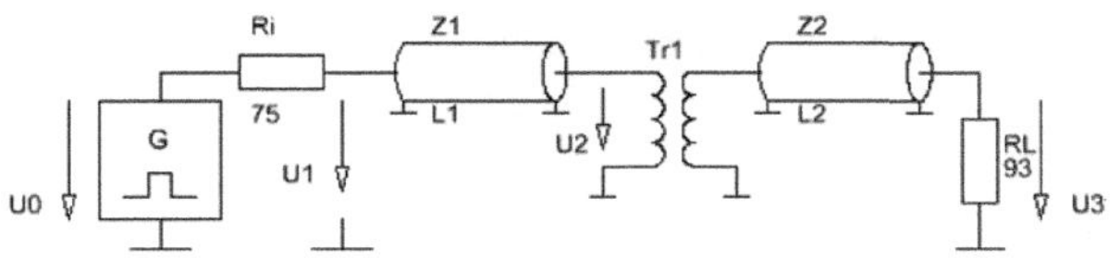

Bild 4

6.1 Ermitteln Sie ü und L_1, und überprüfen Sie die Anpassung!

7 **Anpassung mit aktivem IC**: MAX 436(*), siehe **Bild 5**
Dieser hat einen 10 MΩ hohen Eingangswiderstand ! *(in der PSPICE-Bibliothek nicht vorhanden!) Realisierung mit E aus der analog.slb.*

7.1 Vervollständigen Sie die Schaltung und verifizieren Sie die Anpassung!

(*) Siehe dazu Elektronik, Kapitel 13, Aufgabe 3.

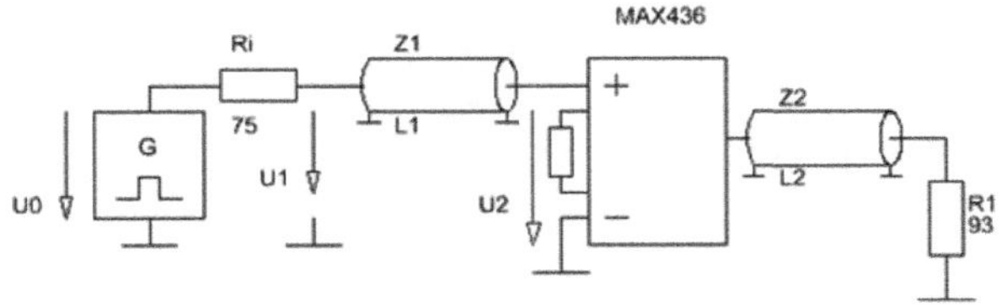

Bild 5

8. **Anpassung bei Aufteilung auf zwei Zweigleitungen**

Siehe **Bild 6**: Z_2 und R_L sind angepasst (ebenso Z_3 und R_L).

Daten der Leitung 1: $L_1 = 6$ m; $v_k = 2/3$; $Z_1 = 50\ \Omega$.
Daten der Leitung 2: $L_2 = 8$ m; $v_k = 2/3$; $Z_2 = 200\ \Omega$.
(Leitung 3 wird erst in 8.6 anggeschlossen.)

Am Eingang wird mit Impulsen folgender Werte eingespeist: $\hat{u}_0 = 10$ V; $t_i = 20$ ns; $T/t_i = 10/1$. Simulation mit PSPICE. Berechnen Sie die nötigen Parameter für die Leitungen.

8.1 Welche Werte müssen R_L und R_i besitzen?

8.2 Durch Fehlanpassung findet an A eine Reflexion der Impulse statt. An welcher Stelle müssen Sie messen, um diese Reflexionen nachweisen zu können?

8.3 Warum ist $u_1 < u_o$?

8.4 Warum ist $u_3 > u_1$?

8.5 Berechnen Sie die Impulshöhen.

8.6 An A wird zusätzlich die Leitung 3 angeklemmt:
$L_3 = 8$ m; $v_k = 2/3$;
$Z_3 = 200\ \Omega$.
Berechnen Sie die Impulshöhen.

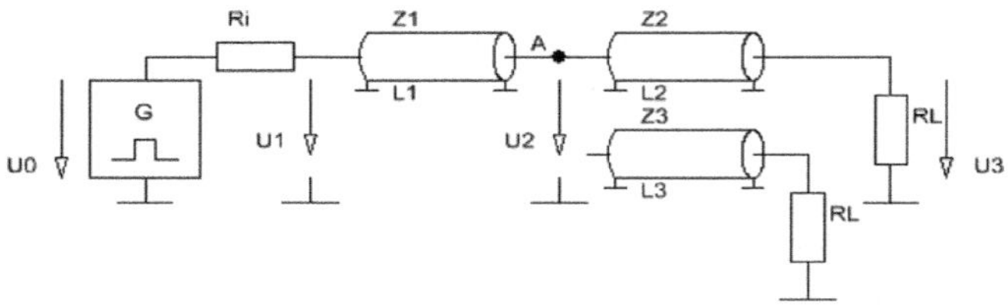

Bild 6

Aufgaben

1. **Anpassung an die Stammleitung**

An einen PC sind 3 Monitore angeschlossen:
Alle Leitungen haben denselben Wellenwiderstand Z und Verkürzungs-Faktor v_k.

$Z = 60\ \Omega$;
$v_k = 2/3$;
$Ri = Z = R_2$
$= 60\ \Omega$;
$L_1 = 15$ m;
$L_2 = L_3$
$= 30$ m;
$L_4 = 30$ m

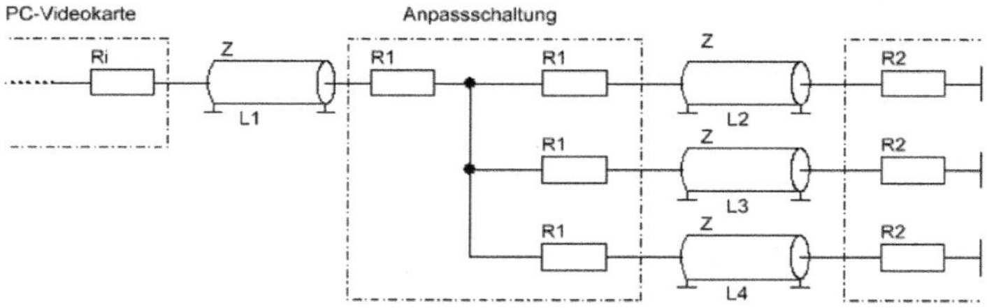

Bild 7

1.1 Beurteilen Sie, ob allseitige Anpassung vorliegt, wenn $R_1 = Z$ angenommen wird.

1.2 Berechnen Sie den Reflexionsfaktor r für $R_1 = Z$.

1.3 Am Kabeleingang der Leitung 1 liegt die Pulsspannung $\hat{u}_1 = 4$ V mit $t_i = 50$ ns und $T = 200$ ns ($R_1 = Z$). Skizzieren Sie das Impulsdiagramm für $u_1(t)$ mit exakten Werten ($\alpha_1 = 0$), wenn sich das Oszilloskop am Eingang von L_1 befindet.

1.4 Mit welcher Höhe käme der Impuls $\hat{u}_1$ am Ende der Leitung L_1 an, bevor er auf R_1 trifft, wenn die Dämpfungskonstante für diese Bitrate $\alpha_1 = 6$ dB/ 100m beträgt ($R_1 = Z$)?

1.5 Skizzieren Sie das Impulsdigramm $u_1(t)$. Beachten Sie, das Oszilloskop liegt am Eingang von L_1!

2. **Anpassung an Impulsverstärker**, siehe **Bild 8**

Pulsquelle:
$\hat{u}_0 = 8$ V;
T = 100 ns;

Koax$_1$: $Z_1 = 60\ \Omega$;
$\alpha = 0$ dB/m;
$v_k = 0{,}66$;
$L_1 = ?$ m

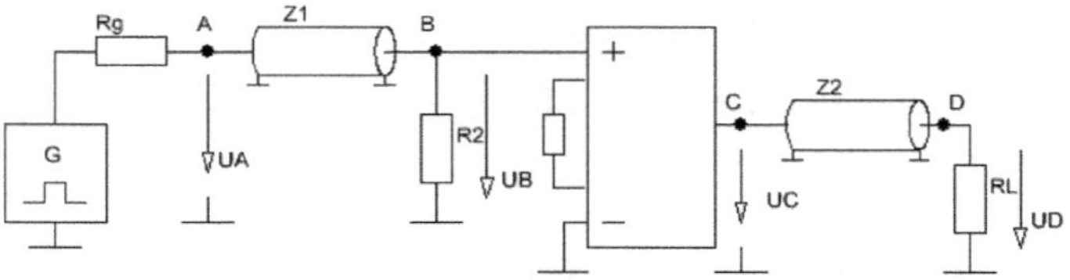

Bild 8

Koax$_2$: $Z_2 = 60\ \Omega$;
$\alpha = 0$ dB/m;
$v_k = 0{,}66$;
$L_2 = 40$ m;
$Rg = R_L = Z_1 = Z_2$

Verstärker: $V_u = 2$; $r_1 = 1\ \text{M}\Omega$

2.1 Berechnen Sie R_2 für Anpassung an den Impulsverstärker.

2.2 Annahme: Es wurde ein falscher R_2-Wert eingesetzt. Bei der Messung ergibt sich dann in A das Osziloskop-Bild, siehe **Bild 9**. Berechnen Sie daraus den Reflexionsfaktor r.

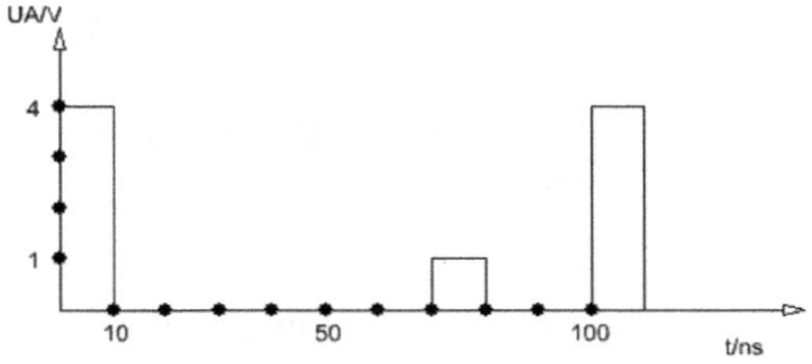

Bild 9

2.3 Berechnen Sie den Wert des (falschen) Abschluss-Widerstand R_2'.

2.4 Wie lange ist die Leitung 1 (L_1)?

3. **Anpassung mit passiver Schaltung**

Zwei Koaxleitungen mit verschiedenem Wellenwiderstand sind direkt ohne Anpassschaltung miteinander verknüpft wie in **Bild 3**:

$Z_1 = 60\ \Omega$; $Z_2 = 120\ \Omega$; $v_{k1} = 0{,}66$; $v_{k2} = 0{,}66$; $L_1 = 8$ m; $L_2 = 10$ m; $R_i = Z_1$; $R_L = Z_2$. Am Eingang liegt ein Impuls mit $\hat{u}_1 = +5$V und ti = 30 ns; T = 500 ns.

3.1 Berechnen Sie den Reflexionsfaktor r.

3.2 Wie hoch ist der Impuls, der in die Leitung 2 läuft?

3.3 Zwischen beiden Leitungen liege nun die Anpass-Schaltung (siehe **Bild 10)** mit $R_1 = 84\ \Omega$ und $R_2 = 87\ \Omega$. Welche Amplitude besitzt jetzt der in die Leitung 2 hineinlaufende Impuls?

3.4 Zeigen Sie anschaulich durch Rechnung, dass mit den Werten von R_1 und R_2 richtig angepasst wurde.

4. **Dimensionierung einer passiven Anpassschaltung**

Ein 75 Ω-Koax-Kabel soll mit einer passiven Anpassschaltung (R_1, R_2) an ein 50 Ω Koax-Kabel angepasst werden (ähnlich **Bild 10**). Das 50 Ω Koax-Kabel selbst ist mit $R_L = 50\ \Omega$ abgeschlossen.

4.1 Dimensionieren Sie R_1, R_2.

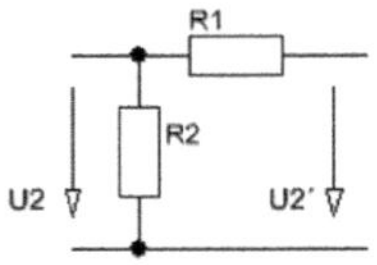

Bild 10

Lösungen (der Laboraufgaben)

1.1 Ähnlich dem **Bild 11**.

1.2 Wie in **Bild 11**, allerdings ist $\hat{u} = 5$ V.

1.3 Bei 1.1 besitzt das Oszilloskop einen Eingangswiderstand r_1 --> 1 MΩ, d. h., der vom Generator kommende Puls wird am Oszilloskop-Eingang reflektiert; der ankommende Puls und der reflektierte überlagern sich gleichphasig $\Rightarrow \hat{u}_h + \hat{u}_r = 10$ V.
Bei 1.2 herrscht Anpassung, die Reflexion ist Null.
($\hat{u}_h = \hat{u}_{hin}$, $\hat{u}_r = \hat{u}_{rück}$)

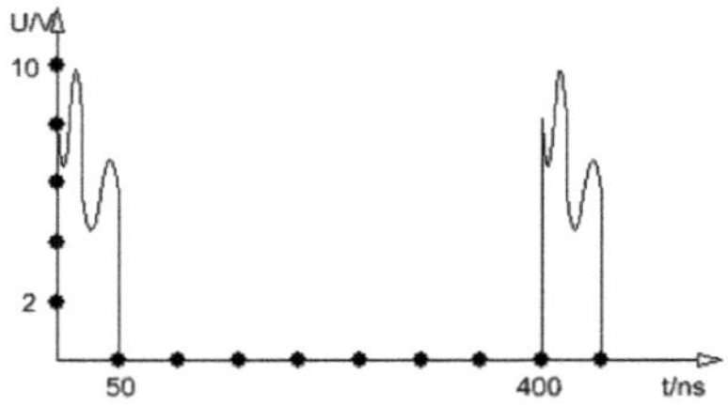

Bild 11

2. **Impulse auf einer nicht abgeschlossenen 30 m langen Koax-Leitung**

2.1 Reflexion nach 300 ns (150 ns hin und 150 ns zurück *); der Puls ist wegen Überanpassung ($R_L > Z$) gleichphasig.

$$(*)\ t_L = \frac{30\ \text{m}}{0{,}66 \cdot 3 \cdot 10^8\ \text{m/s}} = 150\ \text{ns} \quad (t_L = \text{Puls-}\underline{\text{L}}\text{aufzeit})$$

3. **Anpassung**

3.3 Wegen Spannungsteilung aus R_i und Z_1: $\hat{u}_1 = \frac{1}{2}\hat{u}_0$.

5. **Fehlanpassung durch $Z_1 \neq Z_2$**

5.4 An der Reflexionsstelle addiert sich der hinlaufende ($\hat{u}_h$) mit dem rücklaufenden Impuls ($\hat{u}_r$). Da beide gleichphasig sind, wird $\hat{u}_2 > \hat{u}_1$; am Eingang von L_2 liegt bei Reflexion ($\hat{u}_h + \hat{u}_r$), und dieser Summen-Puls läuft nun in $L_2 \Rightarrow \hat{u}_3 > \hat{u}_1$.

6. **Anpassung mit Übertrager**

6.1 $\ddot{u} = \sqrt{\frac{Z_1}{Z_2}} = 0{,}898 \Rightarrow L_1 = 1{,}61$ mH, wenn $L_2 = 2$ mH gewählt wird.

7. **Anpassung mit aktivem IC**

Am Ausgang von Z_1 wird ein Widerstand mit $R = Z_1$ gegen Masse gelegt.

8. **Anpassung bei Aufteilung auf zwei Zweigleitungen**

8.1 $R_L = Z_2$; $R_i = Z_1$

8.2 Am Eingang von L_1

8.3 Ri bildet mit Z_1 einen Spannungsteiler $\Rightarrow$ $\hat{u}_1 = \hat{u}_0/2$

8.4 Siehe Lösung zu 5.4. An A liegen $\hat{u}_h + \hat{u}_r$; dieser Puls laüft in L_2 hinein.

8.5 $r = \dfrac{Z_2 - Z_1}{Z_2 + Z_1}$ bzw. $\dfrac{R_L - Z_1}{R_L + Z_1} = 0{,}6;$

$\Rightarrow$ $\hat{u}_r = 3$ V; $\hat{u}_2 = 3$ V + 5 V

8.6 $r_2 = \dfrac{(Z_2 // Z_1) - Z_1}{(Z_2 // Z_1) + Z_1} = \dfrac{1}{3}$

$\Rightarrow$ $\hat{u}_{r2} = 1{,}66$; $\hat{u}_h = 5$ V;

$\hat{u}_A = \hat{u}_2 = \hat{u}_{r2} + \hat{u}_h = 6{,}66$ V

Lösungen (der Aufgaben)

1. **Anpassung an Stammleitung**

1.1 $Z = R_1 + \dfrac{R_1 + Z}{3} \neq Z$ (= 100 Ω); es liegt Überanpassung vor!

1.2 $r = \dfrac{R_L - Z}{R_L + Z}$; (1) $R_L \triangleq 100\Omega$

$\Rightarrow$ $r = 1/4$

1.3 Reflexion an R_1: $t_L = 150$ ns; siehe **Bild 12**

1.4 $\hat{u}_r = r \cdot \hat{u}_h = \dfrac{1}{4} 4 \text{ V} = 1 \text{ V}$

$a_1 = \alpha_1 \cdot L_1$

$= 6 \dfrac{\text{dB}}{100 \text{ m}} \cdot 15 \text{ m} = 0{,}9 \text{ dB}$

$\hat{u}_2 = \dfrac{\hat{u}_1}{10^{0{,}9/20}} = 3{,}6 \text{ V}$

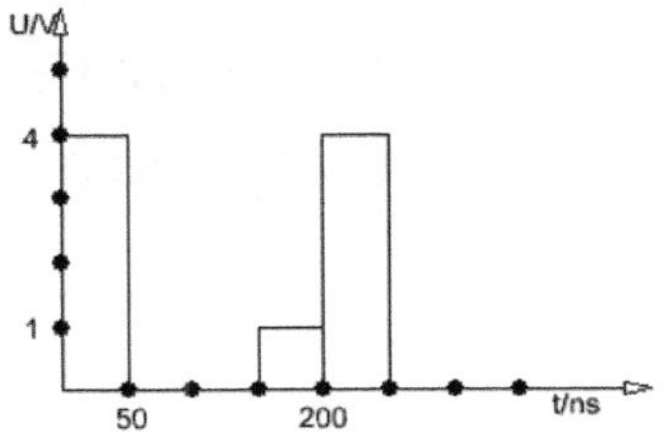

Bild 12

1.5 $\hat{u}'_r = 0{,}25 \cdot 3{,}6\,V = 0{,}9\ V$ (= Anteil von u_2, der reflektiert wird; dieser Anteil wird nun beim Rücklauf wieder gedämpft, bevor er am Oszilloskop ankommt):

$$\hat{u}'_{1r} = \frac{0{,}9\ V}{1{,}12} = 0{,}8\ V$$

Wie in **Bild 12** mit $u_r = 0{,}8$ V statt 1 V.

2. Anpassung an Impulsverstärker

2.1 $R_2 \approx Z_1$

2.2 $r = \frac{\hat{u}_r}{\hat{u}_h} = \frac{1\ V}{4\ V}$ (2)

2.3 Aus (1) $\Rightarrow$ $R_2 = 100\ \Omega$

2.4 $L_1 = 7$ m

3. Anpassung mit passiver Schaltung

3.1 $r = \frac{R_L - Z}{R_L + Z} = \frac{Z_2 - Z_1}{Z_2 + Z_1} = \frac{1}{3}$

3.2 $\hat{u}_r = r \cdot \hat{u}_h = 0{,}833\ V \Rightarrow$ an L_2 liegt: $\hat{u}_r + \hat{u}_h = 3{,}33$ V! (Überlagerung von gleichphasigen Pulsen. Beachten Sie: $\hat{u}_0 = 5\ V$ --> $\hat{u}_1 = 2{,}5$ V.)

3.3 Siehe **Bild 13**: $\frac{U_2''}{U_2} = 0{,}588$

$\Rightarrow U_2'' = 0{,}588 \cdot 2{,}5\ V = 1{,}47\ V$

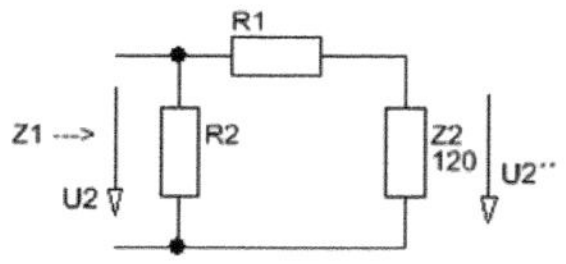

Bild 13

3.4 Entweder: $Z_1 = \sqrt{Z_{10} \cdot Z_{1k}}$ und:

$Z_2 = \sqrt{Z_{20} \cdot Z_{2k}}$ mit :$Z_{10} = R_2$; $Z_{1k} = R_1 // R_2$

bzw.: $Z_{20} = (R_1 + R_2)$ und $Z_{2k} = R_1$

oder anschaulich mit **Bild 13:**

$Z_1 = R_2 // (R_1 + Z_2) \approx 60\ \Omega$

4. **Dimensionierung einer passiven Anpassschaltung**

siehe **Bild 14**

$Z_1 = 75\ \Omega$; $Z_2 = 50\ \Omega$

$Z_1 = R_1 + R_2//Z_2$ (3)

oder: $Z_{10} = R_1 + R_2$;

$Z_{1k} = R_1$ usw.

$$\Rightarrow\ Z_1 = \sqrt{R_1(R_1 + R_2)} \quad (5)$$

$Z_2 = (R_1 + Z_1)//R_2$ (4)

$$\Rightarrow\ Z_2 = \sqrt{R_2 \frac{R_1 R_2}{R_1 + R_2}} \quad (6)$$

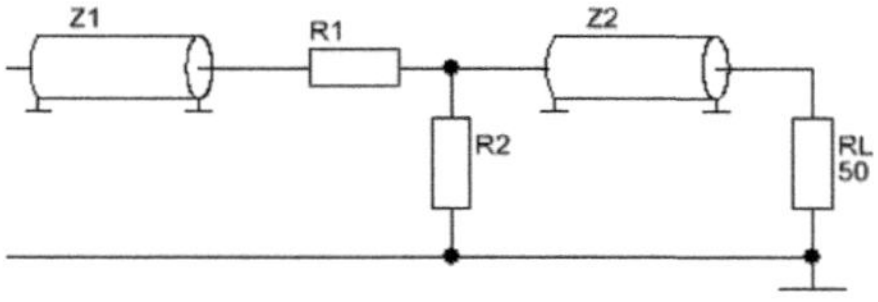

Bild 14

$$\text{aus (5)}:\ R_2 = \frac{Z_1^2 - R_1^2}{R_1} \quad (7)$$

$$\text{aus (6)}:\ Z_2^2 = \frac{R_1 R_2^2}{R_1 + R_2} \quad (8)$$

(7) --> (8): $Z_2^2 Z_1^2 = Z_1^4 - 2Z_1^2 R_1^2 + R_1^4$ mit Substitution: $Ra = R_1^2$:

$$\Rightarrow\ R_a^2 - 2Z_1^2 R_a + Z_1^4 - Z_1^2 Z_2^2 = 0 \text{ usw.}$$

$$\Rightarrow\ Ra_2 = 1{,}87 \cdot 10^3\,\Omega^2\,;\ (Ra_1 = 9{,}37 \cdot 10^3\,\Omega^2)$$

$$\Rightarrow R_1 = \sqrt{Ra_2^2} = 43{,}24\Omega \quad (5) \quad R_2 = 86{,}85\,\Omega$$

Probe: (von links hineingeschaut*) $Z_1 = R_1 + R_2 // Z_2 = 74{,}8\Omega$

(von rechts): $Z_2 = (Z_1 + R_1) // R_2 = 50\Omega$

(*) ähnlich siehe **Bild 14**

Bemerkung: „Schaut" man in eine angepasste Leitung z .B.: in Z_2 (siehe **Bild 14**), so „sieht" man nicht $Z_2 + R_L$, sondern Z_2 bzw. R_L! Zur Veranschaulichung dient folgender Fall:

Eine Koax-Leitung mit $L_1 = 10$ m und $Z = 60\ \Omega$ sei mit $R_L = 60\ \Omega$ angepasst. Die Leitung wird mit R_1, R_2, R_3 nachgebildet (statt mit R′, L′, C′), siehe **Bild 15**. Auch mit L = 100 m (= 10 · 10 m langen A-B-Teile) „sieht" man am Eingang immer den Wellenwiderstand Z bzw. R_L. (Legen Sie mehrere solcher 10 m-Stücke hintereinander, und ermitteln Sie Z.)

Und zwischen A-B gilt:

$Z_{10} = R_1 + R_2 = 100\ \Omega$

$Z_{1k} = R_1 + R_2 // R_3 = 36\ \Omega$

$Z = \sqrt{Z_{10} Z_{1k}} = 60\ \Omega$

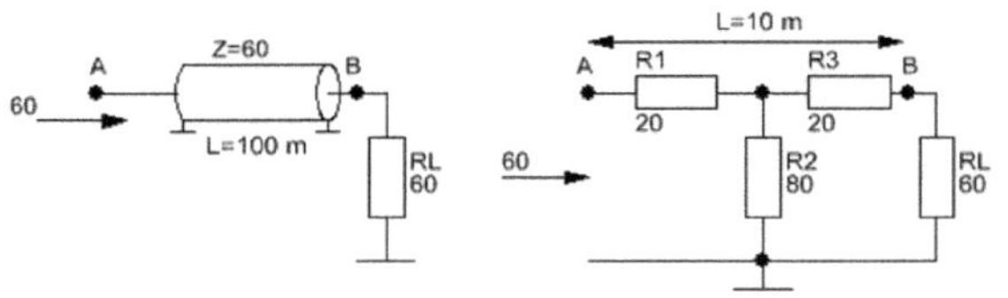

Bild 15

Stehende Wellen

Bei der Datenübertragung treten an der Stelle der Fehlanpassung Reflexionen (Pulse) auf. Wird in eine Leitung mit sinusförmiger Spannung eingespeist, wird diese ebenfalls bei Fehlanpassung an der Stoßstelle reflektiert; es kommt zur rücklaufenden Welle. Diese überlagert sich mit der hinlaufenden zur stehenden Welle.

Anpassungen/Fehlanpassungen bei sinusförmigen Spannungen

Laboraufgabe (mit Simulation)

1. **Stehende Welle an einem 100 m langen Koaxialkabel.**

Eine stehende Welle soll an einem 100 m langen Koax-Kabel $Z = 60\ \Omega$ mit $v_k = 2/3$ und Fehlabschluss ($R_L = \infty$) simuliert werden. $\hat{u}_1 = 10$ V. Eine stehende Welle ist orts- und zeitabhängig: $U = f(x, t)$.

Um die Ortsabhängigkeit mit PSPICE messen zu können, wird die Leitung z. B. in 4 oder mehr Teile geteilt (siehe **Bild 16**), damit man „zwischen" den Teilen messen kann. Um feststellen zu können, bei welchen Frequenzen sich Minima und Maxima ausbilden, wird die Frequenz von 1 kHz ...10 MHz verändert (= Wobbelung).

1.1 Ermitteln Sie NL, und simulieren Sie die Schaltung von **Bild 16**.

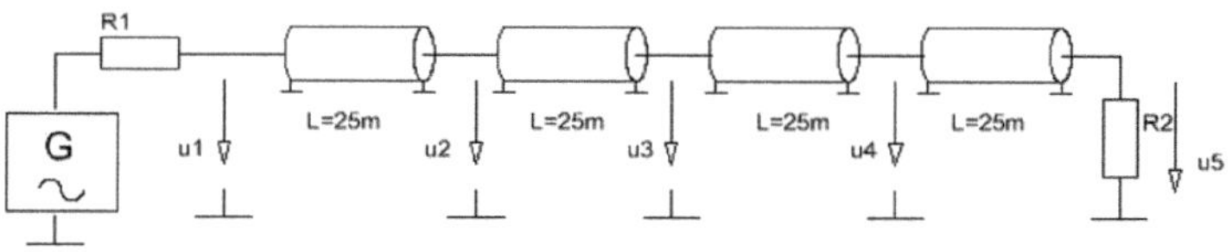

Bild 16

Hinweis: Die Kabellänge wird in PSPICE als Vielfaches der Wellenlänge angegeben:

Beispiel: Die Kabellänge sei L = 25 m, v_k = 2/3 und f der Welle 10 MHz:

$$\Rightarrow \lambda = \frac{v_k \cdot 3 \cdot 10^8 \, m/s}{10\ MHz} = 20\ m \Rightarrow NL = \frac{L}{\lambda} = \frac{25m}{20m} = 1{,}25$$

Wobbelung in PSPICE: --> Setup–AC Analyse --> Dekadisch, Start ..., End ...
(Eventuell muss noch ein 5. Leitungsteil mit z. B.: ≤ 1 cm Länge am Ausgang eingefügt werden.)

1.2 Diese 100 m lange Koax-Leitung sei eine Antennenleitung: Welchen Spannungsbelag hätte eine TV-Anschlussdose bei f = 2 MHz, die 25 m von der Antenne entfernt liegt?

1.3 Welchen Spannungsbelag hätte eine TV-Anschlussdose bei f = 2 MHz, die 75 m von der Antenne entfernt liegt?

1.4 Skizzieren Sie aus dem Ergebnis Ihrer Simulation die stehenden Wellen:
für: f = 1 MHz ; f = 2 MHz ; f = 3 MHz.

1.5 Simulieren Sie einen Fehlabschluss mit R_2 = 240 Ω, und beginnen Sie mit 1.1.

Aufgaben

1. **Stehende Welle für $R_L = \infty$**

In den Eingang einer Koaxleitung mit Z = 50 Ω läuft eine sinusförmige Welle mit $\hat{u}_h$ = 8 V und f = 2,5 MHz.
Die Leitung mit: L = 70 m; vk = 2/3 und α = 0 dB/m ist nicht abgeschlossen.

1.1 Skizzieren Sie die hin- und rücklaufende Welle und die daraus resultierende stehende Welle, wenn sich am Leitungseingang momentan das negative Minimum der hinlaufenden Welle befindet.

1.2 Welchen höchsten Wert kann das zeitliche Maximum überhaupt annehmen?

1.3 Berechnen Sie den höchstmöglichen Wert des Spannungsmaximums und den Wert des Minimums, wenn die Leitung mit 80 Ω fehl-abgeschlossen wird.

1.4 Skizzieren Sie Ihr Ergebnis als Betragsfunktion.

1.5 Wie ändert sich die Lage der stehenden Welle, wenn das Kabel gekürzt wird ($R_L = \infty$)?

2. **Stehende Wellen bei Unteranpassung** (R_L --> 0)

Ein Koaxial-Kabel mit Z = 75 Ω wird mit R_L = 25 Ω abgeschlossen; die weiteren Daten sind:
L = 40 m; v_k = 2/3; α = 0 dB.

2.1 Die in das Kabel laufende Welle besitzt $\hat{u}_1$ = 8 V. Berechnen Sie U_{1max}, U_{1min} der stehenden Welle.

2.2 Skizzieren Sie den Verlauf (Betrag) der stehenden Welle längs des Kabels bei f = 3,33 MHz.

2.3 Skizzieren Sie den Verlauf (Betrag) der stehenden Welle längs des Kabels für f = 1,66 MHz.

2.4 Skizzieren Sie den Verlauf (Betrag) der Welle längs des Kabels, wenn $R_L = 75\ \Omega$ beträgt.

3. **Verlustlose/verlustbehaftete Leitung**

Eine 80 m lange Koaxleitung mit dem Wellenwiderst. $Z = 75\ \Omega$ wird mit $R_L = 150\ \Omega$ abgeschlossen. Am Eingang der Leitung speist ein Sinusgenerator mit f = 5 MHz ein. Die in die Leitung laufende Welle besitzt eine Amplitude von $\hat{u} = 9$ V.

3.1 Berechnen Sie die U_{max}- und U_{min}-Werte auf der verlustlosen Leitung (α = 0 B/100m).

3.2 Skizzieren Sie diese U_{max},U_{min}-Werte (Betrag) längs der Leitung mit Entfernungsangaben in m!

3.3 Berechnen Sie für dieselbe aber verlustbehaftete Leitung (α = 6 dB/100m) die Spannungen am Ausgang und Eingang der Leitung für einen Hin-und einen Rücklauf.

Lösungen der Laboraufgaben

1.2 Siehe **Bild 17**: Cursor liegt bei 2 MHz $\Rightarrow$ $u_4 = 0$.

1.3 $u_2 = 7$ V

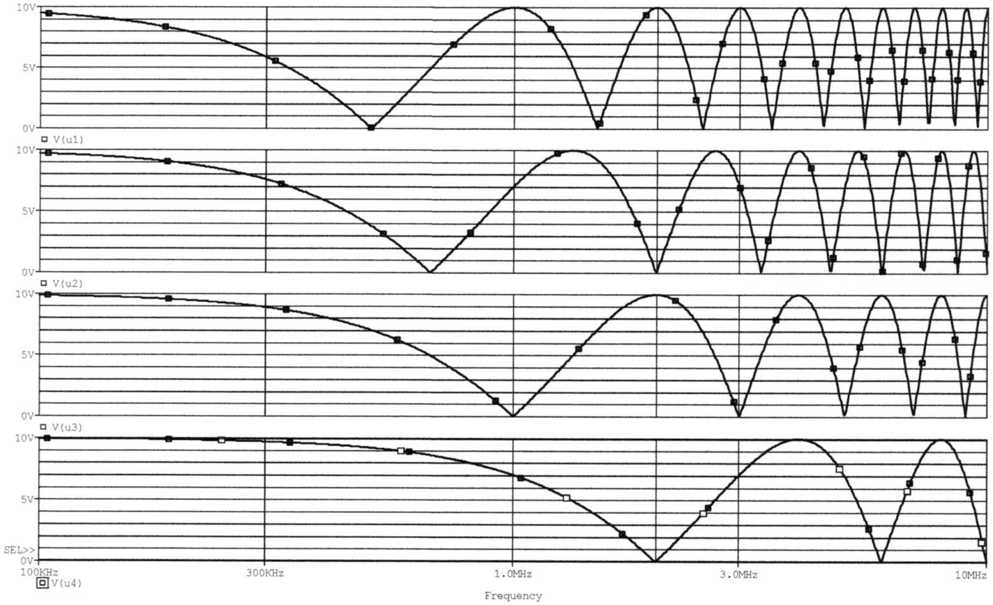

Bild 17

1.4 Für f = 2 MHz, siehe **Bild 18**
Für f= 3 MHz liegen die Nullstellen bei: 83,3 MHz; 50 MHz; 16 MHz. Für f = 4 MHz: Nullstellen bei 87 MHz usw.

Bemerkung: Bei $R_L > Z$ liegt am Ausgang immer das Spannungsmaximum.

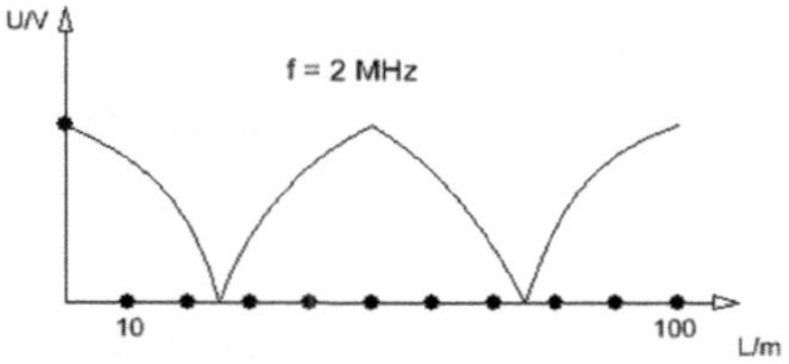

Bild 18

Lösungen (der Aufgaben)

1. **Stehende Welle für $R_L = \infty$**

1.1 $\lambda = 80\text{m}; \frac{\lambda}{2} = 40\text{m}$ nach Gleichung $v_k \cdot C = \lambda \cdot f$ (1). Skizze siehe **Bild 19**.

Konstruktion:

Man lässt $\hat{u}_h$ über das Ende weiterlaufen -->A. Der Punkt A wird an der Achse E gespiegelt (Reflexion) und ergibt Punkt B; Punkt C fällt beim Spiegeln in sich selbst, und somit liegt die rücklaufende Welle fest. Das gilt für $R_L > Z$!

Für $R_L < Z$ wird r negativ, d. h., in **Bild 19** müsste $\hat{u}_h$ bei A mit einem Phasensprung um 180° versehen werden, dann wird gespiegelt. Am Ende (E) ergibt sich ein relatives Minimum. Beachten Sie: Das Kabelende (mit R_L) bestimmt die Lage der stehenden Welle!

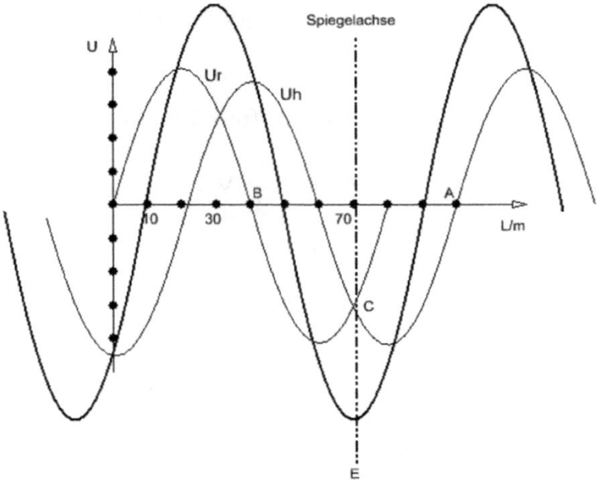

Bild 19

1.2 Der höchste Wert für $R_L > Z$ wird erreicht, wenn das negative Maximum von $\hat{u}_h$ gerade E erreicht.

$$\Rightarrow U_{max} = \hat{u}_h(1 + |r|) \quad (2)$$

$$r = \frac{R_L - Z}{R_L + Z} = 0{,}23 \quad (3)$$

(3) --> (2): $U_{max} = 8\text{ V}(1 + 0{,}23) = 9{,}84\text{ V}$

$$U_{min} = \hat{u}_h(1 - |r|)$$

$$\Rightarrow U_{min} = 6{,}1\text{ V}$$

1.4 Siehe **Bild 20**.

1.5 Das Maximum (Leerlauf) verschiebt sich nach links und genau so die anderen Maximas- und Minimas.

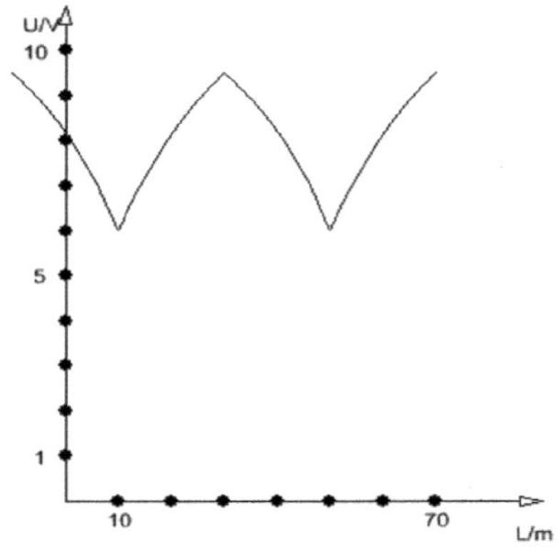

Bild 20

2. **Stehende Welle bei Unteranpassung**

2.1 $\lambda_1 = \dfrac{2 \cdot 10^8 \text{m/s}}{3{,}33 \cdot 10^6 1/\text{s}} = 60\text{m}$

$r = -0{,}5$

$U_{max} = 12$ V; $U_{min} = 4$ V

2.2 Minima (4 V) bei 40 m und bei 10 m; Maximum (12 V) bei 25 m. (Die Entfernungen der Maxima-Minima betragen = $\lambda/4$.)

2.3 λ = 120 m; Minimum (4 V) bei 40 m; Maximum (12 V) bei 10 m.

2.4 Gerade von L = 0...40 m; r = 0; $\Rightarrow U_{max} = U_{min} = \hat{u}_h = 8$ V, siehe (2) , (3).

3. **Verlustlose/verlustbehaftete Leitung**

3.1 $\lambda = 40$ m; $r = 1/3$; $\hat{u}_r = \dfrac{1}{3} 9\text{V} = 3\text{V}$;

$U_{max} = \hat{u}_h + \hat{u}_r = 12$ V

$U_{min} = \hat{u}_h - \hat{u}_r = 6$ V

3.2 Siehe **Bild 21**.

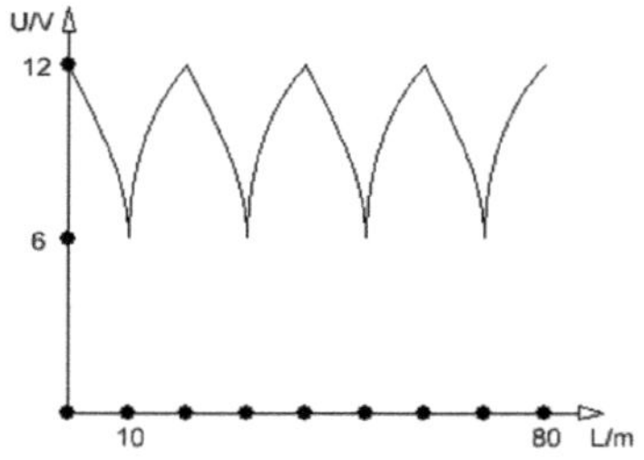

Bild 21

3.3 $a = \alpha \cdot L = 4{,}8$ dB

$$\Rightarrow \frac{u_1}{u_2} = 10^{\frac{4{,}8}{20}} = 1{,}74$$

nach 80 m ist $u_2' = \dfrac{u_1}{1{,}74} = 5{,}1$ V

$\Rightarrow u_r = r \cdot u_2' = 1{,}7$ V

u_r wird gedämpft und kommt an als: $u_1' = \dfrac{u_r}{1{,}74} = 0{,}977$; am Eingang überlagern sich beide, und dort muss nach **Bild 21** ein Maximum liegen, also gilt: $u_1' + u_1 = 9{,}97$ V.

Leitungskreise

Aufgabe

1. Ein Koaxkabel mit Z = 50 Ω und dem Verkürzungs-Faktor $V_k = 2/3$ soll bei einer Länge von L = 3 m als:

1.1 Reihenschwingkreis,

1.2 Parallelschwingkreis wirken.

Für welche Frequenzen ist dies möglich?

Lösungen

1.1 An den Anschlussklemmen (E) besitzt ein Reihenschwingkreis einen Z --> 0: ⇒ û --> 0; $\hat{\imath} = i_{max.}$ Siehe **Bild 22.**

Im **Leerlauf**:

für $L = 1\,\lambda_1/4$; (4) Kurve 1

für $L = 3\,\lambda_2/4$; (5) Kurve 2

für $L = 5\,\lambda_3/4$; (6) usw.

Aus (4): $\lambda_1 = 12$ m;

(5): $\lambda_2 = 4$ m;

(6): $\lambda_3 = 2{,}4$ m;

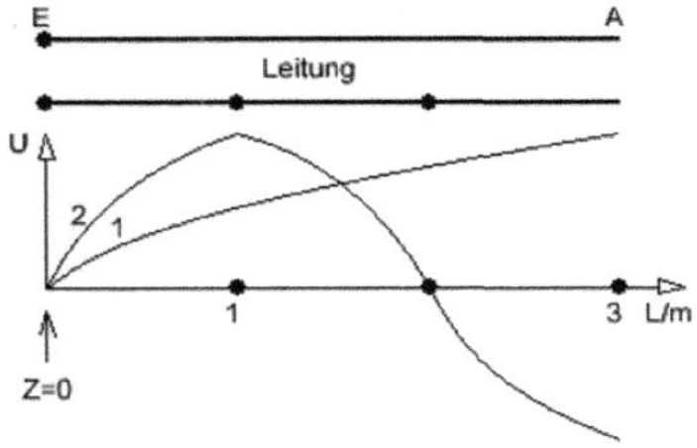

Bild 22

$$\Rightarrow f_1 = \frac{v_k C}{\lambda_1} = 16{,}66\ \text{MHz};$$

$f_2 = 50$ MHz;

$f_3 = 83{,}3$ MHz usw.

Oder im **Kurzschluss**:

für $L = 2\,\lambda_1/4$ ---> $f_1 = 33{,}33$ MHz

für $L = 4\,\lambda_2/4$ ---> $f_2 = 66{,}66$ MHz

für $L = 6\,\lambda_3/4$ usw.

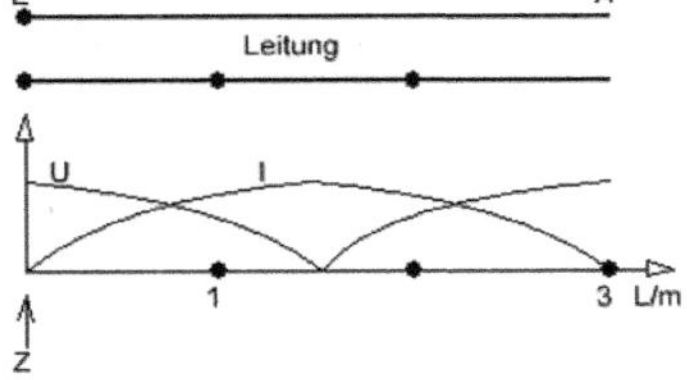

Bild 23

1.2 An den Anschlussklemmen (E) besitzt ein Parallelschwinkreis einen Z --> ∞ :

$\Rightarrow$ û --> u_{max}; î--> 0.

Bei **Leerlauf** siehe **Bild 23**.

möglich für:

$L = 1\,\lambda_1/2$

$L = 2\,\lambda_2/2$

$L = 4\,\lambda_3/2$ usw.

$\Rightarrow$ $f_1 = 33{,}33$ MHz; $f_2 = 66{,}66$ MHz usw.

Bei **Kurzschluss** siehe **Bild 24** für :

$L = 1\,\lambda_1/4$;

$L = 3\,\lambda_2/4$; usw.

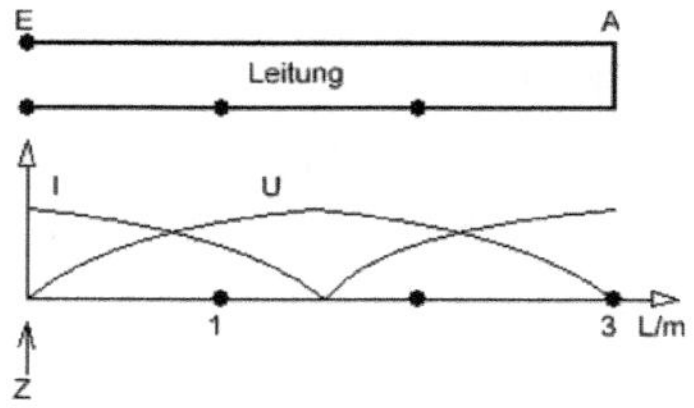

Bild 24

3 Pegel/Dämpfung/Anpassung/LWL

Pegel/Dämpfung

Aufgaben

1. **Koaxkabel mit Übertrager**

Der Lastwiderstand R_2 ist direkt über den Übertrager an die Koax-Leitung mit $L_1 = 60$ m, $\alpha = 12$ dB/100 m, $Z_1 = 60\ \Omega$ angeschlossen; $\hat{u}_1 = 12$ V; $R_1 = 60\ \Omega$; ü ist noch unbekannt; $R_2 = 120\ \Omega$. Der Übertrager sei verlustlos!

1.1 Ermitteln Sie das Übersetzungsverhältnis ü des Übertragers, wenn R_2 an das Koaxialkabel angepasst sein soll.

1.2 Berechnen Sie die Spannungsdämpfungen von:

a) A ---> B

b) A ---> C

c) A ---> D

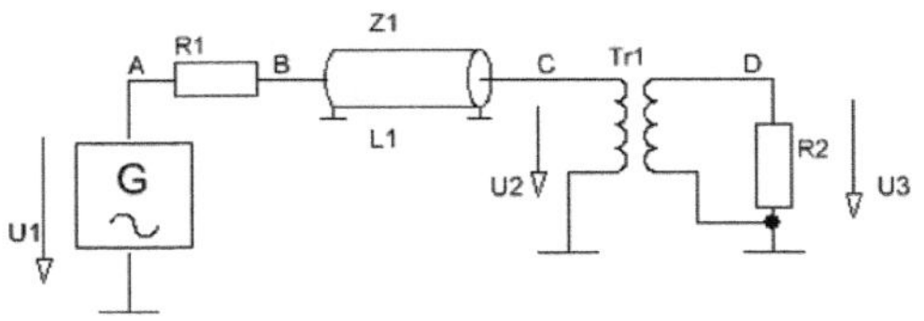

Bild 1

1.3 Berechnen Sie die Spannungs-Pegel in A,..., D im 1 mW/600 Ω-System.

1.4 Berechnen Sie den Leistungs-Pegel in D.

2. **Dämpfung/Verstärkung**, siehe **Bild 2**

Eine NF-Spannung wird in einer Klangregelstufe auf den achtzigsten Teil abgesenkt und anschließend mit einem OP wieder verstärkt. Am Ausgang der Klangregelung wird ein Spannungspegel $L_{u2} = -32$ dB (1 mW/600 Ω) gemessen.

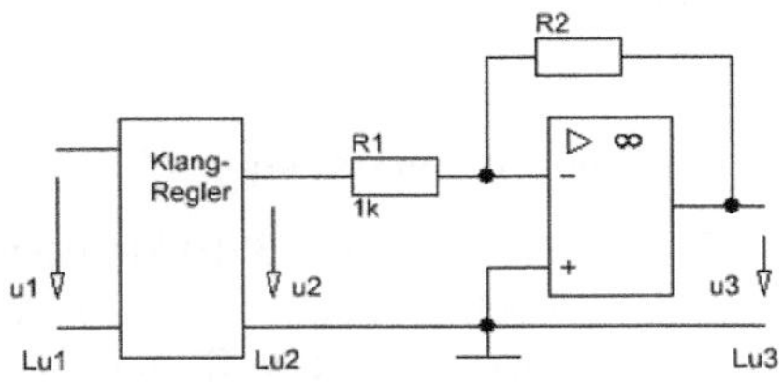

Bild 2

2.1 Wie groß ist die Eingangsspannung U_1 des Klangreglers und seine Dämpfung a?

2.2 Auf welchen Wert muss R_2 eingestellt werden, damit U_3 einen 12 dB höheren Spannungspegel als U_1 aufweist?

2.3 Wie groß ist U_3?

3. **Koax-Twistedpair-Übertrager**, siehe **Bild 3**

Daten: $L_1 = 150$ m; $\alpha_1 = 4$ dB/ 100m; $Z_1 = 75\ \Omega$;

$L_2 = 25$ m; $\alpha_2 = 4$ dB/100 m; $Z_2 = 75\ \Omega$;
$L_3 = 14$ m; $\alpha_3 = 8$ dB/100m; $Z_3 = 120\ \Omega$ (Twistedpair);
$u_1 = 12$ V; $R_L = 60\ \Omega$; (Die Übertrager seien verlustlos!)
$ü_1$ =?; $ü_2$ =? (unbekannt)

Zwischen L_1 und L_2 (B, C) befindet sich der Dämpfungsvierpol bestehend aus R_1 und R_2, dessen Werte in 3.3 berechnet werden sollen.

Am Übergabepunkt A liegt ein Spannungs-Pegel von L_u = 18 dB (1m W/600 Ω).

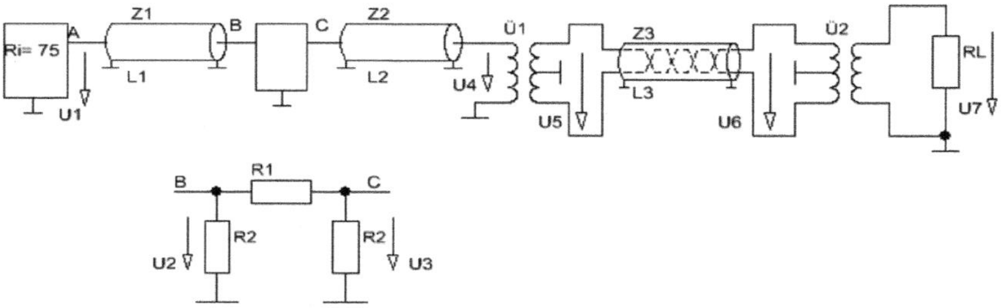

Bild 3

3.1 Übertrager: Ermitteln Sie die Übersetzungsverhältnisse $ü_1$ und $ü_2$ für Anpassung.

3.2 An R_L wird der Pegel von 4 dB erwartet. Mit welcher Dämpfung muss der Dämpfungsvierpol (B, C) arbeiten, damit der Pegel an R_L eingehalten wird?

3.3 Dimensionieren Sie die Widerstände R_1 und R_2 des Dämpfungsvierpoles.

4. **Leitung mit Verstärker**

Eine Leitung mit $\alpha = 3$ dB/km besitzt eine Länge von L = 54 km (Z = 75 Ω). Der Minimalpegel beträgt $L_{umin} = -32$ dB. Am Eingang A wird mit dem Maximalpegel von $L_{uA} = 16$ dB (1 mW/600 Ω) eingespeist.
Längs der Leitung werden Verstärker mit gleichem Verstärkungsmaß eingesetzt.

4.1 Wie viele Verstärker werden auf der Leitung benötigt, wenn die Verstärker im gleichen Abstand eingesetzt werden?

4.2 In welchen Abständen, bezogen auf A, liegen die Verstärker?

4.3 Berechnen Sie den Spannungspegel am Ende der Leitung.

4.4 Berechnen Sie den Spannungswert am Ende der Leitung.

5. **Aufteilung auf zwei Twisted-Pair-Leitungen**, siehe **Bild 4**

Eine Stammleitung wird auf zwei gleichberechtigte Stellen aufgeteilt. Es herrscht allseitige Anpassung, d. h., jeder kann Quelle sein, die anderen sind dann Senken.

5.1 Berechnen Sie R (Z = 100 Ω).

5.2 Welche Leistung kommt beim Empfänger bei verlustloser Leitung an?

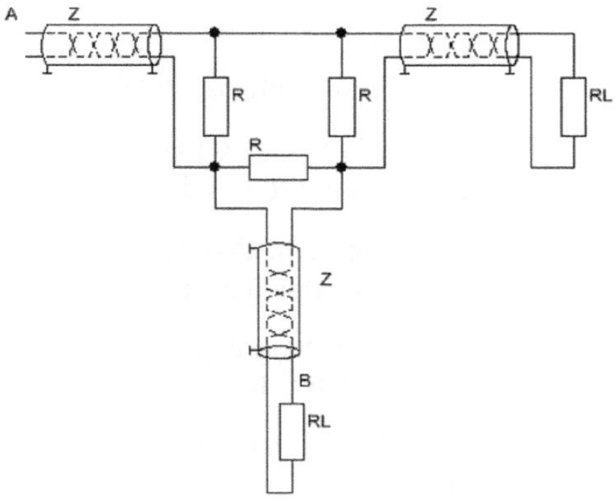

Bild 4

6. **Aufteilung in zwei Koax-Leitungen**, siehe **Bild 5**

Eine Stammleitung wird auf zwei gleichberechtigte Stellen aufgeteilt. Es herrscht allseitige Anpassung, d. h., jeder kann Quelle sein, die anderen sind dann Senken.

6.1 Berechnen Sie R (Z = 60 Ω).

6.2 Welche Leistung kommt beim Empfänger bei verlustloser Leitung an?

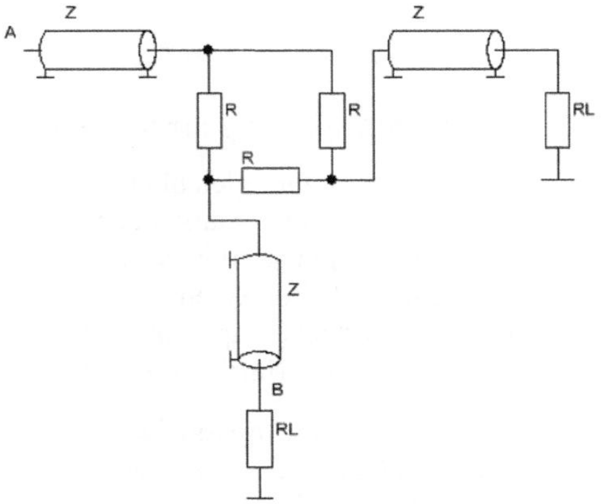

Bild 5

7. **Dämpfung/Anpassung für zwei Zweigleitungen**, siehe **Bild 6**

Daten:
$L_1 = 3$ km; $\alpha = 6$ dB/km; $Z_1 = 60\ \Omega$.

$Z_2 = 90\ \Omega$; $L_2 = 5$ km; $\alpha = 6$ dB/km;
$Z_3 = 60\ \Omega$; $L_3 = 7$ km; $\alpha = 6$ dB/km.

Der Übertrager sei verlustlos; R_{L1} und R_{L2} sind an die jeweiligen Z angepasst.

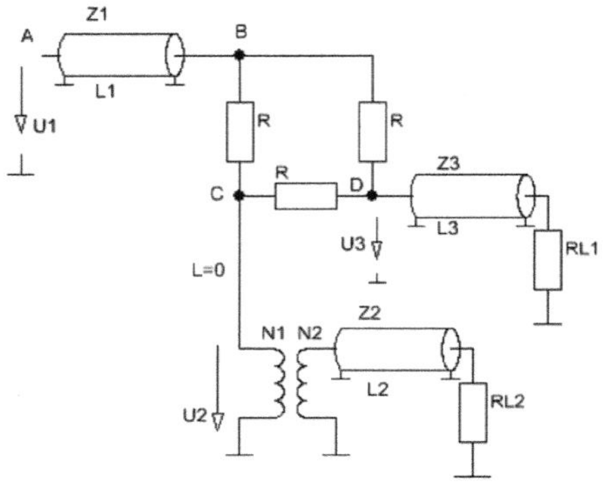

Bild 6

7.1 Berechnen Sie für Anpassung das Windungszahlen-Verhältnis ü.

7.2 Berechnen Sie die Widerstände R der Anpass-Schaltung.

7.3 Berechnen Sie die Übertragungsdämpfung der Anpassschaltung von B--> C, bzw. B --> D.

7.4 Berechnen Sie die Gesamt-Dämpfung von A bis R_{L1}.

7.5 Berechnen Sie die Gesamt-Dämpfung von A bis R_{L2}.

8. **Dämpfung/Anpassung für drei Zweigleitungen**, siehe **Bild 7**

Eine Anlage mit vier gleichberechtigten Stationen (jede Station kann senden und empfangen) ist vernetzt. Alle Stationen haben einen $r_i = (R_L) = 60\ \Omega$. Es herrscht Anpassung. Die Leitungen seien verlustlos ($\alpha = 0$).

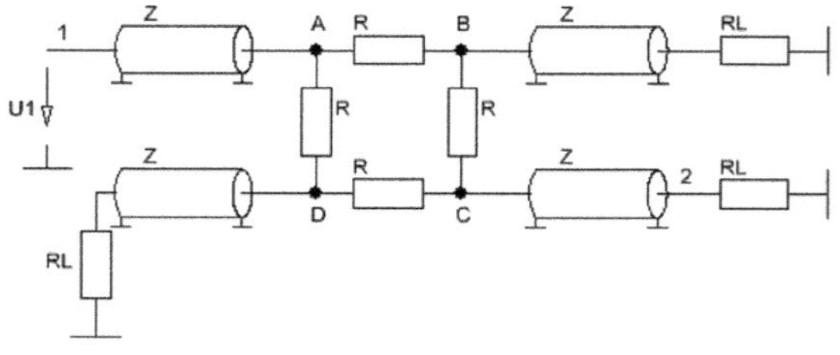

Bild 7

8.1 Berechnen Sie die Anpasswiderstände R. Lösungshinweis: Versuchen Sie die Schaltung mit Hilfe der Schaltungssymmetrie zu vereinfachen!

Lösungshinweis: Versuchen Sie die Schaltung mit Hilfe der Schaltungssymmetrie zu vereinfachen!

8.2 Berechnen Sie die Spannungsdämpfung von 1---> 2.

9. **Dämpfungsglied**, siehe **Bild 8**

9.1 Berechnen Sie die Werte von R_1 und R_2 dieser π-Dämpfungsglieder, wenn die Spannungsdämpfung bei reflexionsfreiem Abschluss $R_L = Z_1 = 600\ \Omega$, $a = a_1 = 15{,}5$ dB besitzen soll.

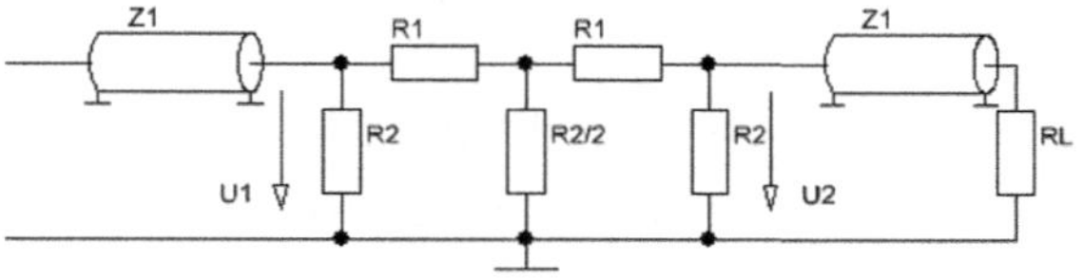

Bild 8

10. **T-Dämpfungsglied**

10.1 Der Empfangspegel eines Senders ist im Vergleich zu den anderen Kanälen zu hoch und muss mit einem Dämpfungsglied abgesenkt werden. Ermitteln Sie die Gleichungen zur Berechnung des T-Gliedes, und dimensionieren Sie damit R_1, R_2 wenn: $a = 12{,}04$ dB und $Z_1 = Z_2$ (z. B.: 75 Ω) gefordert sind.

11. **Pegelumrechnung**

Am Ausgang eines Koax-Datenkabels (90 Ω) wird ein Spannunspegel von 6 dB gemessen; der Pegelmesser misst im 1 mW/90 Ω-Bezugssystem.

11.1 Berechnen Sie den Leistungspegel im gleichen Bezugssystem!

11.2 Welcher Spannungspegel würde mit einem 1 mW/75 Ω-Pegelmesser gemessen werden?

11.3 Berechnen Sie den Leistungspegel bezogen auf 1 mW/75 Ω.

Lichtwellenleiter (LWL)

Aufgaben

1. LWL haben im Vergleich zu herkömmlichen Kabeln eine sehr hohe Bandbreite. Welches sind die Ursachen für die Bandbreitenbegrenzung beim LWL?

2. Ein LWL Kabel mit einer Faser B·L = 600 MHz·km sei 40 km lang, und am Eingang der Faser werde die Bitkombination: 1,0,1,0,1, ... gesendet. Wie würden die Impulse am Faserende ankommen- Skizze mit Erläuterung-, wenn die Pulsfrequenz 15 MHz betragen würde?

3 Ein LWL-Kabel hat die Bezeichnung: A-DSF(L) ...3 · 2 G 50/125 3.5 B 400 LG.

Bestimmen Sie daraus:

- die Faserart,
- die spezifische Dämpfung (α),
- das Bandbreiten-Längen-Produkt B · L,
- was gibt der Buchstabe B in der Kabelbezeichnung an?

4 Erläutern Sie den Begriff „Materialdispersion“ anhand von einem „roten“ Lichtimpuls am Fasereingang.

Fragen

- Wovon hängt die Dämpfung beim LWL (außer von der Länge) ab?
- Warum hat die Monomodfaser die höchste Bandbreite?
- Warum kann man eine Monomodfaser nur mit einem Laser als Sender betreiben?
- Was versteht man unter einem „optischen Fenster“?
- Hängt die Dämpfung des LWL von der Lichtwellenlänge oder von der Pulsfrequenz ab?

Lösungen

1. **Koaxialkabel mit Übertrager**

1.1 $ü = \sqrt{\frac{Z_1}{Z_2}} = \frac{1}{\sqrt{2}}$ (1)

1.2 a) $a_1 = 20 \lg \frac{U_1}{U_1 / 2} = 6 \text{ dB}$

b) $a_2 = \alpha \cdot L_1 = 7{,}2 \text{ dB};$

$a_{A,C} = a_1 + a_2 = 13{,}2 \text{ dB}$

c) $a_ü = 20 \lg \frac{1}{\sqrt{2}} = -3 \text{ dB}$

$\Rightarrow a_{A,D} = 13{,}2 \text{ dB} + (-3 \text{ dB}) = 10{,}2 \text{ dB}$

1.3 allgemein: $Lu_1 - Lu_2 = a - v_u(\text{dB})$ (2)

$L_{uA} = 20 \lg \frac{U_1}{0{,}775 \text{ V}} = 23{,}8 \text{ dB}$

$L_{uB} = L_{uA} - a_1 = 17{,}8 \text{ dB}$ (usw.)

$L_{uC} = 10{,}6 \text{ dB}$

$L_{uD} = 13{,}6 \text{ dB}$

1.4 $P_A = \frac{U_1^2}{Z_1} = 2{,}4 \text{ W} \Rightarrow L_{PA} = 10 \lg \frac{2{,}4 \text{ W}}{1 \text{ mW}} = 33{,}8 \text{ dB}$

$L_{PA} - L_{PD} = a_{AC}$ siehe (2)

$\Rightarrow L_{PD} = 20{,}6$ dB ($a_{Pü}$ des idealen Übertragers ist = 0, wegen: $P_1 = P_2$)

Oder: $U_D = 0{,}775\ \text{V} \cdot 10^{\frac{13{,}6}{20}} = 3{,}7\ \text{V} \Rightarrow P_D = \dfrac{U_D^{\ 2}}{R_2} = 114{,}7\ \text{mW}$

$L_{PD} = 10 \lg \dfrac{P_D}{1\ \text{mW}} = 20{,}6\ \text{dB}$

2. **Dämpfung/Verstärkung**

$a_1 = 20 \lg 80 = 38\ \text{dB}$

siehe (2): $L_{u1} = a_1 + L_{u2}$

$= 38\ \text{dB} + (-32\text{dB}) = 6\ \text{dB}$

$U_1 = 0{,}775\ \text{V} \cdot 10^{\frac{6}{20}} = 1{,}54\ \text{V}$

2.2 siehe (2): $L_{u1} - L_{u3} = a_1 - v_u(\text{dB})$ mit $L_{U3} = L_{u1} + 12$ dB $\Rightarrow$ $v_u = 50$ dB

$R_2 = 316$ kΩ (theoretisch; dadurch würde die Bandbreite zu klein: $B \sim \dfrac{1}{Vu}$)

2.3 $U_3 = 6{,}15$ V

3. **Koax-Twistedpair-Übertrager**

3.1 $ü_1 = \sqrt{\dfrac{Z_2}{Z_1}} = 0{,}8 \quad ü_2 = \sqrt{\dfrac{Z_3}{R_L}} = \sqrt{2}$

3.2 $a_{ges} = \alpha_1 \cdot L_1 + \alpha_2 \cdot L_2 + a_{ü1} + a_{ü2} + \alpha_3 \cdot L_3 = 9{,}17\ \text{dB}$

mit (2): $a_{B,C} = 4{,}83$ dB

3.3 $D = \dfrac{U_2}{U_3} = 10^{\frac{4{,}83}{20}} = 1{,}74$ Formeln für R_1, R_2, siehe Tabellenbuch (*):

$R_1 = Z \dfrac{D^2 - 1}{2 \cdot D} = 43{,}1\,\Omega$ ($Z = Z_1 = Z_2$) (3)

$R_2 = Z \dfrac{D + 1}{D - 1} = 277\,\Omega$ (4) (machen Sie die Probe!)

(*) Herleitung dieser Formeln geht relativ einfach z. B. über Knotenpunktpotentiale!

Beachten Sie: Diese Formeln sind **nur für symmetrische Vierpole ($Z_1 = Z_2$) mit π-Form anzuwenden**!! (Ähnliche Formeln gibt es für T-Glieder.)

4. Leitung mit Verstärker

4.1 (2): $L_{uA} - L_{umin} = a \Rightarrow a = 48$ dB

$\Rightarrow v_u(\text{dB}) = -48$ dB

$$L_1 = \frac{a}{\alpha} = 16 \text{ km}$$

$L_{ges} = x \cdot L_1 = 54$ km $\Rightarrow$ 3 Verstärker, siehe **Bild 9**

4.2 siehe **Bild 9**

4.3 $L_{rest} = 6$ km $\Rightarrow a_{rest} = 18$ dB
(2): $L_{uE} = -2$ dB

4.4 $U_E = 0{,}775 \text{ V} \cdot 10^{\frac{-2}{20}} = 615 \text{ mV}$

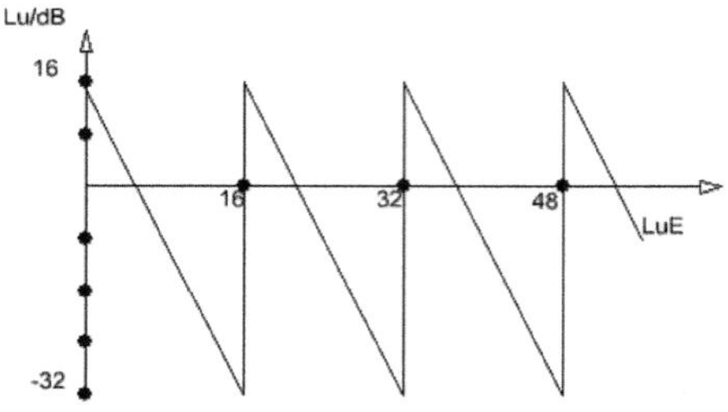

Bild 9

5. Aufteilung auf zwei Twisted-Pair-Leitungen

5.1 siehe **Bild 10**: $Z' = R//Z$

$\Rightarrow Z = R//2 \cdot Z'$ nach Umformung wird:

$R = 3Z$

5.2 Über R fließt der Strom I und über Z′somit 2 · I. An Z (rechts) liegt $U_1/2$ und darüber fließt der Strom 1,5 · I usw.

$$P_2 = \frac{1}{4} P_1$$

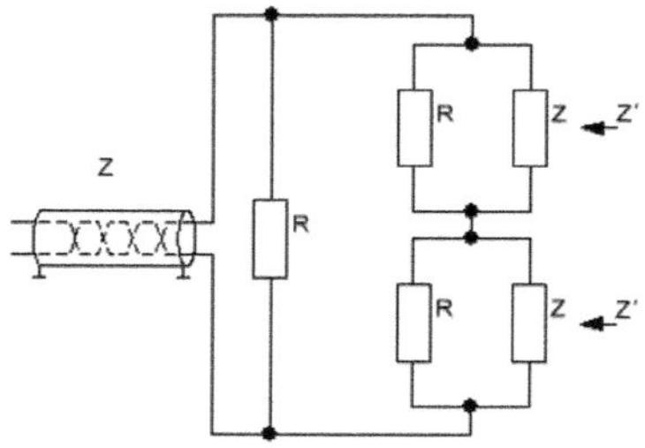

Bild 10

6. Aufteilung auf zwei Koax-Leitungen

6.1 **Bild 11**: Zur Berechnung fällt der mittlere Zweig weg (abgeglichene Brücke):

$$Z = \frac{R+Z}{2} \Rightarrow R = Z$$

6.2 An Z: I/2 und $U_1/2 \Rightarrow P_2 = \frac{1}{4} P_1$

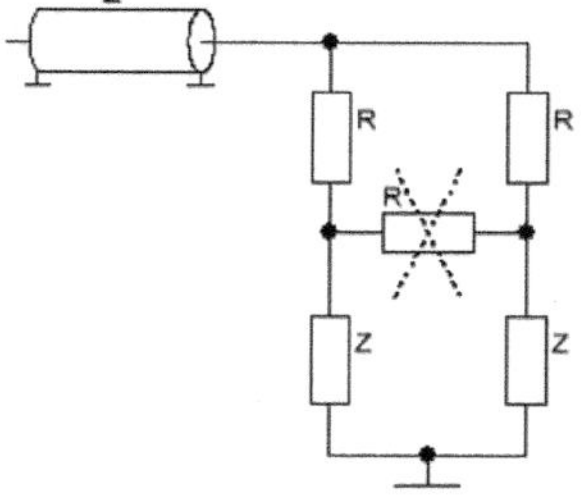

Bild 11

7. Dämpfung/Anpassung für zwei Zweigleitungen

7.1 $R_{L1} = Z_3$ (angepasst), deshalb muss an C ebenfalls ein Wert von Z_3 liegen.

$$\Rightarrow \quad ü = \sqrt{\frac{Z_1}{Z_2}} = 0{,}816$$

7.2 siehe 6.1: $R = Z_1 = 60\ \Omega$

7.3 $a_{BC} = 20 \lg \frac{U_1}{U_1/2} = 6\ \text{dB}$ ($a_{BD} = a_{BC}$)

7.4 $a_1 = \alpha_1 L_1 + a_{BC} + \alpha_2 L_3 = 66\ \text{dB}$

7.5 $a_2 = \alpha_1 L_1 + a_{BC} + a_{ü} + \alpha_2 L_2 = 52{,}2\ \text{dB}$

8. Dämpfung/Anpassung für drei Zweigleitungen

8.1 **Bild 12**: Lösung entweder nach I oder nach II. In Bild II sieht man wieder die abgegliche-ne Brücke; somit liegen B-D auf gleichem Potential.

Lösung nach I:
Der obere Teil der Symmetrie-linie liegt parallel zum unteren Teil:

$$Z = \frac{1}{2}\left[(2Z + R) // Z + R\right]$$

$$\Rightarrow R^2 + 2RZ - 4Z^2 = 0$$

$$\Rightarrow R = 74{,}1\ \Omega$$

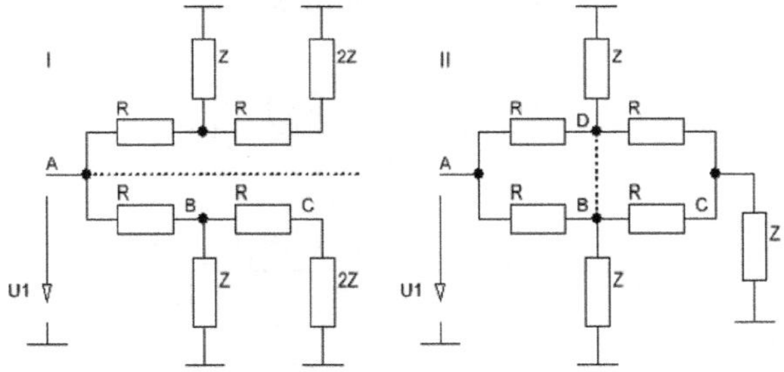

Bild 12

8.2 **Bild 12:**

$$\frac{U_1}{U_2} = 4{,}21 \Rightarrow 20 \lg 4{,}21 = 12{,}5\ \text{dB}$$

9. Dämpfungsglied

9.1 Schaltung **Bild 8** besteht aus 2 kaskadierten π-Gliedern. „Auseinandergezogen" verursacht jedes die Dämpfung von:

$$a_1 = \frac{15}{2}\ \text{dB} \quad (a_{ges} = a_1 + a_1)$$

(Siehe Aufgabe 3): D = 2,4; (3): $R_1 = 595\ \Omega$; (4): $R_2 = 1457\ \Omega$.

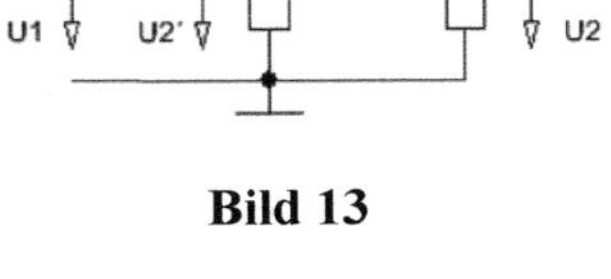

Bild 13

10. **T-Dämpfungsglied**

Da $\underline{Z_1} = \underline{Z_2}$ ist (siehe **Bild 14**), muss $R_3 = R_1$ sein. Somit könnte man R_1 und R_2 mit folgenden Formeln berechnen:

$$R_1 = Z\frac{D-1}{D+1} \quad (5)$$

$$R_2 = Z\frac{2D}{D^2-1} \quad (6)$$

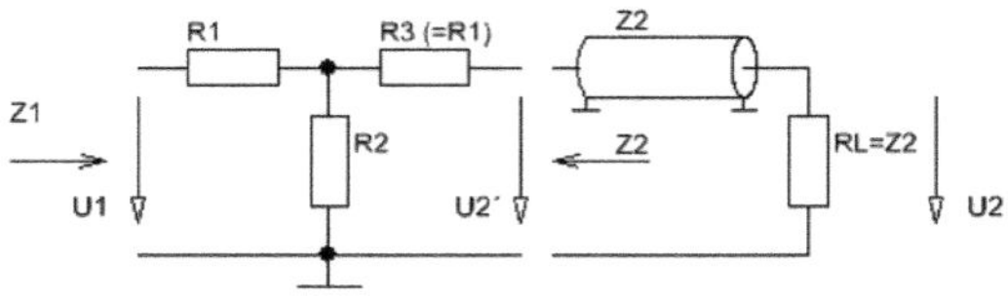

Bild 14

Es sind jedoch die Herleitungen der Gleichungen usw. verlangt! Aus:

$a = 12{,}04$ dB $\Rightarrow$ $D = 4$.

Es gibt 2 Unbekannte (R_1, R_2) $\Rightarrow$ es sind 2 Beziehungen nötig:

1. $Z_1 = \sqrt{Z_{10} \cdot Z_{1k}} = \sqrt{(R_1 + R_2)(R_1 + R_1 // R_2)}$

$$\Rightarrow Z_1 = \sqrt{R_1^2 + 2R_1R_2} \quad (7)$$

2. Dämpfungsfaktor D mit ESQ: $R_i = R_1 + R_1 // R_2$ (8); $U_2' = U_1 \dfrac{R_2}{R_1 + R_2}$ (9);

$$D = \frac{U_1}{U_2} = \frac{(R_i + Z)(R_1 + R_2)}{Z \cdot R_2} \quad (10)$$

(8), (9) --> (10): $D = \dfrac{R_1^2 + 2R_1R_2 + Z(R_1 + R_2)}{Z \cdot R_2}$ (11)

(7) quadriert --> (11): $D = \dfrac{Z + (R_1 + R_2)}{R_2}$ ---> nach R_2 aufgelöst und in (7) quadriert eingesetzt: $5R_1^2 + 2R_1Z - 3Z_1^2 = 0$ $(D - 1 = 3)$

$\Rightarrow R_1 = 45\ \Omega$; $R_2 = 40\ \Omega$

11. **Pegelumrechnung**

1 mW/90 Ω	1 mW/75 Ω
$U_0 = \sqrt{1\,mW \cdot 90\,\Omega} = 0{,}3\ V$	$U_0 = \sqrt{1\,mW \cdot 75\,\Omega} = 0{,}274\ V$
$6\ dB = 20\lg\frac{U_x}{0{,}3\ V} \Rightarrow U_x = 0{,}598\ V$	11.2 $L_u = 20\lg\frac{0{,}598\ V}{0{,}273\ V} = 6{,}78\ dB$
11.1 $P_1 = \frac{{U_x}^2}{R_1} = 3{,}97\ mW$	11.3 $P_2 = \frac{{U_x}^2}{R_2} = 4{,}76\ mW$
$L_P = 10\lg\frac{3{,}97\ mW}{1\ mW} = 6\ dB$	$L_P = 10\lg\frac{4{,}76\ mW}{1\ mW} = 6{,}77\ dB$
$\Rightarrow L_P = L_u$ (wenn im gleichen System gemessen wird!)	$\Rightarrow L_P = L_u$

Lösungen zum LWL

1. Faktoren sind: Dämpfung pro km (α), Moden-, Materialdispersion (und andere Dispersionen)

2. B = 15 MHz; $\Rightarrow$ f_p = fg = 15 MHz;
   Infolge der Modendispersion (unterschiedliche Moden-Laufzeiteiten im LWL) verbreitern sich die Bits. Statt 1, 0, 1... kommt beim Empfänger z. B.: 1, 1, 1... an.

   Infolge der Materialdispersion (unterschiedliche Ausbreitungsgeschwindigkeiten der Moden: $v \sim \lambda$) verbreitern sich ebenfalls die Bits.

3. Gradientenfaser (G);

   $\alpha = \frac{3{,}5\ dB}{km}$, gemessen bei $\lambda = 850$ nm (= B);

   B · L = 400 MHz.

4. Auch ein „roter" Puls besteht aus unendlich vielen verschiedenen Wellenlängen innerhalb des Rotbereiches, und somit gilt wieder: $v \sim \lambda$ (siehe 2.)

Antworten

- $\alpha \sim \frac{1}{\lambda}$; also von λ (nicht von der Pulsfrequenz!)
- Theoretisch lässt die Monomodfaser nur ein Lichtmod durch und somit ergäbe sich keine Modendispersion, d. h.: die Modendispersion ist geringer und somit B größer.
- Angenommen eine LED mit 20 mW besäsße 20 000 Lichtmoden und nur ein Lichtmod würde übertragen, so wäre dessen Leistung 1 µW! Bei der LD verteilt sich die erheblich größere Leistung auf eine geringe Anzahl von Lichtmoden und somit ist die Materialdispersion mit der LD wesentlich geringer als mit der LED.
- Wellenlängenbereiche mit geringer Dämpfung, z. B.: links und rechts der Absorptionsmaxima.
- Beim 2. optischen Fenster (1300 nm) gibt es ein Minimum der Dispersionen und bei 1550 nm (3. optisches Fenster) hat die Dämpfung ein Minimum.
- Siehe 1. Antwort.

4 RC-Filter

Doppelt-logarithmische Darstellung

Aufgaben

1. **Frequenzgang**

1.1 Siehe **Bild 1**: Ermitteln Sie die Frequenzwerte f_1, f_2, f_3, f_4 und die dazugehörigen Werte der Übertragungsfunktion U_2/U_1.

1.2 Tragen Sie fogende Frequenzwerte ein:

a) 1,58 kHz

b) 39,8 Hz

c) 250 Hz

d) 15,8 kHz

e) 6,3 kHz

(Aus grafischen Gründen fehlen bei f = fg fehlen die –3dB.)

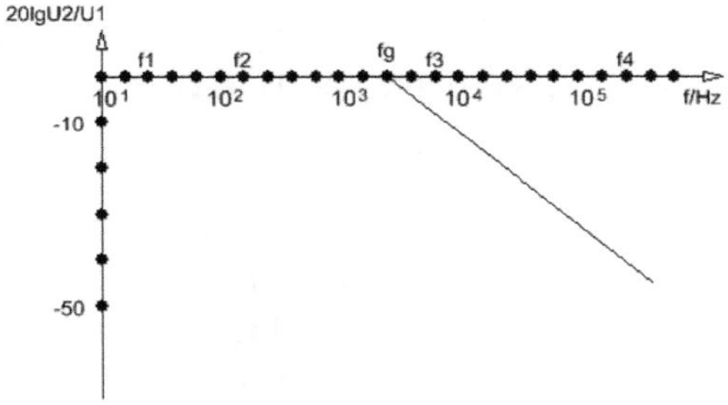

Bild 1

2. **Filterkurve**

Ein RC-Tiefpass (TP) besitzt folgende Übertragungsfunktion:

$$\frac{U_2}{U_1} = \frac{1}{\sqrt{1+(2\pi RC)^2}} \quad (1) \text{ mit } f_g = \frac{1}{2\pi RC} \quad (2) \Rightarrow RC = \frac{1}{2\pi f_g} \quad (3)$$

(3) --> (1) ergibt: $\frac{U_2}{U_1} = \frac{1}{\sqrt{1+\frac{f^2}{f_g{}^2}}}$ (4) Normierte Darstellung; einfacher als (1)

2.1 Ein unbelasteter RC-TP besitzt folgende Werte: R = 4,7 kΩ; C = 10 nF. Ermitteln Sie nach (4) die Werte (siehe Tabelle), und skizzieren Sie den Frequenzgang: $20\lg(U_2/U_1) = f(f)$.

f	$0{,}1 \cdot f_g$	f_g	$10 \cdot f_g$	$100 \cdot f_g$
U_2/U_1				
$20\lg(U_2/U_1)$				

Gekoppeltes RC-Filter

Laboraufgabe

1. **RC-Filter unbelastet/belastet**

1.1 Berechnen Sie die Grenzfrequenzen f_{g1} und f_{g2}, wenn beide TPs entkoppelt sind, und skizzieren Sie den Gesamtfrequenzgang $20\lg U_3/U_1 = f(f)$ bei Kopplung beider (siehe **Bild 2**), so wie er Ihrer Meinung nach verlaufen könnte.

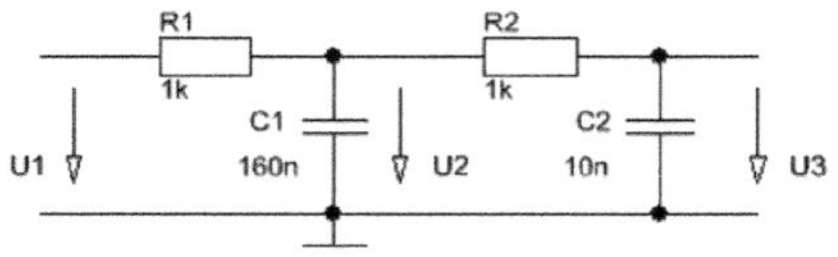

Bild 2

1.2 Ermitteln Sie mit der PSPICE-Simulation die Frequenzgänge: VdB(u_2) und VdB(u_3)
Hinweis: Setzen Sie $\hat{u}_1 = 1$ V, denn VdB(u_2) bedeutet ---> $20\lg U_2/\underline{1V}$ (vorher Leitung anklicken und die Label setzen: U_1 bzw. U_2).

a) Mit wie viel dB/Dekade sinkt $20\lg U_2/U_1$ bei $f > f_{g1}$?

b) Mit wie viel dB/Dekade sinkt $20\lg U_3/U_1$ bei $f > f_{g1}$?

c) Warum sinkt ab f_{g2} die Amplitude mit 40 dB/Dekade?

Im folgenden Teil soll der Gesamtfrequenzgang $20\lg U_3/U_1 = f(f)$ nur <u>eine</u> Grenzfrequenz erhalten, und zwar $f_g = 1$ kHz und die Flankensteilheit soll 40 dB/Dekade betragen. $R_1 = R_2 = 1\ \text{k}\Omega$ und $C_1 = C_2$.

1.3 Berechnen Sie C_1, und skizzieren Sie den Gesamtfrequenzgang $20\lg U_3/U_1 = f(f)$, so wie er Ihrer Meinung nach verlaufen könnte.

1.4 Simulation wie in 1.2, und überprüfen Sie dabei f_g.

a) Um wie viel dB sinkt $20\lg U_3/U_1$ bei $f_g = 1$ kHz?

b) Um wie viel dB dürfte $20\lg U_3/U_1$ bei $f_g = 1$ kHz nur sinken?

c) Wo liegt der Grund für die zu starke Absenkung?

1.5 Ändern Sie die Dimensionierung, so dass die Grenzfrequenz f_g von 1 kHz erreicht wird, und erklären Sie Ihre Entscheidung.

1.6 Belasten Sie das Filter von 1.2 mit $R_L = 10\ \text{k}\Omega$, und ermitteln Sie durch Messung den Gesamtfrequenzgang; überprüfen Sie f_g!

1.7 Berechnen Sie die Amplitudenabsenkung und skizzieren Sie den neuen Frequenzgang.

Entkoppeltes RC-Filter

Laboraufgabe

2. **Zwei Tiefpassfilter**, siehe **Bild 3**
Alle Tiefpässe sollen dieselbe Grenzfrequenz von 723 Hz besitzen!

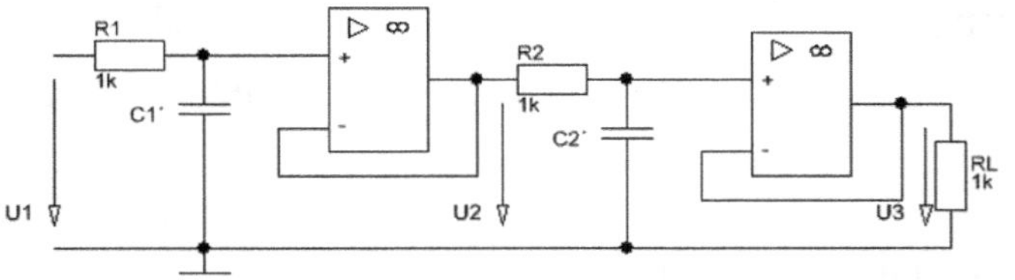

Bild 3

2.1 Berechnen Sie C_1 und C_2, und simulieren Sie die Schaltung.

2.2 Ermitteln Sie den Frequenzgang: $20\lg U_3/U_1= f(f)$.

2.3 Ermitteln Sie mit Hilfe der Cursoren die Flankensteilheit (dB/Dek) für $f >> f_g$.

2.4 Ermitteln Sie aus dem Frequenzgang die Grenzfrequenz f_g.

2.5 Warum liegt die gemessene Grenzfrequenz, trotz Entkopplung, nicht bei der errechneten?

2.6 Kontrollieren Sie die Grenzfrequenz und die Flankensteilheit.

Aktive Filter 1. Ordnung

Laboraufgaben

3. **Invertierende OP-Schaltung**, siehe **Bild 4**

3.1 Wie groß ist der differentielle Eingangswiderstand r_1?

3.2 Berechnen Sie die Grenzfrequenz f_g, und bestätigen Sie durch Messung oder Simulation.

3.3 Skizzieren Sie die Filterkurve: $20\lg U_2/U_1= f(f)$.

3.4 Welche Eigenschaften ändern sich, wenn R_1 auf 1 kΩ geändert wird?
Skizzieren Sie diese Änderung in das Bild von 3.3.

3.5 Welche Eigenschaften ändern sich, wenn R_2 auf 2,2 kΩ geändert wird?
Skizzieren Sie diese Änderung in das Bild von 3.3.

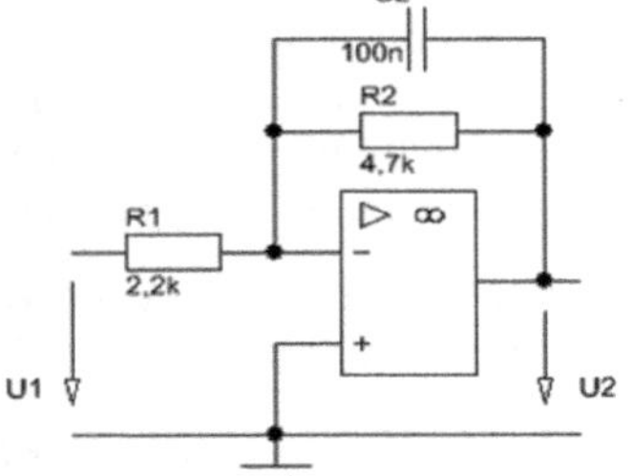

Bild 4

4. **Nichtinvertierende OP-Schaltung**, siehe **Bild 5**

4.1 Untersuchen Sie die Eigenschaften dieser Schaltung. Warum ist diese Schaltung als aktives Filter nicht geeignet?

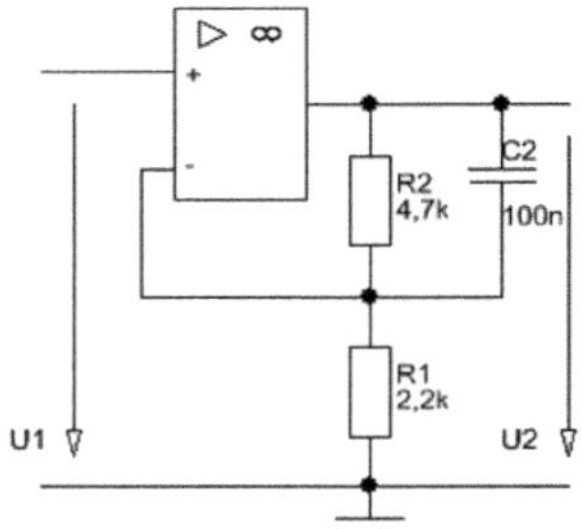

Bild 5

Aktive Filter 2. Ordnung

Laboraufgaben

5. **Dimensionierung eines RC-Filters 2. Ordnung**

(ohne Bild) :
Forderungen an das Filter:

- RC-TP-Filter, das vom Ausgang entkoppelt ist.
- Für f << fg soll v_u = 6 dB besitzen.
- fg soll bei 1,6 kHz liegen.
- Flankensteilheit: 40 dB/Dek (f >> f_g).

5.1 Entwerfen Sie die Schaltung.

5.2 Dimensionieren Sie Ihre Schaltung, und überprüfen Sie durch Messungen oder Simulationen die geforderten Eigenschaften.

6. **Zweifach rückgekoppeltes aktives Filter 2. Ordnung**, siehe **Bild 6**

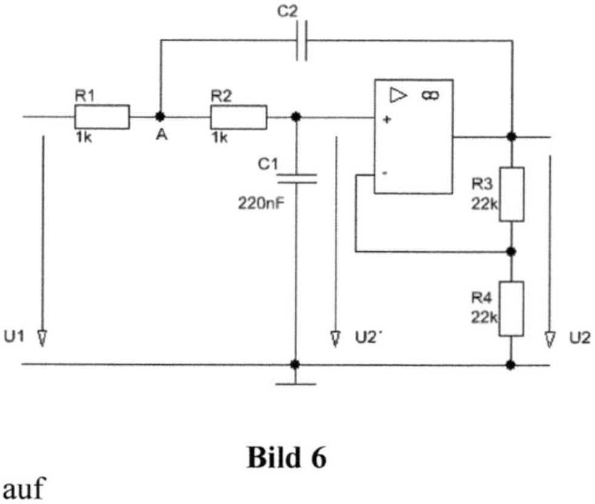

Bild 6

6.1 Bestimmen Sie für C_2 --> 0 (X_c --> ∞) und v_u = 1 (R_4 --> ∞) die Grenzfrequenz f_g und das Passverhalten (HP, BP, TP, ...).

6.2 Berechnen Sie die Ausgangsspannung $\hat{u}_2$ ($\hat{u}_1$ = 1 V) bei f = 100 Hz

für die Bedingungen unter 6.1.

6.3 Wie wirkt sich das Dazuschalten von C_2 auf $\hat{u}_2'$ aus (kleiner / größer / nicht)?

6.4 Bei welchem C_2 ergibt sich der optimale Verlauf des Frequenzganges $20\lg U_2/U_1$= f(f)? Simulieren Sie dazu das Verhalten der Schaltung mit PSPICE unter zur Hilfenahme der parametrischen Analyse.

6.5 Untersuchen Sie mit PSPICE den Verlauf $20\lg U_2/U_1 = f(f)$ und der Bandbreite des Filters in Abhängigkeit der Verstärung. $R_3 = 10\ k\Omega ... 25 k\Omega$; $R_4 = 22\ k\Omega$ für den Sonderfall: $C_1 = C_2$ (15 nF) und $R_1 = R_2$ (1kΩ).

Lösungen zur doppelt-logarithmischen Darstellung

1. **Frequenzgang**

1.1 $f_1 = 10^{1,4}$ Hz ; $f_2 = 10^{2,2}$ Hz ; $f_3 = 10^{3,8}$ Hz usw.

1.2 a) $\lg 1{,}58 \cdot 10^3 = 3{,}2$ --> 3. Dekade, 1. Punkt;

b) 1,6 --> 1. Dek., 3. Punkt;

c) 2,4 --> 2. Dek, 2. Punkt usw. (Punktedifferenz $\triangleq$ 0,2)

2. **Filterkurve**

2.1

f	$0{,}1 \cdot f_g$	f_g	$10 \cdot f_g$	$100 \cdot f_g$
U_2/U_1	1	0,707	0,1	0,01
$20\lg(U_2/U_1)$	0 dB	–3 dB	–20 dB	–40 dB

Lösungen der Laboraufgaben

1. **RC-Filter unbelastet/belastet**

1.2 c) Die um 20 dB/Dek abgesenkte Amplitude des 1. TP wird vom 2. TP ab f_{g2} nochmals um 20dB/Dek abgesenkt.

1.4 b) Der Gesamtfrequenzgang dürfte nur um 3 dB sinken.

c) Jeder der beiden TPs senkt die Amplitude bei f_g um 3 dB ab, also insgesamt um 6 dB (*) ab, d. h., fg verschiebt sich! Außerdem belasten sich die beiden TPs gegenseitig!

1.5 Um die gegenseitige Belastung zu minimieren, kann z. B.: $R_2 \geq 10 \cdot R_1$ gewählt werden, dann muss $C_2 \leq 0{,}1 \cdot C_1$ verringert werden. Das Problem (*) ist dabei nicht vollständig behoben. Damit jeder TP bei fg die Amplitude nur um 1,5 dB absenkt, müssen entweder die Widerstände oder die Grenzfrequenzen oder die Kapazitäten umgerechnet werden; hier werden die Kapazitäten umgerechnet:

Bei Tiefpässen gilt: $C = C'\sqrt{10^{0,1 \cdot m} - 1}$ (5)

C´ ist der zuerst errechnete Wert, C der danach umgerechnete

Bei 2 Tiefpässen ist m = 1,5 dB; bei 3 Tiefpässen ist m = 1 dB.
Für die Aufgabe 1 mit 2 Tiefpässen ist: m = 1,5 dB.

$$C_2' = \frac{1}{2\pi f_g R_2} = 15{,}9\ \text{nF}\ (R_2 = 10\ \text{k}\Omega)$$

$$\Rightarrow C_2 = 0{,}64 \cdot C_2' \Rightarrow C_2 = 10{,}2\ \text{nF}$$

$$C_1 = 0{,}64 \cdot 159\ \text{nF} = 102\ \text{nF}\ (R_1 = 1\ \text{k}\Omega)$$

Bemerkung: Bei Hochpässen (HP) gilt:

$$C = \frac{C'}{\sqrt{10^{0,1\cdot m} - 1}} \quad (6)$$

1.7 Für f --> 0 ergibt folgendes Ersatzschaltbild, siehe **Bild 7**

$$v_u(\text{dB}) = 20\lg\frac{U_2'}{U_1} = -6{,}4\text{dB}$$

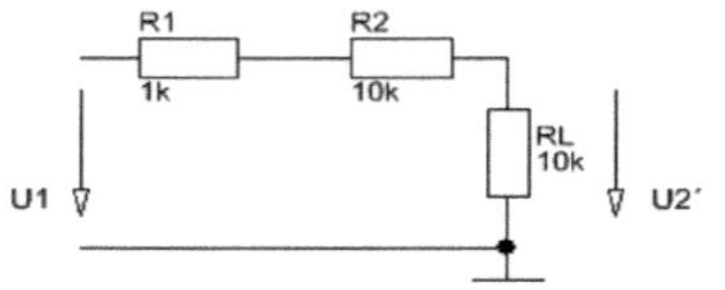

Bild 7

3. **Invertierende OP-Schaltung**

3.1 $r_1 = R_1$

3.2 $$f_g = \frac{1}{2\pi R_2 C_2} = 338{,}6\ \text{Hz}$$

3.4 v_u und r_1

3.5 v_u und fg

4. **Nichtinvertierende OP-Schaltung**

4.1 Der Frequenzgang ändert sich nur zwischen $20\lg v_u$ und 0 dB; v_u wird nicht < 1.

5. **Dimensionierung eines RC-Filters 2. Ordnung**

5.1 Eine der möglichen Schaltungen, siehe **Bild 8**.

5.2 C_1 kann nicht an A angeschlossen werden, da wegen U_D --> 0 der C_1 unwirksam würde. Deshalb wird R_1 aufgeteilt in R_1' und R_1''.

$(R_1' = R_2'' = R_1/2)$

$$C_2' = \frac{1}{2\pi f_g R_2}; \ C_2 = 0{,}64 \cdot C_2';$$

gewählt: $R_1 = 1\ \text{k}\Omega \Rightarrow R_2 = 2{,}2\ \text{k}\Omega$

$\Rightarrow C_2 = 29\ \text{nF}.$

Wegen U_D --> 0 liegt: $R_1'//R_1''$

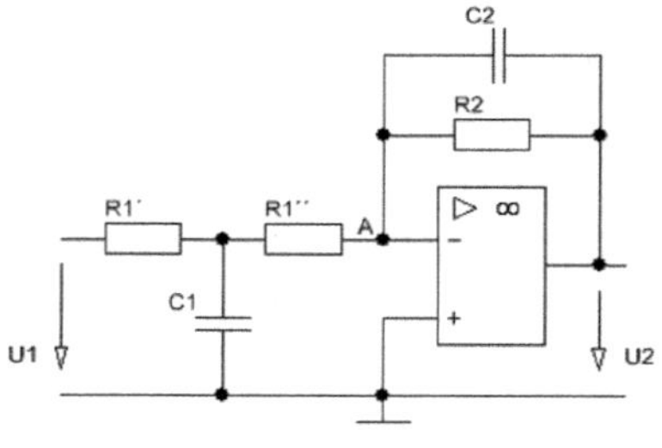

Bild 8

$$\Rightarrow C_1' = \frac{1}{2\pi R_1' // R_1'' f_g}$$ siehe Ersatzspannungsquelle (ESQ)!

$C_1 = 0{,}64 C_1' = 254$ nF

6. **Zweifach rückgekoppeltes aktives Filter 2. Ordnung**

6.1 fg = 361 Hz

6.2 siehe (4): $\hat{u}_2 = 2{,}9$ V

6.3 $\hat{u}_2' = \hat{u}_2$; das Potential an A ist höher als an $C_1 \Rightarrow$ Ausgangspotential $\downarrow \Rightarrow$ über C_2 fließt ein Strom ab an Ausgang, d. h., das Potential A wird kleiner usw. (unterstützender Vorgang = Mitkopplung!).

6.4 Um den Wert von $C_2 = 550$ nF ergibt sich kein Höcker und ein steiler Verlauf bei f = fg.

Aufgaben

1. **Oberwellenfilter**, siehe **Bild 9**

Das Filter soll im unbelasteten Fall die 2. (vorhandene) Oberwelle des Eingangssignales mit −40 dB übertragen (bzw. um 40 dB dämpfen).

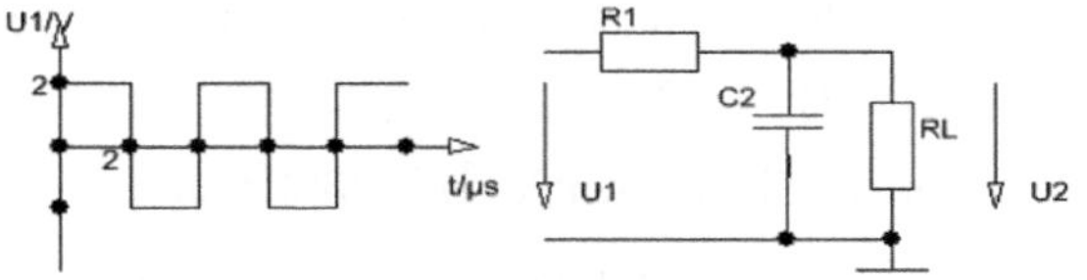

Bild 9

1.1 Welche Grenzfrequenz muss dieses Filter besitzen? ($R_L = \infty$)

1.2 Mit wie viel dB wird dann die Grundwelle durch das Filters gedämpft?

1.3 Dimensionieren Sie C_2, wobei $R_1 = 2{,}2$ kΩ sein soll. ($R_L = \infty$)

1.4 Berechnen Sie die neue Grenzfrequenz, die sich bei Belastung mit $R_L = 600\ \Omega$ des Filters aus 1.3 ergibt.

1.5 Skizzieren Sie für 1.4 den Frequenzgang: $20\lg U_2/U_1 = f(f)$ mit genauen Werten.

2. **Entkoppeltes RC-Filter**, siehe **Bild 10**

$C_1 = C_2 = 10$ nF;
$R_1 = R_2 = 4{,}7$ kΩ

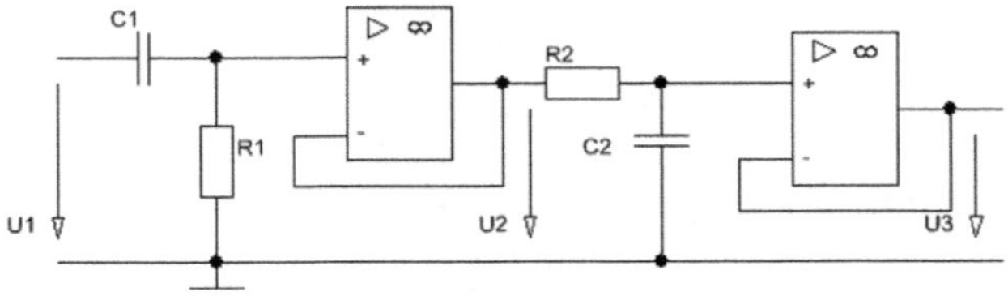

Bild 10

2.1 Skizzieren Sie den Frequenzgang $20\lg U_3/U_1 = f(f)$.

2.2 Wie groß ist der dB-Wert im Maximum?

3. **Aktiver Bandpass (BP)**

Die Filtereigenschaften des Filters in Aufgabe 2 (**Bild 10**) werden jetzt mit einem aktiven Filter realisiert und verbessert; das Maximum soll auf den Wert 0 dB steigen. Dazu ist eine Verstärkung nötig. Die Schaltung besteht aus einem aktiven TP, dem ein RC-HP davorgeschaltet wird, siehe **Bild 11** (oder Kaskadierung von aktivem HP und TP).

3.1 Dimensionieren Sie die Schaltung. $R_1 = R_3$

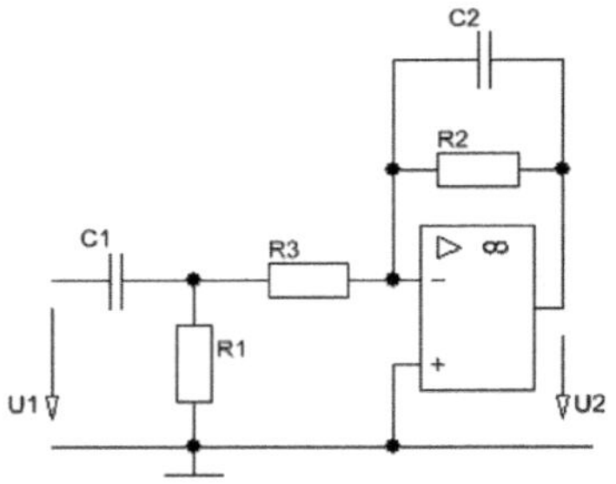

Bild 11

4. **Aktives Filter**

Für eine aktive 3-Wege-Lautsprecherweiche soll der TP-Teil der Weiche mit einem aktivem RC-Filter realisiert werden. Die Forderungen sind:

- 40 dB/Dek Filtersteilheit bei f > fg,
- die Grenzfrequenz soll bei fg = 600 Hz liegen,
- v_u(dB) = 3,52 dB.

4.1 Ergänzen Sie die Schaltung in **Bild 4**, und dimensionieren Sie die Bauteile.

4.2 Skizzieren Sie den Frequenzgang des Filters: $20\lg U_2/U_1 = f(f)$.

Lösungen

1. **Oberwellenfilter**

1.1 Grundwelle $f_0 = 250$ kHz $\Rightarrow$ 1. OW.: $3 \cdot f_0 = 750$ kHz; 2. OW. :$5 \cdot f_0 = \cdot$ 1,25 MHZ $\Rightarrow$ −40 dB.
Eine Dekade tiefer (125 kHz) --> −20 dB
Zwei Dekaden tiefer **12,5 kHz** --> −3 dB, dort liegt **fg**!

Oder Ansatz: $-40\text{ dB} \mathrel{\hat{=}} 10^{-2}$

$$10^{-2} = \frac{U_2}{U_1} = \frac{1}{\sqrt{1 + \frac{(1{,}25\text{ MHz})^2}{f_g^{\,2}}}}$$ und nach f_g auflösen.

1.2 (4): $$\frac{U_2}{U_1} = \frac{1}{\sqrt{1 + \left(\frac{250\text{kHz}}{12{,}5\text{kHz}}\right)^2}} = 0{,}05$$

$$\Rightarrow 20\lg 0{,}05 = -26\text{ dB}$$

1.3 (2): $C_2 = 5{,}78$ nF --> E12:5,6 nF

1.4 Statt Maschenströme anzusetzen etc., ist es einfacher, die ESQ anzuwenden durch Tausch von R_L und C_2 siehe **Bild 12**: (ESQ: R_i mit C_2 in Reihe).

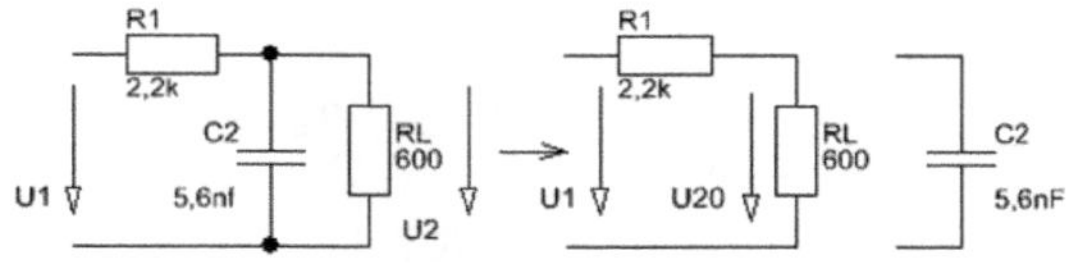

Bild 12

$R_i = R_1 // R_L = 470\ \Omega$

$$\Rightarrow f_g = \frac{1}{2\pi R_i C_2} = 59\ \text{kHz}$$

$$\text{f --> 0: } \frac{U_2}{U_1} \rightarrow \frac{R_L}{R_1 + R_L} = 0{,}21$$

$$\Rightarrow 20\lg 0{,}21 = -13{,}3\text{dB}$$

1.5 Siehe **Bild 13**. (Aus grafischen Gründen liegt bei f = fg die Kurve bei –13,3 dB statt bei –16,3 dB.)

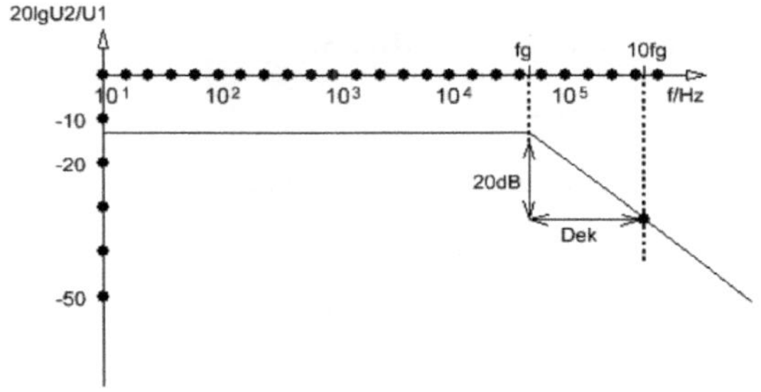

Bild 13

2. **Entkoppeltes RC-Filter**:

2.1 $f_g = 3{,}4$ kHz, siehe **Bild 14**

2.2 TP: –3 dB; HP: –3 dB ergeben –6 dB im Maximum.

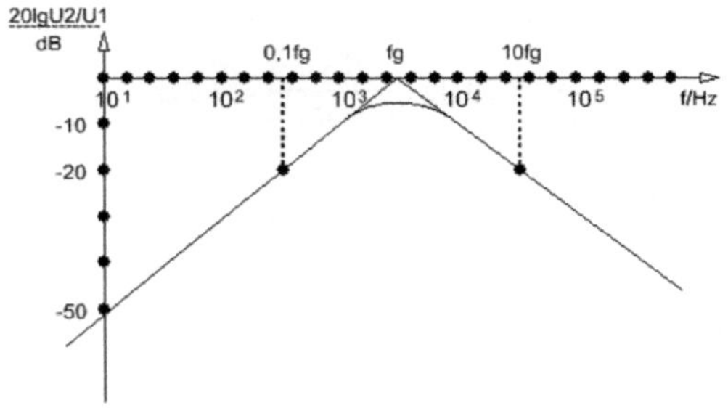

Bild 14

3. **Aktiver Bandpass (BP)**:

Berechnung von v_u.

Maximum: $-6\ \text{dB} \mathrel{\hat{=}} (U_2/U_1) = 0{,}5$

$\Rightarrow\ v_u = 2\ ;\ v_u = R_2/R_3$

gewählt: $R_3 = 1\ \text{k}\Omega$

$\Rightarrow\ R_2 = 2{,}2\ \text{k}\Omega$ (nach E12)

fg = 3,4 kHz:

$$C_2 = \frac{1}{2\pi f_g R_2} = 21\,\text{nF} \quad (\text{-->}\ 22\,\text{nF})$$

wegen U_D--> 0 liegen: $R_1//R_3$

$$C_1 = \frac{1}{2\pi f_g R_1 // R_3} = 93\,\text{nF} \quad (\text{-->}100\,\text{nF})$$

Bemerkung: Der R_1 ist überflüssig. Ohne R_1 müsste ein $C_1 = 46$ nF eingesetzt werden.

4. **Aktives Filter**

4.1 Schaltung, siehe **Bild 8**.

3,52 dB $\hat{=}$ $v_u = 1{,}5$;

gewählt: $R_1' = R_1'' = 470\ \Omega$;

$\Rightarrow R_2 = 1{,}5\ \text{k}\Omega$;

$$C_2' = \frac{1}{2\pi f_g R_2} = 176\,\text{nF};$$

$\Rightarrow C_2 = 0{,}64 \cdot C_2' = 113$ nF.

$$C_1' = \frac{1}{2\pi f_g R_1' // R_1''} = 1{,}1\,\mu\text{F};$$

$C_1 = 0{,}64 \cdot C_1' = 722$ nF

f --> 0; Xc --> ∞:

$$20\lg\frac{U_2}{U_1} = 20\lg\frac{R_2}{R_1' + R_1''} = 4\,\text{dB}$$

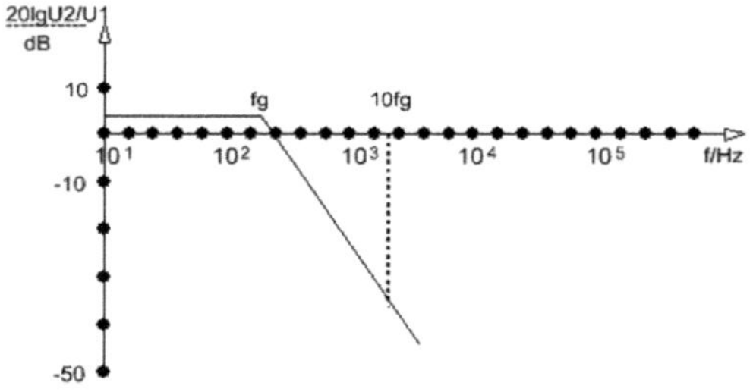

Bild 15

4.2 Siehe **Bild 15**.

5 LC-Filter

Laboraufgabe

1. **Tiefpassfilter**, siehe **Bild 1**

   Rv =?
   L = 100 mH; C = 100 nF

   Die Spule sei ideal, bzw. die Spulenverluste (diese sind im NF-Bereich gering) seien in R_v enthalten.

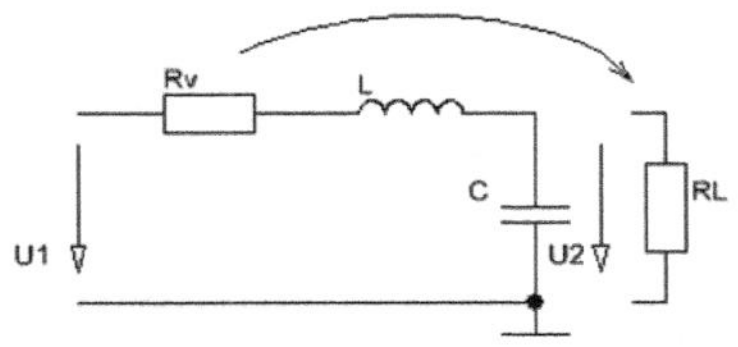

Bild 1

Von 1.1 bis 1.7 ist die Schaltung unbelastet ($R_L = \infty$).

1.1 Ermitteln Sie durch Herleitung den Betrag der Übertragungsfunktion $U_2/U_1 = f(f, R_v, L, C)$.

1.2 Bestimmen Sie daraus den Wert U_2/U_1 für f --> 0 (bzw. ω --> 0) und f --> ∞ , und skizzieren Sie damit den qualitativen Verlauf von $U_2/U_1 = f(f)$.

1.3 Wie lautet die Übertragungsfunktion U_2/U_1, für $f = f_0$ (bzw. $\omega = \omega_0$)?

1.4 Wie hochohmig soll R_v werden, so dass der Frequenzgang $20\lg U_2/U_1$ einen Ihrer Meinung nach „wünschenswerten“ Verlauf annimmt?
Ermitteln Sie durch Probieren unter PSPICE mit Hilfe der Parametric-Analyse den optimalen R_v, und zwar:

$500\ \Omega < R_v < 2{,}5\ k\Omega$).

1.5 Berechnen Sie f_0 und messen Sie f_g. Wie ändert sich die Bandbreite in Abhängigkeit von R_v?
Es gibt 2 Möglichkeiten:

a) Bei $f = f_0$ soll $U_2/U_1 = 1$ sein, oder

b) es sollen Grenz- und Resonanzfrequenz gleich sein: $f_g = f_0$. Wie groß muss dazu U_2/U_1 werden?

1.6 Berechnen Sie den R_{v1}, R_{v2} für beide Möglichkeiten.

1.7 Welche der beiden Kurven weist Ihrer Meinung nach den „besseren“ Verlauf auf?

1.8 Der Widerstand R_v, der in **Bild 1** den Kreis bedämpft, soll nun am Ausgang als Lastwiderstand R_L diesen dämpfen (mit zunächst gleichem Wert).
Ermitteln Sie den neuen Frequenzgang $20\lg U_2/U_1 = f(f)$ mit R_L als Last.

1.9 Beurteilen Sie den Verlauf!

1.10 Müsste der R_L größer oder kleiner sein als der R_v?

1.11 Es soll $f_g = f_0$ sein. Berechnen Sie den R_L, und bestätigen Sie durch die Simulation.

1.12 Dimensionieren Sie zu einem gegebenen R_L z. B.: Lautsprecherimpedanz von 8 Ω ein LC-Filter als TP, damit fg = 400 Hz beträgt.

Lösung

1. **Tiefpassfilter**

1.1 $$\left|\frac{U_2}{U_1}\right| = \frac{1}{\sqrt{(1-\omega^2 LC)^2 + (\omega RC)^2}} \quad (1)$$

1.2 f --> 0: $U_2/U_1 = 1$;

f --> ∞ : U_2/U_1 --> 0

1.3 $$\omega_0{}^2 = \frac{1}{LC} \quad (2):$$

(2) --> (1): $$\left|\frac{U_2}{U_1}\right|_{f=f_0} = \frac{1}{R_v\sqrt{\frac{C}{L}}} = \frac{1}{R_v}\sqrt{\frac{L}{C}} \quad (3)$$

Bemerkung: $\sqrt{\frac{L}{C}}$ ist der Wellenwiderstand des LC-Filters.

$$Z = \sqrt{\frac{L}{C}} \quad (4)$$

1.6 a) $R_{v1} = \frac{U_1}{U_2}\sqrt{\frac{L}{C}} = 1\ \mathrm{k\Omega}$;

b) $R_{v2} = \sqrt{2}\sqrt{\frac{L}{C}} = 1{,}4\ \mathrm{k\Omega}$

1.7 Lösung b): Kurve besitzt keinen Höcker.

1.11 $$R_L = \frac{1}{\sqrt{2}} Z \quad (5)$$

1.12 mit (5) $\Rightarrow$ $Z = R_L\sqrt{2}$ (6)

(4) = (6) $\Rightarrow$ $L = 2C \cdot R_L{}^2$ (7)

(7) --> (2) $\Rightarrow$ $$C^2 = \frac{1}{\omega_0{}^2 R_L{}^2 \sqrt{2}} \Rightarrow C = \frac{1}{2\pi f_g R_L \sqrt{2}} \quad (8)$$

C = 35,5 μF --> (7): L = 4,5 mH

Aufgabe

1. **Drei-Wege-Weiche**

Die Spulen seien ideal; die Lautsprecherimpedanzen betragen 4 Ω und sind näherungsweise als Wirkwiderstände zu betrachten. Der Ausgangswiderstand der Endstufe wird vernachlässigt. Gegeben sind die Frequenzgänge einer 3-Wege-Box mit: Tief-, Mittel-, und Hochtöner (siehe **Bild 2**).

1.1 Ermitteln Sie aus den drei Frequenzgängen die jeweiligen Grenzfrequenzen der drei Filter.

1.2 Skizzieren Sie die Schaltungen der drei LC- Filter, und kennzeichnen Sie die Ausgangs-Spannung des Filters.

1.3 Dimensionieren Sie das Tiefpass-Filter, damit $f_0 = f_g$ wird.

1.4 Dimensionieren Sie das Hochpass-Filter, damit $f_0 = f_g$ wird.

1.5 Dimensionieren Sie das Bandpass-Filter.
Bemerkung: Die Grenzfrequenzen liegen oberhalb bzw. unterhalb von f_0. (Hier muss also $f_g \neq f_0$ sein!)

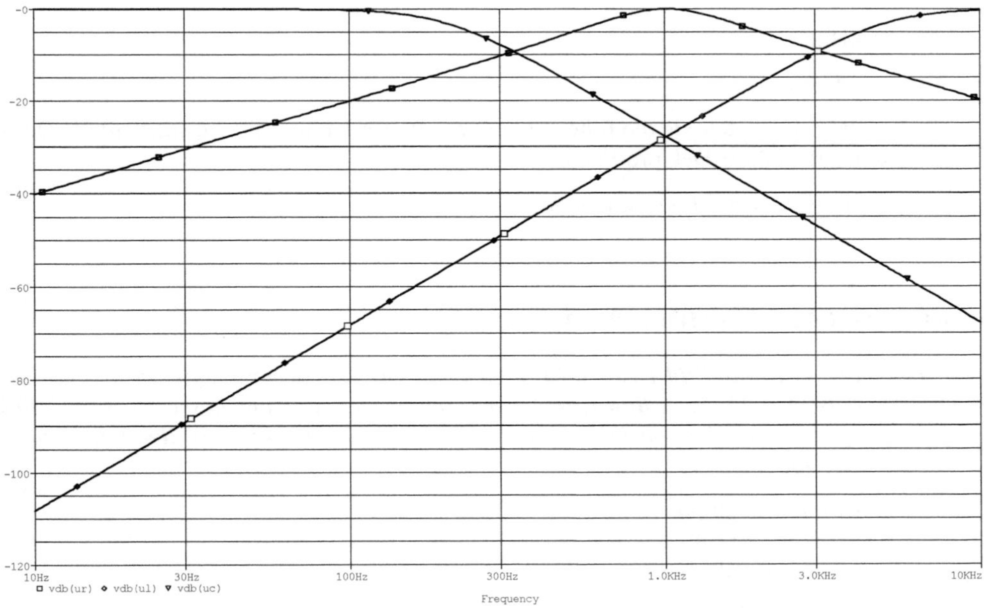

Bild 2

Lösung

1. **Drei-Wege-Weiche**

1.1 TP.: $f_{g1} \approx 200$ Hz

BP.: $f_{gu} \approx 630$ Hz; $f_{go} \approx 1{,}7$ kHz

HP.: $f_{g2} \approx 5$ kHz

1.2 siehe **Bild 3**

1.3 Lösungsweg wie in 1.12:

(4), (5), ...

$L_1 = 4{,}5$ mH; $C_1 = 139$ µF

1.4 Gleicher Lösungsweg wie für TP:

(4),(5),...

$L_3 = 178$ µH; $C_3 = 5{,}5$ µF

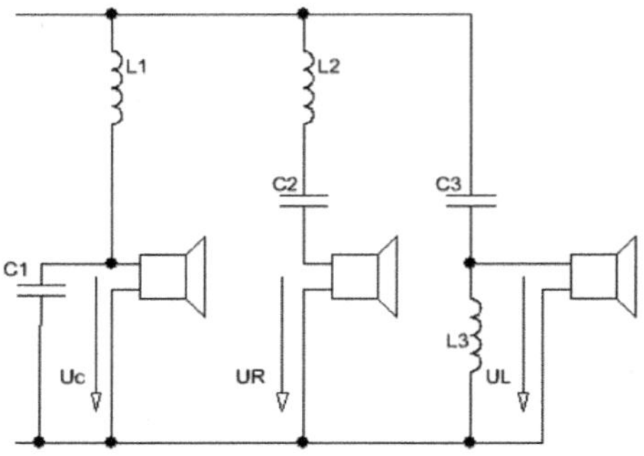

Bild 3

1.5 Gleicher Lösungsweg wie für TP: (7): $C_2 = \dfrac{1}{2\pi R_L f_m} = 39\mu F$

($f_m = 1$ kHz)

(6): $L_2 = 630$ µH

Bemerkung: Beachten Sie die Filtersteilheit der Pässe: HP und TP, besitzen 40 dB/Dek, der BP besitzt 20 dB/Dek pro Flanke.

Regel: 20 dB/Dek pro Energiespeicher

Symmetrische LC-Filter/Anpassung

*Bei dem LC-Filter in **Bild 1** ist der linksseitige Z_1 ungleich dem rechtsseitigen (Z_2); das Filter ist asymmetrisch. In **Bild 1** usw. wurde nur rechtsseitig angepasst. Muss auch linksseitig angepasst werden, wird das Filter symmetrisch aufgebaut; im Weiteren für den Sonderfall: $\boldsymbol{Z_1 = Z_2}$.*

Beispiel **Bild 4** (in einpoliger Darstellung): Links liegt das Antennenfilter, rechts der TV-Antenneneingang. Diese Filter gibt es in: π - und T-Form.

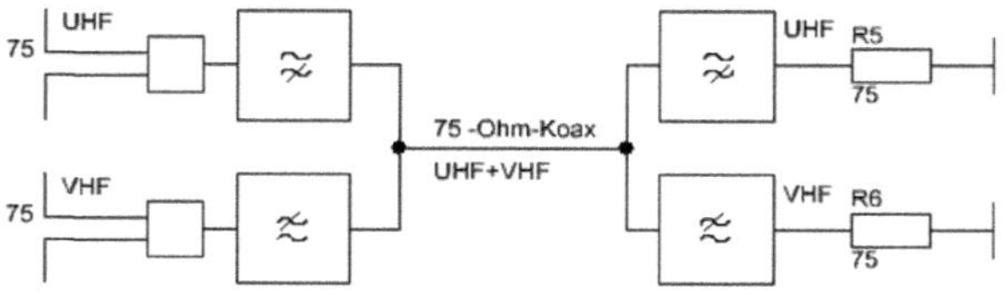

Bild 4

*Symmetrische Filter entstehen durch Zusammenschalten von Halbgliedern, siehe **Bild 5**.*

T-Glied, siehe **Bild 5**:

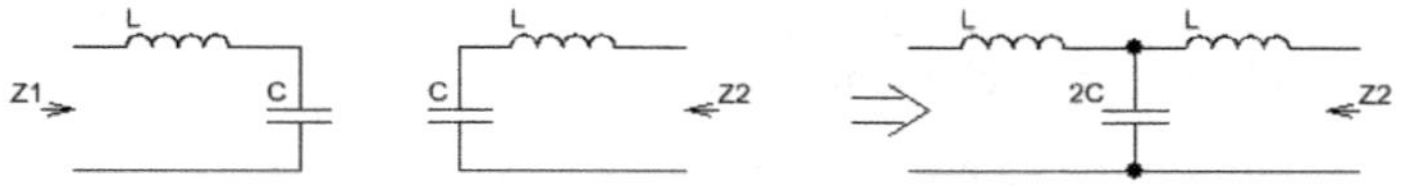

Bild 5

Für das T-Halbglied:

$$Z_{21} = j\omega L + \frac{1}{j\omega C} \quad (9)$$

$$Z_{2k} = j\omega L \quad (10)$$

mit: $Z_2 = \sqrt{Z_{21} \cdot Z_{2k}}$ (11)

(9), (10) --> (11): $Z_2 = \sqrt{\frac{L}{C}(1-\omega^2 LC)} \Rightarrow Z_2 = Z\sqrt{1-(\omega L)^2}$ (12)

$$Z = \sqrt{\frac{L}{C}}$$

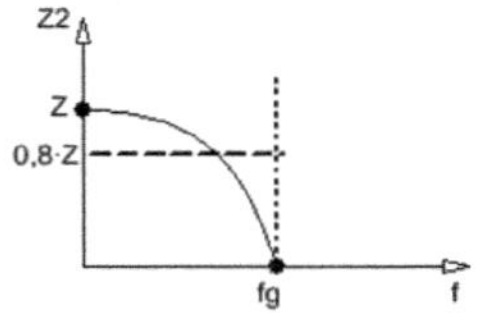

Bild 6

Dieselbe Beziehung ergibt sich bei der Rechnung für Z_2 in dem Vollglied (**Bild 5** rechts)!

Bild 6 zeigt den Verlauf von (12); wie man sieht, ist Anpassung nicht über den ganzen Frequenzbereich möglich, deshalb wird gemittelt. Rechts von fg ist Z_2 imaginär, links reell.

<u>Für das T-Glied als HP oder TP gilt: $R_{LT} = 0{,}8 \cdot Z$</u>

Für das π-Halbglied: siehe **Bilder 7 und 8**

$$Z_{21} = \frac{1}{j\omega C}$$

$$Z_{2k} = j\omega L // \frac{1}{j\omega C} \quad \text{usw.}$$

$$\Rightarrow Z_2 = \sqrt{\frac{L}{C}}\sqrt{\frac{1}{1-\omega^2 LC}} \quad (13)$$

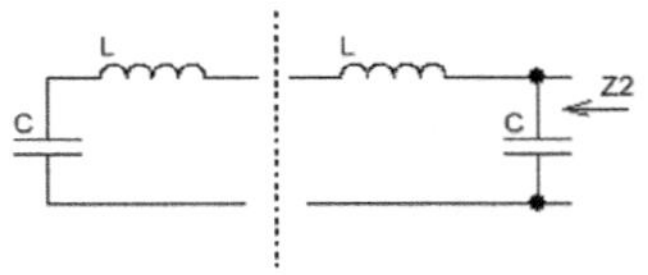

Bild 7

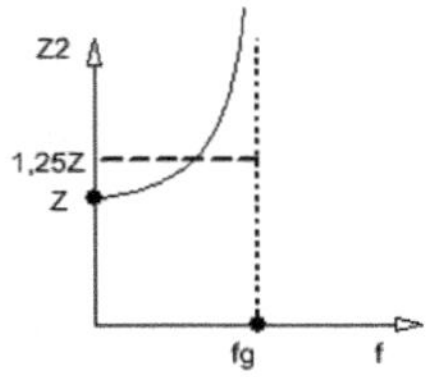

Bild 8

Dasselbe Ergebnis erhalten Sie für das π-Vollglied.
Bild 8 stellt den Kurvenverlauf von Gleichung (13) dar.

<u>Für das π-Glied als HP oder TP gilt:</u> $R_{L\pi} = \frac{1}{0{,}8} \cdot Z$

Aufgabe

1. **LC-Filter**

Dimensionieren Sie ein symmetrisches LC-Filter ($Z_1 = Z_2$) mit fg $\approx$ 400 kHz und $R_L = 75\ \Omega$. Die Spulen sind ideal anzunehmen (das ist in diesem Frequenzbereich wegen des Skineffektes eigentlich nicht möglich).

1.1 Als TP in T-Form. Skizzieren Sie die gesamte Schaltung (mit Generatorinnenwiderstand).

1.2 Als TP in π-Form.

1.3 Skizzieren Sie den ungefähren Verlauf des Frequenzganges $20\lg U_2/U_1 = f(f)$.

1.4 Als HP in T-Form.

Lösung

1. **LC-Filter**

1.1 $Z = \dfrac{R_L}{0,8}$ (1); $Z = \sqrt{\dfrac{L}{C}}$ (2)

$\omega_g \approx \omega_o = \dfrac{1}{\sqrt{LC}}$ (3)

$(1) = (2) \Rightarrow L = C\left(\dfrac{R_L}{0,8}\right)^2$ (4)

(4) --> (3) $C = \dfrac{0,8}{2\pi f_g R_L} = 4,2$ nF

$\Rightarrow 2C = 8,4$ nF; $L = 37,2\ \mu H$

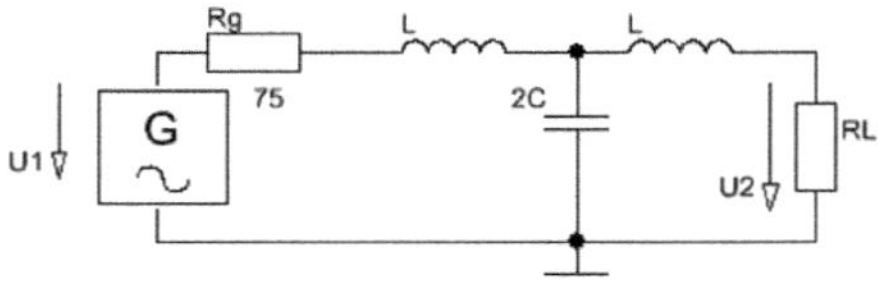

Bild 9

1.2 $R_L = 1,25 \cdot Z$ usw.

C= 6,6 nF; L = 23,8 μH

$\Rightarrow$ 2L = 47,7 μH

1.3 f --> 0: $\dfrac{U_2}{U_1} \rightarrow \dfrac{R_L}{R_L + R_g} = \dfrac{1}{2}$

$20\lg 0,5 = -6$ dB, siehe **Bild 10**

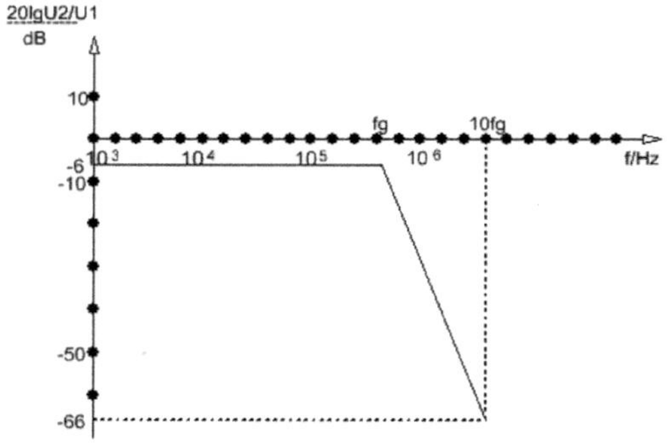

Bild 10

1.4 $Z = \dfrac{R_L}{0,8}$ usw., siehe 1.1

C = 4,2 nF; L = 37,2 μH

--> L/2 = 18,6 μH

LC-Bandfilter

Laboraufgabe

1. **Bandpass**

Siehe **Bild 11**. Die Spulenverluste sind in R_v zusammengefasst. Die Spule selbst ist damit verlustlos.

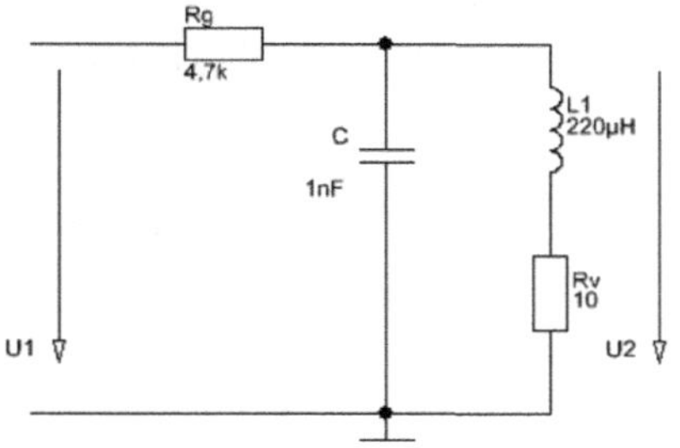

Bild 11

1.1 Berechnen Sie die Resonanzfrequenz f_0 und die Übertragungsfunktion U_2/U_1 (näherungsweise).

1.2 Bestätigen Sie durch Simulation, und messen Sie die ungefähre Bandbreite B.

1.3 Simulieren Sie die Änderung (mit Parametric ...) von R_v: 10 Ω ... 50 Ω, und beschreiben Sie den Einfluss der Spulenverluste auf die Eigenschaften des Bandfilters.

Gekoppeltes Bandfilter

Aufgabe/Laboraufgabe

2. **Gekoppelter Bandpass**

Erweiterung der Bandbreite durch induktive Kopplung zweier Bandfilter, siehe **Bild 12**. R_{p1} und R_{p2} sind die umgerechneten Spulenverluste: $R_{v1} = R_{v2} = 12\ \Omega$

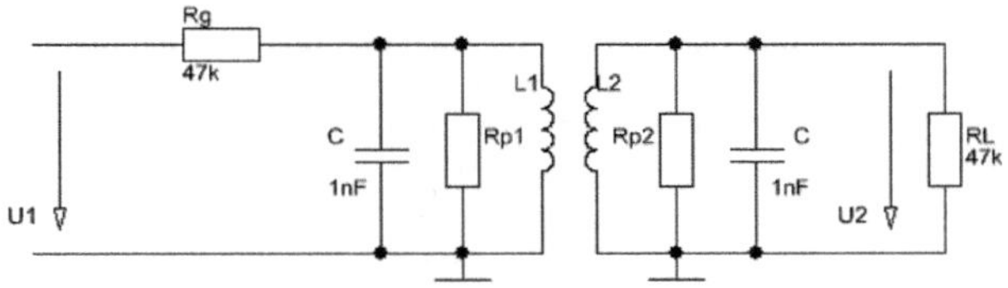

Bild 12

2.1 Berechnen Sie L_1 (= L_2) für ein ZF-Filter im MW-Bereich mit $f_0 = 460$ kHz.

2.2 Berechnen Sie die Gesamtgüte Q, ermitteln Sie daraus den Kopplungsfaktor k für die kritische Kopplung (kQ = 1), und simulieren Sie die Schaltung.

Lösungen

1. Bandpass

1.1 $f_0 = 5$ kHz; Umrechnung des R_v in: $R_p \approx \frac{X_L{}^2}{R_v} = 22\text{k}\Omega \Rightarrow \frac{U_2}{U_1} = \frac{R_p}{R_p + R_g} = 0{,}82$

1.2 $Q = \frac{R_{pges}}{X_L} = \frac{R_p // R_g}{X_L}$ (wechselstrommäßig bildet die Quelle einen Kurzschluss)

$Q = 8{,}25$; mit $B = \frac{f_0}{Q} = 41$ kHz

2. Gekoppelter Bandpass

2.1 $L = 120\ \mu$H

2.2 $R_p = 10$ kΩ

$\Rightarrow R_{pges} = 8{,}2$ kΩ;

$Q = 23{,}7$

$\Rightarrow k = 0{,}042$, siehe **Bild 13**

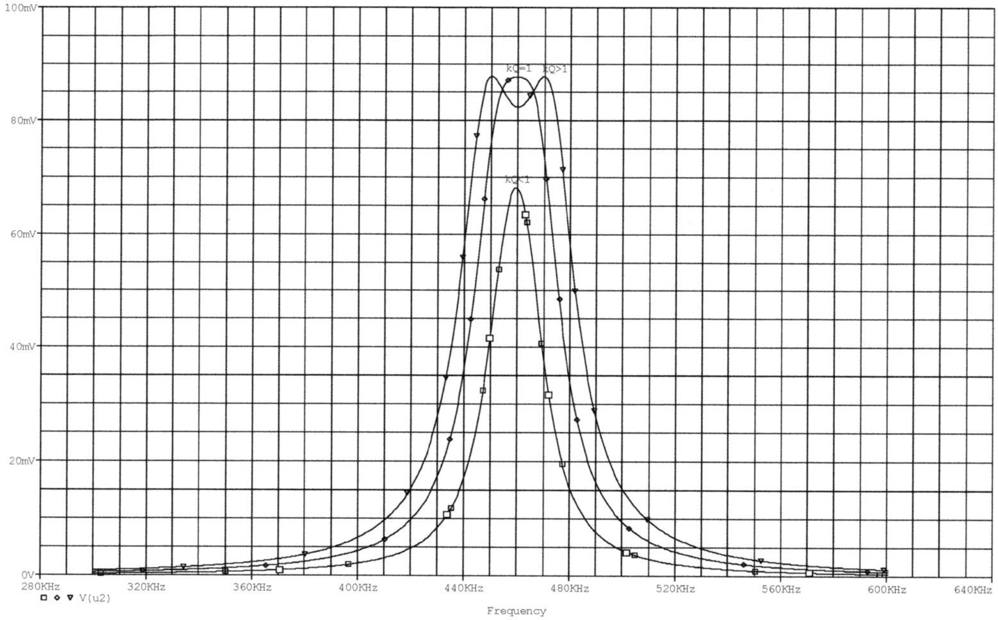

Bild 13

6 Oszillatoren

Meissner-Oszillator

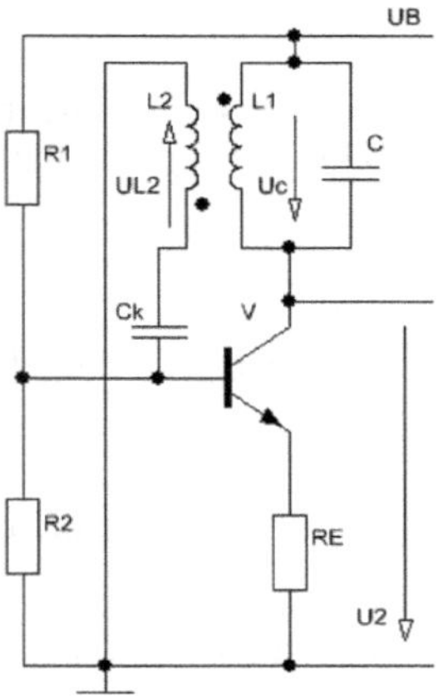

Bild 1

Laboraufgabe

1. **Messungen am Meissner-Oszillator**

   $U_B = +15V$

   V: BC140/141

   $L_1 = 35$ mH (1200 Windungen)

   $L_2 = 9$ mH 600 (Windungen)

   C =?; $C_k = 100$ nF

   $R_1 = 470$ kΩ; $R_2 = 68$ kΩ; $R_E = 220$ Ω

1.1 Dimensionieren Sie C, damit der Oszillator bei $f_0 \approx 1{,}6$ kHz schwingt.

1.2 Ziehen Sie die Spulen auseinander, bis der Sinus verzerrungsfrei wird und der Oszillator gerade noch anschwingt!

1.3 Wer bestimmt die Kopplung k in der Schaltung?

1.4 Wodurch kann die Verstärkung v_u erhöht werden?

1.5 Verringern Sie die Kopplung k, erhöhen Sie v_u (durch Probieren) und beobachten Sie die Ausgangsspannung u_{2ss}.

1.6 Messen und erklären Sie den Wert u_{2ss}.

1.7 Welche Aufgabe hat der Kondensator C_k?

1.8 Bei Belastung mit R_L belastet dieser den Schwingkreis (auch der R_i des Transistors); dadurch verringert sich die Selektivität bzw. die Güte Q des Kreises. Wie könnte man prinzipiell schaltungstechnisch die Güte Q des verbessern?

2. **Meissner-Oszillator im Prinzipschaltbild**, siehe **Bild 2**

   Die magnetische Kopplung sei ideal, somit ist $k = U_2/U_1$. Der Verstärker sei eine Emitterschaltung wie in **Bild 1**.

2.1 Tragen Sie die Spannungspfeile (Richtung!) in **Bild 2** ein, und bestimmen Sie φ_{ges}.

2.2 Welches Verhalten (Schwingen, Nichtschwingen, Aufschwingen) weist der Kreis für $\hat{u}_1 = 1$ V, $N_1 = 100$ und $N_2 = 20$ auf?

2.3 Welches Verhalten weist der Kreis für $\hat{u}_1 = 1$ V, $N_1 = 100$ und $N_2 = 2$ auf?

2.4 Ermitteln Sie für das Schwingen die Windungszahl N_2.

2.5 Der Windungsanfänge seien wie in **Bild 2**, der Verstärker arbeite in Basisschaltung. Betimmen Sie φ_{ges}. Würde die Schaltung schwingen?

2.6 Die Schwingbedingungen seien erfüllt. Warum schwingt der Oszillator überhaupt an?

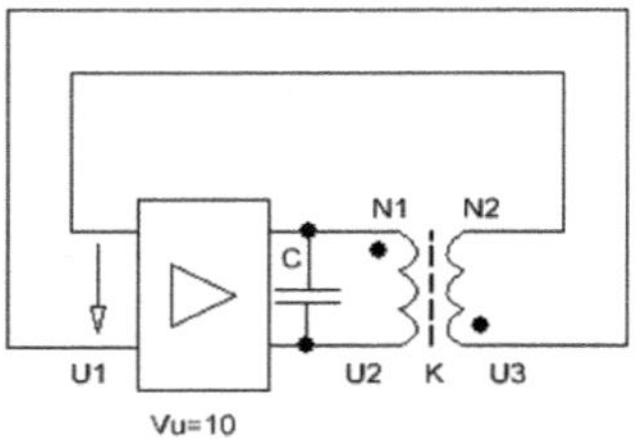

Bild 2

Lösungen

1.3 Spulenabstand und N_2/N_1.

1.4 $R_E \downarrow$.

1.6 C wird entladen und umgeladen $\Rightarrow$ $u_{2ss} \approx \pm U_B$.

1.7 Verhindert, dass der I_{BAP} über die niederohmige Spule L_2 zur Masse abfließt und reguliert auch die Amplitude, denn zum Anschwingen muss $kv_u > 1$ und zum Schwingen $kv_u = 1$ sein (siehe Aufgabe 4, Seite 155).

1.8 Durch Anzapfen der Spule L_1.

2.2 $k = 0{,}2 \Rightarrow k \cdot v_u = 2 \Rightarrow$ Oszillator schwingt sich auf bis zur Übersteuerung (Pfeifton).

2.3 $k = 0{,}02 \Rightarrow k \cdot v_u = 0{,}2 \Rightarrow$ abklingendes Verhalten; Oszillator schwingt nicht.

2.4 $k = \dfrac{1}{v_u} = 0{,}1 \Rightarrow N_2 = 10.$

2.5 Wegen der Spulenanfänge ist $\varphi_{ges} = 180°$; denn die Basisschaltung besitzt

$\varphi_{u_2u_1} = 0° \Rightarrow$ Gegenkopplung; die Schaltung schwingt nicht.

2.6 Durch das Einschalten der Versorgungsspannung und durch das breitbandige Rauschen steht für das Anschwingen eine selektive Spannung zur Verfügung.

RC-Oszillator (Wien-Brücken-Oszillator)

Laboraufgaben

3. **Gekoppelte RC-Filter**

$R_1 = R_2 = 1\ \text{k}\Omega$ und $C_1 = C_2 = 100$ nF.

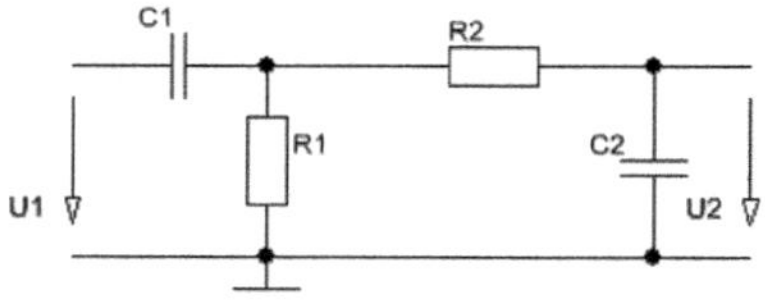

Bild 3

3.1 Skizzieren Sie die Übertragungsfunktion: $U_2/U_1 = f(f)$, und überprüfen Sie diese durch Messungen.

3.2 Messen Sie den U_{2max}/U_1- und den Frequenzwert f_m (= Mittenfrequenz).

3.3 Wie groß ist der Phasenwinkel $\varphi_{U2,U1}$ bei (U_{2max}/U_1)?

3.4 Skizzieren Sie unterhalb der Übertragungsfunktion den gemessenen Phasenverlauf $\varphi_{U2,U1} = f(f)$.

3.5 Setzen Sie den R_1 paralell zu C_2 (siehe **Bild 4**), und vergleichen Sie mit den vorigen Messungen (3.1 bis 3.3).

Dieses RC-Netzwerk dient beim Wien-Brückenoszillator als frequenzselektive Rückkopplung, siehe **Bild 5**.

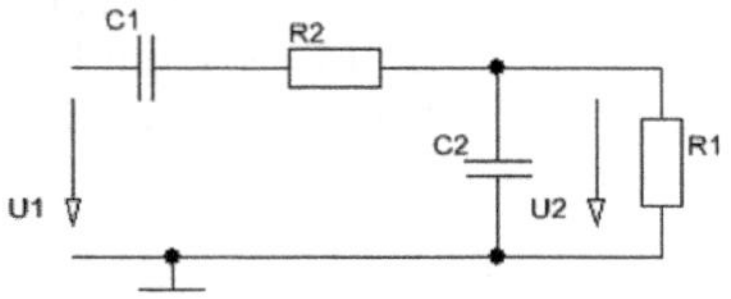

Bild 4

3.6 Oszillator-Schaltung, siehe **Bild 5**
Warum wird die rückgekoppelte Spannung am invertierenden Eingang angeschlossen?

3.7 $\hat{u}_2$ sei 12 V; wie groß ist $\hat{u}_1$?

3.8 Berechnen Sie alle Bauelemente mit obigen Bedingungen für $f_m = 338$ Hz ($R_1 = 10$ kΩ), und überprüfen Sie durch Messung oder Simulation mit PSPICE Ihre Ergebnisse.

3.9 Simulieren Sie mit $R_3 = 1$ kΩ; $R_4 = 2$ kΩ

3.10 Simulieren Sie mit $R_3 = 1$kΩ; $R_4 = 2{,}1$ kΩ

Hinweis zur Simulation: Tragen Sie bei C_2 den Wert IC = 0.001 ein, damit der Oszillator anschwingt.

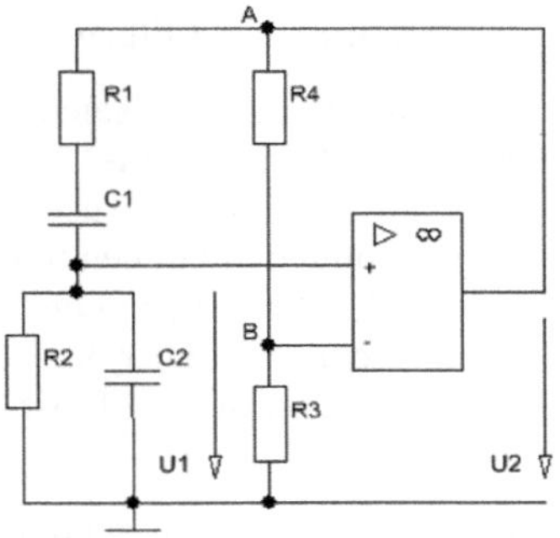

Bild 5

4. Wien-Brücken-Oszillator mit einfacher Amplitudenregelung

Im Gegensatz zu den LC-Oszillatoren gibt es bei den RC-Oszillatoren keine „eingebaute" Amplitudenregelung. Der Oszillator schwingt bei $kv_u = 1$ nicht an, und bei $kv_u > 1$ schwingt er sich auf. Es gibt mehrere Möglichkeiten der Amplitudenregelung z. B.: mit einem J-FET. Nachfolgend wird eine einfache Lösung mit einer Glühlampe (PTC), siehe **Bild 6**, realisiert.

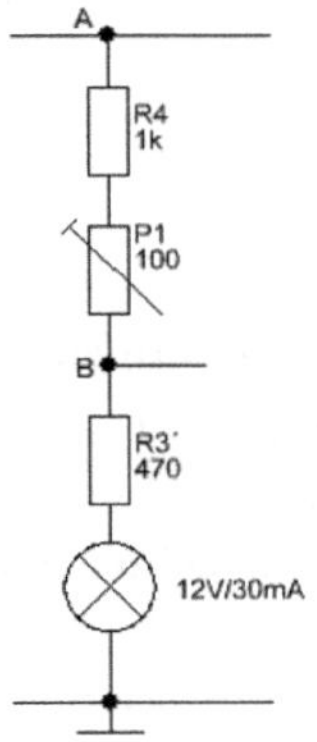

Bild 6

4.1 Beobachten Sie, wie sich die Ausgangsamplitude $\hat{u}_2$ beim Einschalten einschwingt, und erklären Sie die Wirkung des PTC.

Aufgaben

1. **Wien-Brücken-Oszillator an asymmetrischem U_B**

1.1 Ein Wien-Brücken-Oszillator, der bei asymmetrischer Betriebsspannung (+15 V) betrieben wird (siehe **Bild 7**), soll mit f_m = 10 kHz schwingen. Der AP liegt bei $U_B/2$. Dimensionieren Sie die Schaltung.

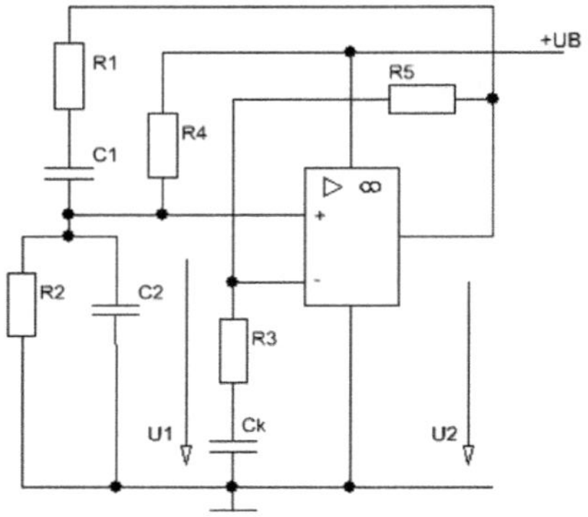

Bild 7

2. **Wien-Brücken-Oszillator mit entkoppelten Filtern**

Siehe **Bild 8**: Die OPs seien ideal; ihre Betriebsspannung: ± 15 V. Die OP-Ausgangsspannungen können maximal ± 13 V betragen. Die Mittenfrequenz, bei der der Oszillator schwingen soll, ist f_m = 2,4 kHz.

2.1 Skizzieren Sie den Frequenzgang $20 \lg U_B/U_2 = f(f)$ von 10 Hz ≤ f ≤ 10 kHz.

2.2 Ermitteln Sie den dB-Wert bei $f = f_m$.

2.3 Dimensionieren Sie die Oszillatorschaltung.

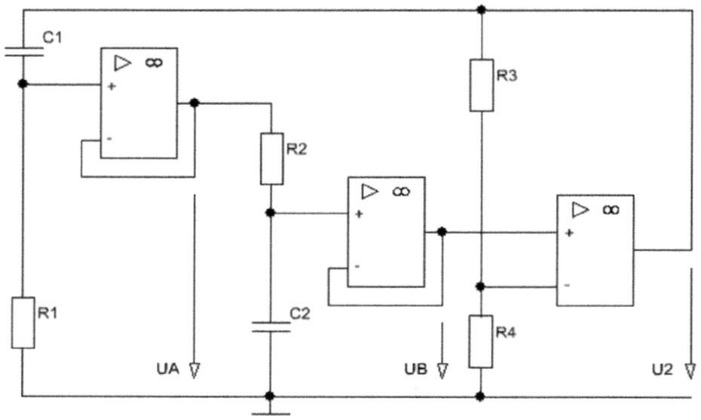

Bild 8

3. **Rückkoppelnetzwerke des Oszillators**

3.1 Die Schaltung in **Bild 9** enthält die Rückkopplunszweige des Wien-Brücken-Oszillators, siehe **Bilder 5 und 7**.

Bestimmen Sie durch Überlegung den Kurvenverlauf $U_2 = f(f)$ der Differenzspannung zwischen dem Mit- und Gegenkoppelnetzwerk.

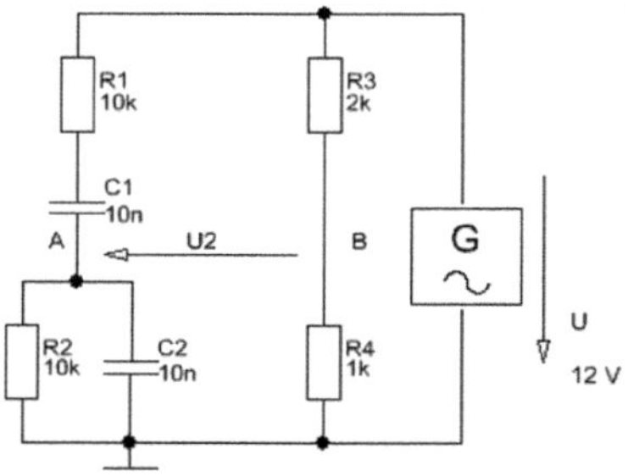

Bild 9

Lösungen zu den Laboraufgaben

3. **Gekoppelte RC-Filter**

3.1 Siehe gekoppelte RC-Filter Kapitel 4: Die Filterkurve ergibt ein BP-Verhalten mit $f_g = f_m = 1{,}59$ kHz.

3.3 $\varphi_{U2,U1} = 0°$

3.6 Wegen $\varphi_{U2,U1} = 0°$ (bei $f = f_m$) darf der OP die Phase nicht drehen, damit $\varphi_{ges} = 0^0$ wird (Mitkopplung).

3.7 $k = 1/3 \Rightarrow \hat{u}_1 = 4$ V

4. **Wien-Brücken-Oszillator mit einfacher Amplitudenstabilisierung**

4.1 Beim Einschalten von U_B ist die Lampe niederohmig und somit $v_u > 3 \Rightarrow$ Oszillator schwingt an, danach sinkt v_u, da der Lampenwiderstand steigt.

Lösungen der Aufgaben

1. **Wien-Brücken-Oszillator mit asymmetrischem U_B**

1.1 Gewählt: $C_1 = C_2 = 3{,}3$ nF; $\Rightarrow$ $R_1 = \dfrac{1}{2\pi C_1 f_m} = 4{,}8\,\text{k}\Omega$, da wechselstrommäßig $R_2//R_4$ liegen, muss $R_2 = R_4 = 9{,}6$ kΩ werden. R_2, R_4 legen den AP und f_m fest. C_k sorgt, dass für f --> 0 v_u --> 1 geht $\Rightarrow U_{2\_} = U_{1\_}$.

$v_u \geq 3$: z. B.: $R_5 = 22$ kΩ; $R_3 = 10$ kΩ.

$C_k \geq 1$ µF (hängt von f_m ab).

2. **Wien-Brücken-Oszillator mit entkoppelten Filtern**

2.1 Siehe RC-Filter Aufgabe 3 und deren Lösung.

2.2 -6 dB bzw. $0{,}707 \cdot 0{,}707 \approx 0{,}5$

2.3 $\Rightarrow k \approx 0{,}5 \Rightarrow v_u = 1/k \approx 2 \Rightarrow R_3 = R_4$.(z. B.: 4,7 kΩ)

$C_1 = C_2 = 10$ nF gewählt; $\Rightarrow$ $R_1 = R_2 = \dfrac{1}{2\pi C_1 f_m} = 6{,}6$ kΩ.

3. **Rückkoppelnetzwerke des Oszillators**

3.1 f --> 0: φ_A --> 0; $\varphi_B = 4$ V; $\Rightarrow$ $U_2 = 4$ V.

f --> ∞ : φ_A --> 0. $\varphi_B = 4$ V; $\Rightarrow$ $U_2 = 4$ V.

Bei $f = f_m$ ist $\varphi_A = \varphi_B = 4$ V $\Rightarrow$ $U_2 = 0$, d. h., R_3 muss etwas größer sein als $2 \cdot R_4$, damit der OP noch eine Regelabweichung bekommt.

7 Analoge Modulationen

Amplituden-Modulation (AM)

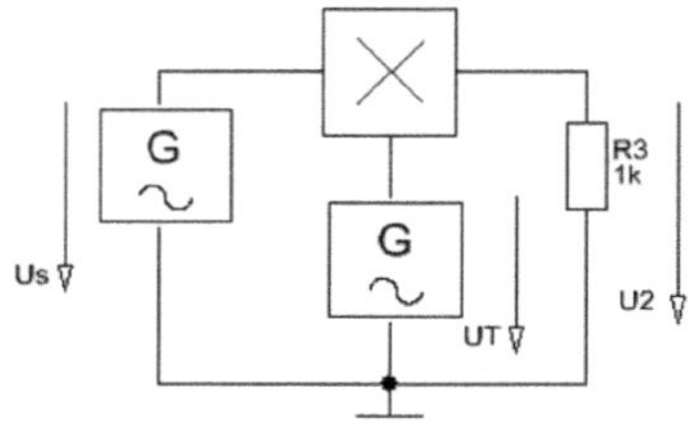

Bild 1

Laboraufgaben

1. **AM-Schaltung**

(Simulation mit PSPICE, siehe **Bild 1**)
oder im Labor mit XR2206, siehe **Bild 2**

XR2206: Die Trägerfrequenz wird mit C_5 und R_7 festgelegt. Die Berechnung erfolgt mit:

$$f_T = \frac{1}{R_7 C_5} \quad \text{(ohne } 2\,\pi\text{ !)}$$

Signal (Info): $\hat{u}_s = 0{,}75$ V; $f_s = 1$ kHz; $\mathbf{U_{off}} = \mathbf{1\ V}$

Träger: $\hat{u}_T = 2$ V; $f_T = 10$ kHz.

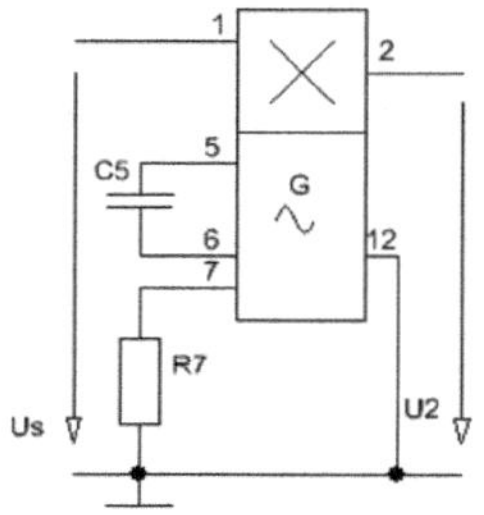

Bild 2

1.1 Messen Sie den Spitzen- und Minimalwert der Ausgangsspannung $u_2(t)$, und berechnen Sie diesen Wert.

1.2 Ermitteln Sie das Spektrum: $U_2 = f(f)$, die Bandbreite B, und berechnen Sie den Wert von B.

1.3 Wo befindet sich im Spektrum die Signal-Frequenz?

1.4 Berechnen Sie die Amplituden der Seitenlinien.

2. **AM ohne Offsetspannung**

Daten wie in Aufgabe 1 aber mit $\mathbf{U_{off}} = \mathbf{0\ V}$.

2.1 Was ändert sich im Vergleich zu 1.1 und 1.2?

2.2 Welche Aufgabe hat der Offset bezüglich des Ausgangsspektrums?

3. **AM mit zwei NF-Spannungen** (Simulation)

Bei Sprache und Musik modulieren gleichzeitig mehrere Sinusspannungen den Träger, hier seien es der Übersicht halber zwei, siehe **Bild 3**.

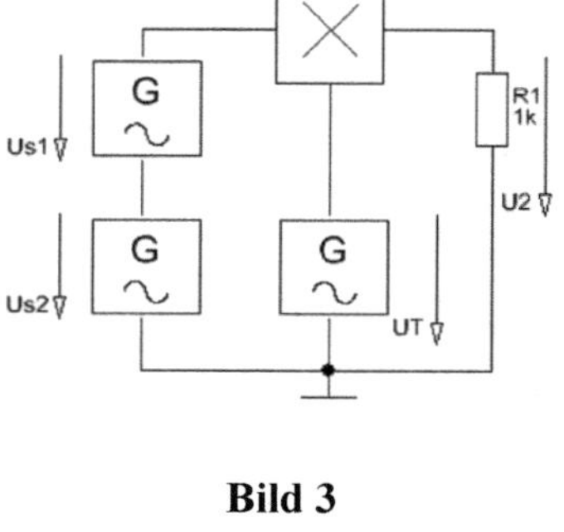

Bild 3

$\hat{u}_{s1} = 0{,}1$ V; $f_{s1} = 1$ kHz; $U_{off} = 1$ V
$\hat{u}_{s2} = 0{,}8$ V; $f_{s2} = 4$ kHz
$\hat{u}_T = 2$ V; $f_T = 10$ kHz.

3.1 Skizzieren Sie das Spektrum $U_2 = f(f)$.

3.2 Welches der beiden Bänder liegt in der „Regel-“, welches in der „Kehrlage“?

Lösungen

1. **AM-Schaltung**

1.1 $u_2(t) = k\hat{u}_T \cdot \sin \Omega t \cdot (U_0 + \hat{u}_s \cdot \sin \omega t)$ (1)

$k = 1/V$; Ω = Trägerkreisfrequenz; ω = Signalkreisfrequenz; U_0 = Offsetspannung.
Aus (1) ergeben sich direkt:

$u_{2max} = k(U_0 + \hat{u}_s) \cdot \hat{u}_T = 3{,}5$ V;
$u_{2min} = k(U_0 - \hat{u}_s) \cdot \hat{u}_T = 0{,}5$ V.

1.2 $B = 2 \cdot f_{smax} = 2$ kHz

1.3 Im Abstand von f_T und fs.

1.4 Aus (1): $k\hat{u}_T U_0 = 2$ V (= Trägerspannung) und $k\frac{1}{2}\hat{u}_s\hat{u}_T = 0{,}75$ V (Spannung <u>einer</u> Seitenlinie; oder Herleitung über die Umformung von: $\sin\Omega \cdot \sin\omega = \frac{1}{2}\left[\cos(\Omega - \omega)t - ...\right]$)

2. **AM ohne Offsetspannung**

2.2 Nur mit Offset ergibt sich eine AM, ohne Offset wird daraus eine ZM.

3. **AM mit zwei NF-Spannungen**

3.2 Kehrlage: f_{s1} liegt oberhalb von f_{s2}. Die im NF-Band hoch liegende Frequenz (hier: 4 kHZ) liegt bei dem AM-Spektrum tiefer (hier: 16 kHz) und die tiefe Frequenz (1 kHz) liegt im AM-Spektrum hoch (9 kHz).

Demodulation der AM

1. Statt des Hüllkurvendemodulators wird hier das Prinzip des Abwärtsmischens bzw. der kohärenten Demodulation (siehe rechter Teil des **Bildes 4**) gewählt. Der linke Teil ist der Modulator von **Bild 3**, Aufgabe 3.
   Werte wie in Aufgabe 4 dazu:
   $f_{T2} = f_{T1} = 10$ kHz; $\hat{u}_{T1} = \hat{u}_{T2} = 2$ V.

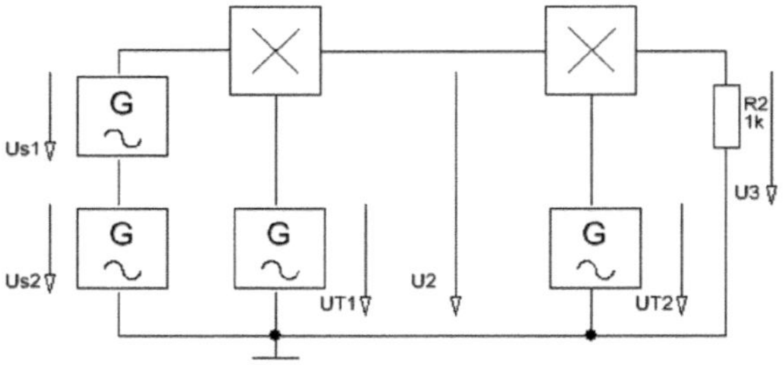

Bild 4

1.1 Messen Sie die Zeitfunktionen, das Ausgangsspektrum, und erweitern Sie die Schaltung in **Bild 4**, damit Sie am Ausgang das gewünschte Signal erhalten.

1.2 Berechnen Sie das Spektrum $U_3 = f(f)$ nach der Demodulationsstufe für $u_{s2} = 0$.

Lösungen zur AM-Demodulation

1.1 Dazuschalten eines TP-Filters in PSPICE siehe unter: abm.slb --> Lopass (oder RC-TP).

1.2 Die U_{AM} besteht aus:

$f_{T1} = 10$ kHz;
$f_{T1} + f_{s1} = 11$ kHz;
$f_{T1} - f_{s1} = 9$ kHz.

Am Demodulatorausgang entstehen dann: $f_{T2} \pm f_{AM}$; ($f_{T2} = 10$ kHz entsteht nicht, da u_2 keinen Offset besitzt).

$f_{T2} + f_{T1} = 20$ kHz	$f_{T2} - f_{T1} = 0$ --> DC-Anteil
$f_{T2} + (f_{T1} + f_{s1}) = 21$ kHz	$f_{T2} - (f_{T1} + f_{s1}) = -1$ kHz (*)
$f_{T2} + (f_{T1} - f_{s1}) = 19$ kHz	$f_{T2} - (f_{T1} - f_{s1}) = 1$ kHz

(*) Negative Frequenzen gibt es nicht, aber energetisch ist der Anteil vorhanden. Der negative Spektrumteil wird an der U-Achse gespiegelt, d. h., beide Spannungen addieren sich bei f = 1 kHz.

Frequenzmodulation (FM)

Laboraufgabe

1 Erzeugung der FM:mit XR2206 oder 4046.

1.2 **Bild 5**: Berechnen Sie C_5 für eine gewünschte Trägerfrequenz $f_T \approx 10$ kHz.
Messen Sie die Frequenz $f = f(U_s)$ – ohne C_1 – bei dem Eingangsspannungsbereich von: –4 V... +2 V.

$$f_T = \frac{1}{(R_7 + R_8)C_5}$$

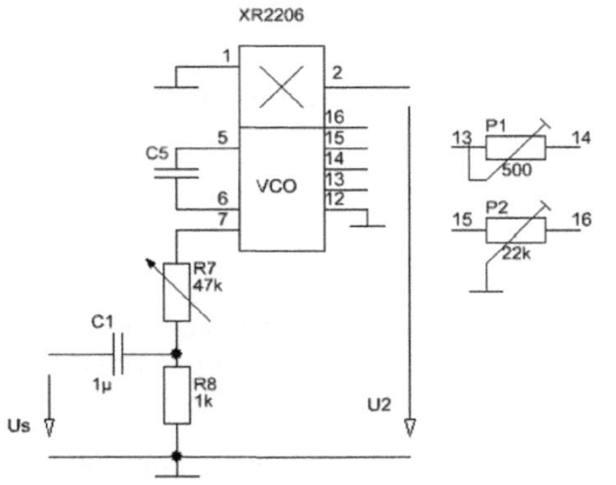

Bild 5

1.3 Welchen Verlauf besitzt die Kurve?

1.4 Legen Sie mit R_7 die Trägerfrequenz $f_T \approx 10$ kHz fest, und stellen Sie auf dem Oszilloskop eine Periode von f_T dar; legen Sie die Signal-Spannung mit $\hat{u}_s = 1\ V_{ss}$; $f_s = 1$ kHz an; diese moduliert den Träger.

1.5 Bestimmen Sie aus dem Oszilloskopbild, siehe **Bild 6**, T_{max} und T_{min}, und ermitteln Sie daraus den momentanen Frequenzhub Δf.

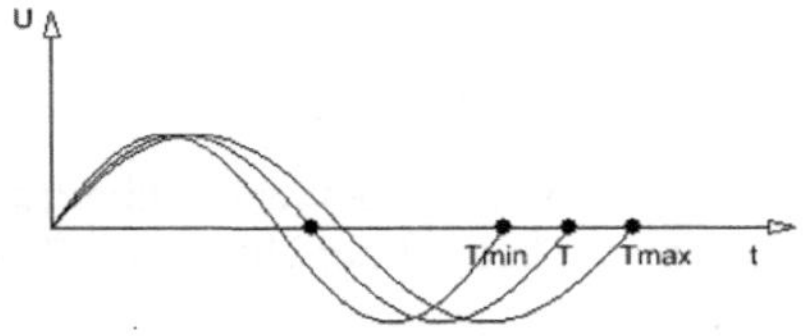

Bild 6

1.6 Wie viele Hübe hat diese FM pro 1 ms?

1.7 Wie ändert sich der Frequenz-Hub, wenn $\hat{u}_s$ erhöht wird (größere Lautstärke)?

1.8 Wie ändert sich die FM auf dem Oszilloskop, wenn f_s auf 100 Hz verringert wird?

1.9 Wie viele Frequenz-Hübe/ms besitzt die FM bei $f_s = 100$ Hz?

1.10 $f_s = 1$ kHz: Wie viele Frequenz-Hübe/ms besitzt die FM?

1.11 $f_s = 6$ kHz: Wie viele Frequenz-Hübe/ms besitzt die FM?

1.12 Welcher Zusammenhang besteht zwischen:
f_s und Δf? ...
Lautstärke und Δf? ...

2. **FM-Spektrum mit PSPICE-Simulation**

Der FM-Modulator hat die Bezeichnung VSFFM.
$f_T \triangleq$ FC (Carrier); $f_s \triangleq$ FM (modulierende Frequenz);
$\eta \triangleq$ MOD. (Zur Erinnerung: $\eta = \frac{\Delta f}{f_s}$.)

2.1 $f_T = 20$ kHz; $f_s = 1$ kHz; $\eta = 2$; ermitteln Sie die Bandbreite des FM-Spektrums.

2.2 Wie groß ist der Linienabstand?

2.3 $f_T = 20$ kHz; $f_s = 1$ kHz; $\eta = 6$; ermitteln Sie die Bandbreite des FM-Spektrums und den Linienabstand.

2.4 $f_T = 20$ kHz; $f_s = 2$ kHz; $\eta = 6$; ermitteln Sie die Bandbreite und den Linienabstand.

Aufgaben

1. **FM**

1.1 Ein FM-Signal größter Lautstärke (im UKW-Bereich: $\Delta f_{max} = 75$ kHz) besitzt eine momentane Signalfrequenz $f_s = 1$ kHz; die Trägerfrequenz f_T sei 200 kHz. Berechnen Sie f_{max}, f_{min} und die Anzahl der Hübe/ms.

1.2 Ein FM-Signal geringster Lautstärke (im UKW-Bereich: $\Delta f_{min} = 25$ Hz) besitzt eine momentane Signalfrequenz $f_s = 4$ kHz; die Trägerfrequenz f_T sei 200 kHz. Berechnen Sie f_{max}, f_{min} und die Anzahl der Hübe/ms.

1.3 Berechnen Sie den Dynamikumfang ($d = 20\lg \frac{u_{1\,max}}{u_{1\,min}}$).

2. **Bandbreite der FM**

2.1 Ein FM-(Mono-)Sender überträgt im UKW-Bereich f_{smax} mit 15 kHz; bei größter Lautstärke beträgt der Hub $\Delta f = 75$ kHz. Berechnen Sie die Bandbreite B.

2.2 Welche Bandbreite würde ein AM-Sender im Vergleich dazu benötigen?

Lösungen

1. **FM**

1.1 $f = 200$ kHz $\pm$ 75 kHz $\Rightarrow f_{max} = 275$ kHz; $f_{min} = 125$ kHz; 2 Hübe/1 ms.

1.2 $f = 200$ kHz $\pm$ 25 Hz $\Rightarrow f_{max} = 200{,}025$ kHz; $f_{min} = 199{,}975$ kHz; 8 Hübe/1 ms.

1.3 $d = 20\lg \frac{u_{1\,max}}{u_{1\,min}} \triangleq 20\lg \frac{\Delta f_{max}}{\Delta f_{min}} \approx 70$ dB ($\triangleq$ dem Dynamikumfang eines Orchester-Konzertes).

2. **Bandbreite der FM**

2.1 $B \approx 2\Delta f_{max} + 2f_{s\,max} = 180$ kHz

2.2 $B = 2f_{smax} = 30$ kHz

8 FM-Demodulation/PLL

Demodulation mit IC 4046

Unter den verschiedenen Möglichkeiten, eine FM zu demodulieren, wird hier ein PLL als Demodulator gewählt.

Prinzip des PLL-Regelkreises, siehe **Bild 1**.

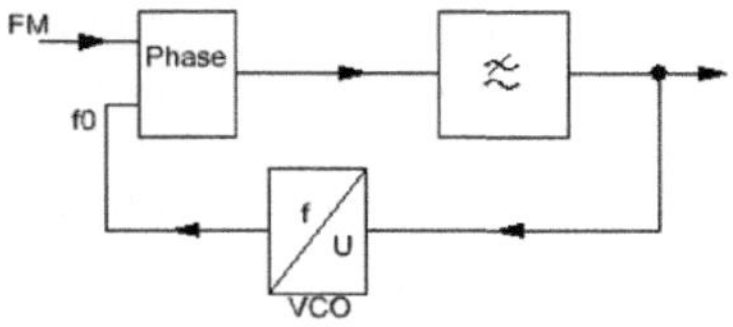

Bild 1

Laboraufgabe

1.1 Der IC 4046 besitzt zwei Phasenkomparatoren. Im Folgenden wird der Phasenkomparator I gewählt (R_3 an Pin 2). $R_2 = \infty$: f_0 wird mit R_1, C_1 festgelegt. Der VCO soll mit $f_0 = 100$ kHz schwingen; ermitteln Sie aus dem Datenblatt R_1 und C_1.

1.2 Das Integrierglied aus R_3 und C_2 bildet den Mittelwert für den VCO. Berechnen Sie R_3 für $C_2 = 10$ nF.

1.3 Messen Sie an Pin 4: $f_2 = f(U_1)$, und zwar $1\ V \leq U_1 \leq 5\ V$ (Gleichspannung).

1.4 In welchem Bereich arbeitet der VCO linear?

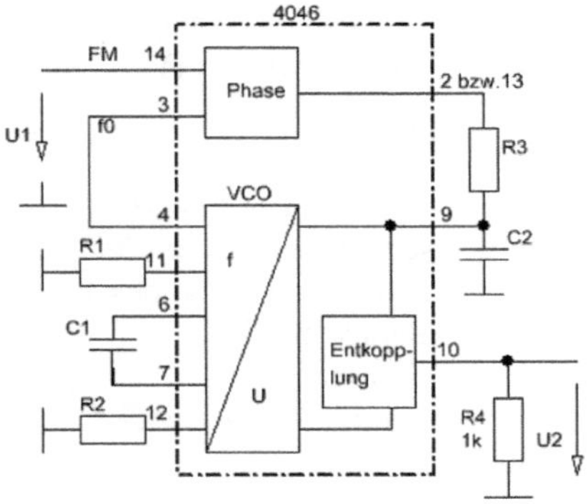

Bild 2

1.5 Führen Sie dieselbe Messung für $R_2 = 470\ k\Omega$ aus. Wie ändert sich die $f_2 = f(U_1)$-Kurve?

1.6 Messung mit Wechselspannung: $U_{1ss} \leq 10$ V; $f_1 \approx 100$ kHz. Ändern Sie f_1, das entspricht einem Δf, und beobachten Sie das Fangen und Einrasten; messen Sie den Ziehbereich.

1.7 Benützen Sie den XR2206 als FM-Sender: Stellen Sie f_T auf 100 kHz mit einem $\Delta f \approx \pm 10$ kHz ein und demodulieren Sie anschließend das FM-Signal mit dem IC 4046.

PLL als Synthesizer

Aufgaben

1. **Synthesizer-Prinzip**, siehe **Bild 3**

Zwischen Pin 3 und Pin 4 in **Bild 2** könnte der Frequenzteiler 4017 B oder der MM 74 C 193 eingesetzt werden. In dieser Aufgabe geschieht das prinzipiell.

1.1 Berechnen Sie die Frequenz f_x für N = 430.

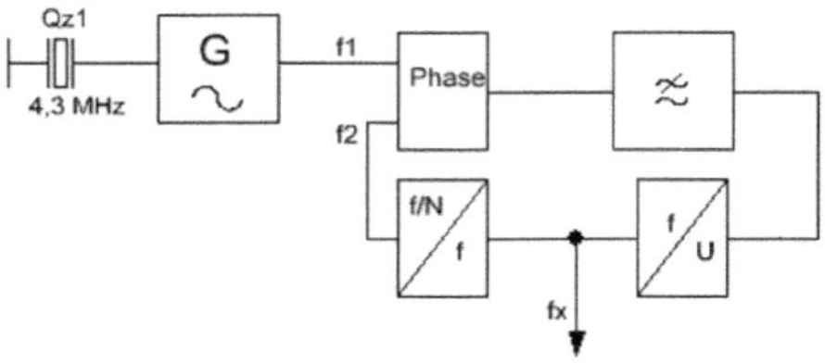

Bild 3

2. **Senderwahlstufe eines UKW-Empfänger**, siehe **Bild 4**

Es handelt sich um einen Überlagerungsempfänger, d. h., f_0 ist um die ZF (= 10,7 MHz) größer als f_E:

$f_0 = f_E + 10,7\ \text{MHz}$ (1)

$N_1 = 4$; $N_2 = 200$

2.1 Die Frequenzeinstellung des gewünschten Senders erfolgt durch Änderung von N_x des Teilers. Gewünscht wird $f_E = 92,2$ MHz. Berechnen Sie N_{x1} des Frequenz-Teilers.

2.2 Dann wird mit $N_{x2} = 1145$ ein anderer Sender gewählt. Berechnen Sie die Empangsfrequenz f_{E2}.

2.3 Berechnen Sie N_{xmin} und N_{xmax} für den UKW-Bereich: 88 MHz bis 108 MHz.

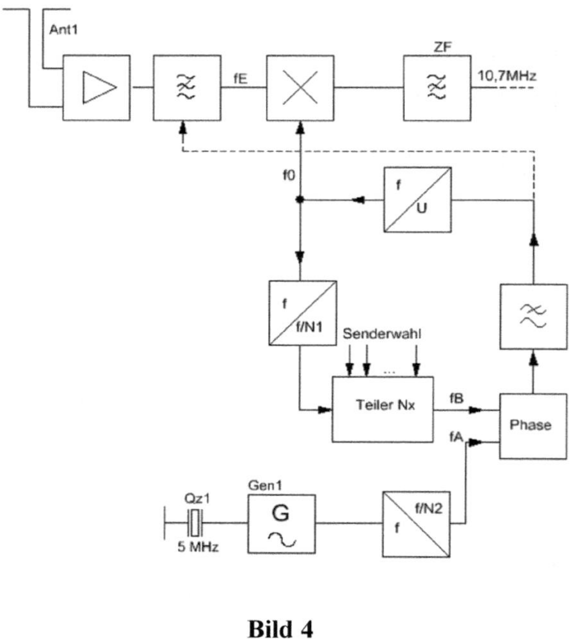

Bild 4

3. **Kanalwähler eines Funksprechgerätes**, siehe **Bild 5**

Die Frequenzteiler A und C sind auf folgende Werte eingestellt:
A: $N_A = 2$; B: $N_B = 3$; C: $N_C = 1024$. (B ist ein Frequenz-**Vervielfacher**.)

3.1 Berechnen Sie für obige Teilerzahlen die Frequenzen: f_1; f_2 und f_5.

3.2 Am Ausgang zum Sprechfunkgerät soll die Oszillatorfrequenz $f_0 = 16,42$ MHz liegen. Auf welche Teilerzahl N_x muss der Teiler E eingestellt sein?

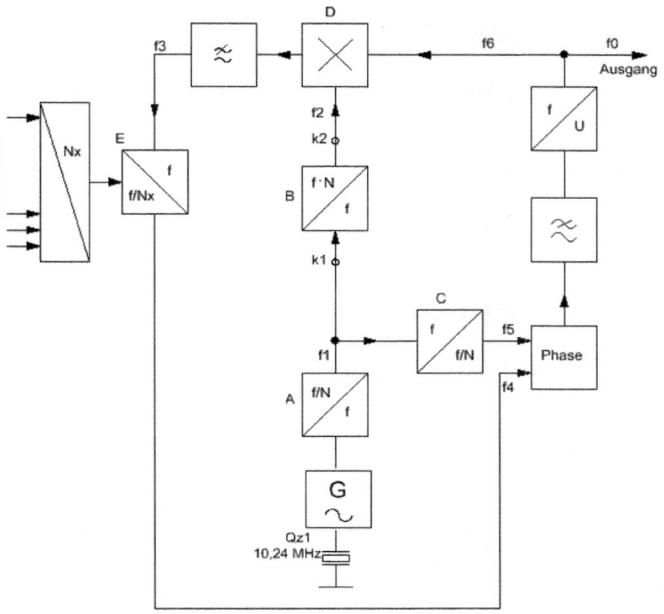

Bild 5

3.3 Der zwischen den Klemmen k_1, k_2 liegende Vervielfacher ist realisiert mit einem weiteren PLL-Kreis. Skizzieren Sie den dazwischen liegenden PLL-Kreis mit Teiler.

3.4 Auf welches Teilerverhältnis N muss dieser Teiler zwischen k1, k2 eingestellt sein, wenn weiterhin $f_0 = 16{,}42$ MHz betragen soll und die Teiler A auf N = 4, Teiler C auf N = 512 und Teiler E wie in Aufgabe 3.2 eingestellt sind.

3.5 Welche Aufgabe besitzt der Modulator D?

Lösungen

1. Synthesizer-Prinzip

1.1 Im eingerasteten Zustand ist: $f_1 = f_2$ (=1 kHz). $\Rightarrow$ $f_x = N \cdot f_2 = 430\ \text{kHz}$.

2. Senderwahlstufe eines UKW-Empfängers

2.1 Aus (1): $f_0 = 102{,}9$ MHz. $\Rightarrow$ $\dfrac{f_0}{N_1} = 25{,}725\ \text{MHz}$.

Eingerastet: $f_A = f_B = \dfrac{5\ \text{MHz}}{N_2} = 25\ \text{kHz}$. Wenn $N_{x1} = 1029$ wird, geht die Regelabweichung --> 0 $\Rightarrow$ $N_{x1} = \dfrac{25.725\ \text{kHz}}{25\ \text{kHz}} = 1029$.

2.2 Ausgehend von N_{x1} wird mit $\frac{25.725\text{ kHz}}{1145} = 22,46\text{ kHz} < f_A \Rightarrow$ der Mittelwert sinkt und somit auch f_0 bis $f_A = f_B$ wird. Also muss sein: $f_0 = 25\text{ kHz} \cdot N_{x2} \cdot 4 = 114,5\text{ MHz}$.
$f_E = 103,8$ MHz.

2.3 $f_{0min} = 98,7\text{ MHz} \Rightarrow N_{xmin} = 987$;

$f_{0max} = 118,7\text{ MHz} \Rightarrow N_{xmax} = 1187$.

3 Kanalwähler eines Funksprechgerätes

3.1 $f_1 = \frac{1024\text{ MHz}}{N_A} = 5,12\text{ MHz}$; $f_2 = f_1 \cdot N_B = 15,36\text{ MHz}$;

$f_3 = \frac{f_1}{N_C} = 5,0\text{ kHz}$.

3.2 $f_0 = f_6 = 15,42\text{ MHz}$; $f_3 = f_2 - f_6 = (-)1,06\text{ MHz}$ (unteres Seitenband der AM; $(-)1,06$ MHz ergibt an U-Achse gespiegelt $+1,06$ MHz).

$f_5 = f_4 = 5\text{ kHz}$;

Teiler E: $f_4 = \frac{f_3}{N_x} \Rightarrow N = \frac{f_3}{f_4} = 212$.

3.3 Siehe **Bild 6**.

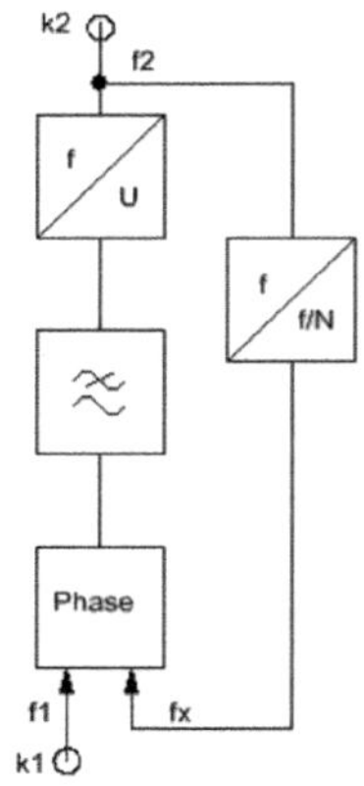

Bild 6

3.4 $f_1' = \frac{10,24\text{ MHz}}{4} = 2,56\text{ MHz}$;

$N = \frac{f_2}{f_x} = \frac{15,36\text{ MHz}}{2,56\text{ MHz}} = 6$

3.5 D erzeugt mit der Differenz eine niederfrequentere Frequenz.

9 ASK/FSK/PSK (Modemverfahren)

ASK

Laboraufgabe

1. **ASK mit XR2206**, siehe **Bild 1**

   Das Eingangssignal muss **mit einem Offset** beaufschlagt werden! (Ohne Offset ergibt sich eine PSK!)

   $U_{Data} = U_1 = 5$ V (TTL); Bitrate 1200 Bit/s;
   $f_T = 1{,}3$ kHz; $u_T = 5\ V_{ss}$.

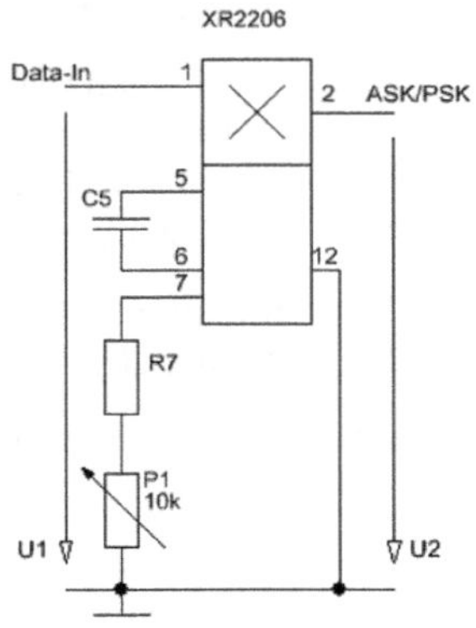

Bild 1

1.1 Stellen Sie mit P_1 die Trägerfrequenz f_T ein ($C_5 = 10$ nF).

Das Spektrum wird mit PSPICE ermittelt.
Schaltung dazu siehe **Bild 2**.

1.2 Berechnen Sie aus den obigen Angaben die Zeit für ein Bit.

1.3 Berechnen Sie die Frequenz der Grundwelle, die sogenannte Punktfrequenz f_p.

1.4 Simulieren Sie die ASK_1 für folgende Bitkombination: 1, 0, 1, 0, 1,....

1.5 Berechnen Sie einige Frequenz-Werte der Linien des Ausgangsspektrums $U_2 = f(f)$, und vergleichen Sie mit dem Ergebnis der Simulation.

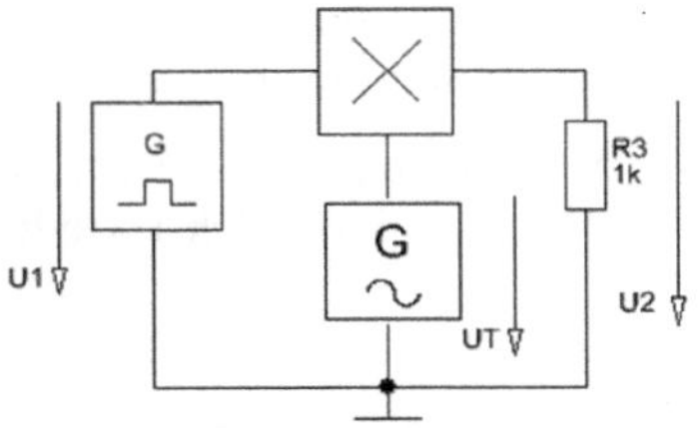

Bild 2

1.6 Wie groß ist der Frequenzabstand der Linien?

1.7 Erklären Sie das Zustandekommen der folgenden Linien des Spektrums: 500 Hz; 1,7 kHz; 2,9 kHz.

1.8 Berechnen Sie die Linienhöhen der drei höchsten Linien.
Bemerkung: Das Zeitfenster (final-time) der Analyse entscheidet über die Genauigkeit der Simulation. Wählen Sie z. B.: 50 ms, wenn Sie Ihre Rechnung überprüfen wollen.

1.9 Vergleichen Sie mit der AM hinsichtlich der Linienanzahl und des Frequenzabstandes!

1.10 Warum wird die ASK in der Übertragungstechnik nicht angewendet?

PSK

Laboraufgabe bzw. Simulation

2. **PSK mit XR2206**

Im Labor Schaltung nach **Bild 1**.
U_1 muss DC-frei sein (wie in **Bild 3**)!
$U_{Data} = U_1 = 5$ V; Bitrate 1200 Bit/s;
$f_{T1} = 1{,}3$ kHz; $u_T = 5$ V_{ss}.

Mit Simulation, siehe **Bild 2**. Der Multiplizierer hat die Bezeichnung „Mult“ in der abm.slb.

2.1 Erklären Sie die Sprünge in der Ausgangs-Zeit-Funktion $u_2(t)$.

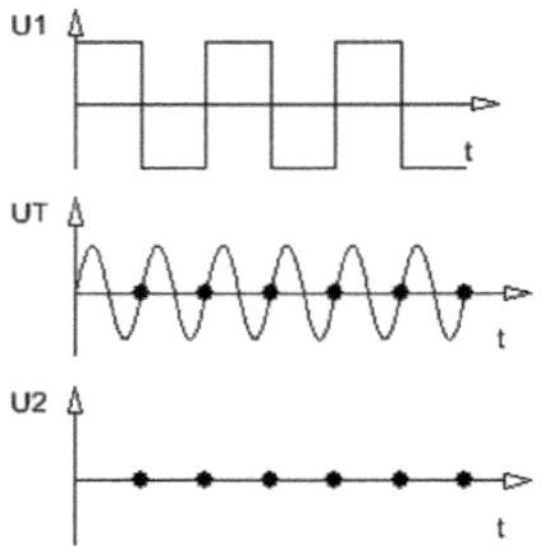

Bild 3

2.2 Vergleichen Sie das Ausgangsspektrum mit der Aufgabe 1.5, und erklären Sie die Ursache der Änderung.

Übungen zur PSK-Zeitfunktion

3.1 Ermitteln Sie in **Bild 3** die PSK-modulierte Spannung $u_2(t)$. Beachten Sie: Der Multiplizierer ist ein Vierquadrantenmultiplizierer, der auch das Vorzeichen multipliziert.

3.2 Auf der Empfängerseite wird mit einem weiteren Multiplizierer das PSK-Signal demoduliert. Demodulieren Sie die PSK, unter der Annahme, der Träger würde dem Multiplizierer phasen-gleich und -starr zugeführt werden.

3.3 Welche Schaltung müsste den Demodulator ergänzen, so dass der Empfänger das gesendete Signal möglichst wieder orginalgetreu erhalten würde?

ASK-FSK-Spektrum

Laboraufgabe

4. **ASK-FSK mit XR2206**

Das V.23 Modem besitzt eine Bitrate von 1200 Bit/s. Das Übertragungsverfahren ist FSK, wobei die logische „0“ mit 1300 Hz und die „1“ mit 1700 Hz übertragen wird.

4.1 Siehe **Bild 4**: Stellen Sie mit R_7 und R_9 obige Frequenzen ein. Legen Sie an Pin 9 das modulierende Signal (Datenbits) mit TTL-Pegel an, und überprüfen Sie das FSK Signal $u_2(t)$.

4.2 Messen Sie einige Linien des Ausgangsspektrums $U_2 = f(f)$.

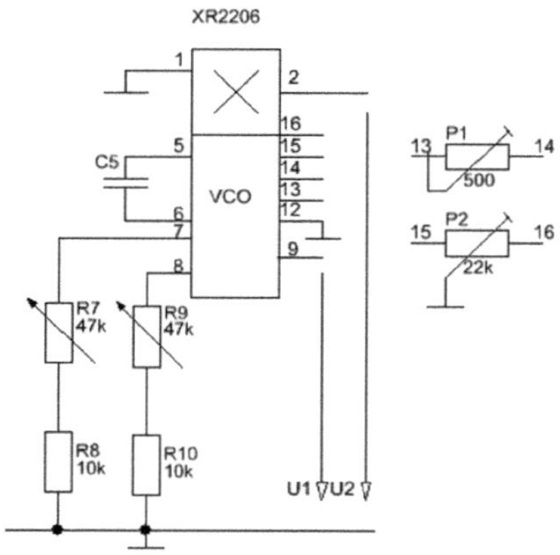

Bild 4

5. **FSK**

Eine FSK kann man sich aus zwei ASK-Signalen zusammengesetzt denken, nämlich aus einer ASK_1 mit dem Träger 1300 Hz und aus einer ASK_2 mit dem Träger 1700 Hz.

5.1 **ASK_1**: Simulieren Sie die ASK_1 für die Bitkombination 1, 0, 1, 0, ... mit den Werten: v_D = 1200 Bit/s; $\hat{u}_{11}$ = 1 V, f_1 = 1300 Hz ($\triangleq f_{T_1}$); $\hat{u}_{T1}$ = 2 V.

5.2 Berechnen Sie einige Frequenz-Werte der Linien des Ausgangsspektrums $U_{21} = f(f)$, und vergleichen Sie mit der Simulation.

5.3 **ASK_2**: Berechnen Sie einige Frequenzwerte der Linien des Ausgangsspektrums $U_{22} = f(f)$ für
v_D = 1200 Bit/s; $\hat{u}_{12}$ = 1 V,
f_2 = 1700 Hz ($\triangleq f_{T_2}$); $\hat{u}_{T2}$ = 2 V, und
vergleichen Sie mit der Simulation.

$ASK_1 + ASK_2$ ---> FSK

5.4 Siehe **Bild 5**: Skizzieren Sie mit den Angaben von 5.1 und 5.3 das Ausgangsspektrum $U_2 = f(f)$ der FSK – ohne Spannungswerte –, und vergleichen Sie mit dem Ergebnis der Simulation. Bei der Simulation muss U_{12} um ein Bit zeitverschoben sein $\triangleq$ tD.

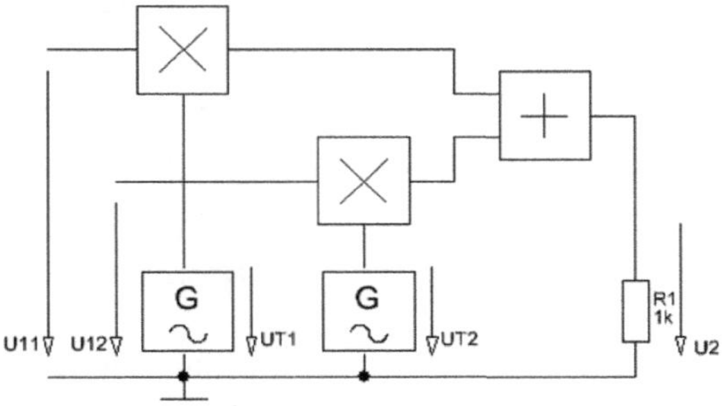

Bild 5

Aufgabe

1. **Tastfunktion**

Die momentane Bitfolge (Tastfunktion) in **Bild 6** moduliert einen Träger mit f_T = 2 kHz; u_T = 4 V_{ss}.

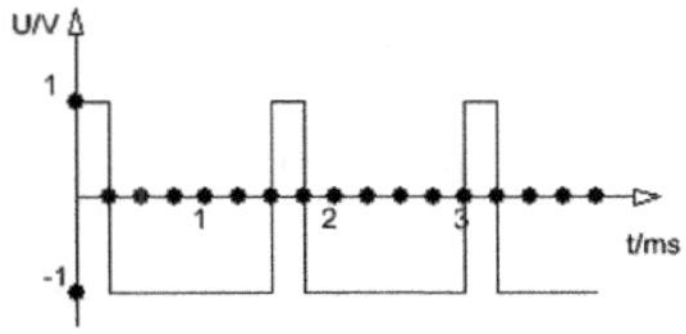

Bild 6

1.1 Welche Modulationsart (ASK, FSK, PSK) wird dabei erzeugt?

1.2 Berechnen Sie einige Frequenzwerte des Spektrums.

1.3 Berechnen Sie für einige Linien die Spannungs-Werte.

1.4 Warum sind die Linien links des Trägers höher als die rechts davon?

Lösungen der Laboraufgaben

1. **ASK mit XR2206**

1.2 $t_{Bit} = \frac{1\,s}{1200} = 833{,}33\ \mu s.$

1.3 $f_p = \frac{1}{T_0} = 600\ Hz$

1.5 $f_{T1} = 1300\ Hz$

$f_{T1} \pm f_p$ --> 700 Hz / 1900 Hz

$f_{T1} \pm 3f_p$ --> –500 Hz / 3100 Hz (Bei 1, 0, 1,... kommen wegen $t_i = t_p$ nur ungeradzahlige Vielfache der OW vor.)

$f_{T1} \pm 5f_p$ --> –1,7 kHz / 4,3 kHz usw.

1.6 Linienabstand ist f_p (wie bei AM oder FM).

1.7 –500 Hz; –1,7 kHz; –2,9 kHz und weitere werden an der U-Achse gespiegelt; diese fallen dann auf +500 Hz; +1,7 kHz usw. (ähnlich wie in **Bild 8**).

1.8 $u_2(t) = ku_1(t) \cdot u_T(t) \Rightarrow \hat{u}_2 = k\hat{u}_T \sin \Omega t \left[U_{1DC} + \frac{2u_{1ss}}{\pi}\left(\frac{1}{1}\sin 1\omega t + \frac{1}{3}\sin 3\omega t + ...\right) \right]$ (1)

Mit $U_{1DC} = 2{,}5\ V \Rightarrow$ Träger (1,3 kHz): $k\hat{u}_T \cdot U_{1DC} \Rightarrow k(2{,}5\ V \cdot 2{,}5\ V) = 6{,}25\ V$

Jede der beiden Seitenlinien: $k\frac{1}{2}(\hat{u}_T \cdot \frac{2u_{1ss}}{\pi}\hat{u}_1) \Rightarrow k\frac{2{,}5\ V \cdot \frac{10\ V}{\pi}}{2} = 3{,}98\ V \quad (k = \frac{1}{V})$

Oder mit der Spektraldichtefunktion ergibt bei $f = f_0$: $\hat{u}_0 = 3{,}18\ V \Rightarrow$ für jede Seitenlinie:

$k\frac{1}{2}\hat{u}_0 \cdot \hat{u}_T = 3{,}97\ V$

1.9 AM besitzt keine Oberwellen (OW), also kommen nur f_T und ($f_T \pm f_s$) vor.

1.10 Eine längere Nullfolge könnte vom Empfänger falsch interpretiert werden, nämlich als kurzzeitige Unterbrechung oder als Abschalten.

2. **PSK mit XR2206**

2.2 Ohne Gleichanteil gibt es keinen Träger siehe (1).

3. **Übungen zur PSK-Zeitfunktion**

3.1 Siehe die Spannung U_{PSK} in **Bild 7**.

3.3 Ein Tiefpass muss in Ausgang eingefügt werden.

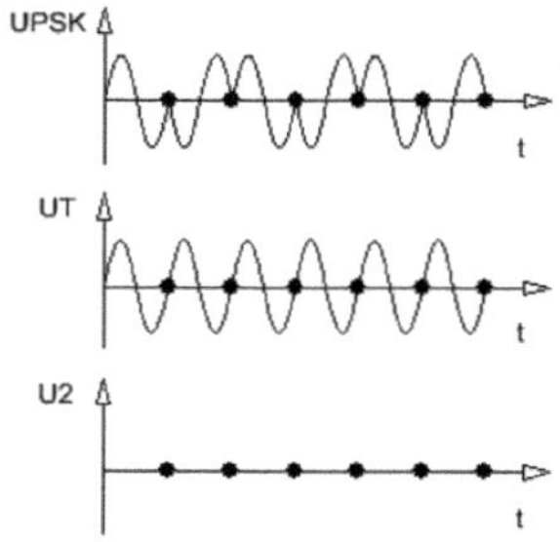

Bild 7

5. **FSK**

5.2 ASK_1: Siehe 1.5

5.3 ASK_2: $f_{T2} = 1700$ Hz. $f_p = 600$ Hz.

$f_{T2} \pm f_p$ --> 1100 Hz / 2300 Hz

$f_{T2} \pm 3f_p$ --> –100 Hz / 3500 Hz; usw.

ASK_1 + ASK_2

5.4 Siehe **Bild 8**. Wie man daraus ersehen kann, liegen die höchsten Linien innerhalb des Fernsprechbandes (0,3...3,4) kHz. Dazu müssen die beiden Träger natürlich in etwa der Mitte des Bandes liegen.

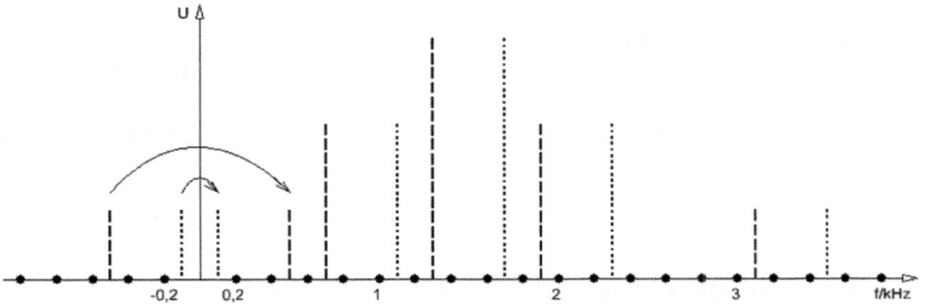

Bild 8

Lösung der Aufgabe

1. **Tastfunktion**

1.1 Bei den Bit-Übergängen entstehen Phasensprünge ⇒ PSK; die Tastfunktion besitzt einen DC-Wert, damit entsteht am Ausgang die Trägerlinie.

1.2 $f_T = 2$ kHz;

$f_T \pm f_p$ --> 1,33 kHz / 2,66 kHz; ($f_p = 666{,}66$ Hz)

$f_T \pm 3f_p$ --> 0 kHz / 4 kHz;

$f_T \pm 4f_p$; usw.

1.3 Mit: $U\left(nf_p\right) = 2 \cdot u_{ss}\dfrac{t_i}{T} \cdot \dfrac{\sin \pi n f_p t_i}{\pi n f_p t_i}$ (*) werden:

(*) *Siehe dazu Kapitel 1: Fourier.*

f_T (2 kHz)	$U_{DC} = -0{,}666$ V	$\Rightarrow kU_{DC} \cdot \hat{u}_T = 1{,}33$ V $\quad (k = \frac{1}{V})$
$f_T \pm 1f_p$ (1,33 kHz / 2,66 kHz)	$U(1f_p) = 0{,}636$	$\Rightarrow k\frac{1}{2}U(1f_p)\cdot \hat{u}_T = 0{,}634$ V
$f_T \pm 2f_p$ (666,6 Hz / 3,33 kHz)	$U(2f_p) = 0{,}551$	$\Rightarrow k\frac{1}{2}U(2f_p)\cdot \hat{u}_T = 0{,}55$V
$f_T \pm 3f_p$ (0Hz / 4 kHz)	$U(3f_p) = 0{,}422$	$\Rightarrow k\frac{1}{2}U(3f_p)\cdot \hat{u}_T = 0{,}422$ V usw.

1.4 Durch Spiegelung an der U-Achse:
- fällt die Linie $f_T - 5f_p$ (–1,33 kHz) auf die Linie $f_T - f_p$ (1,33 kHz) und beide addieren sich;
- fällt die Linie $f_T - 4f_p$ (–666.66 Hz) auf die Linie $f_T - 2f_p$ (666,66 Hz) usw.

Schritt- und Datenübertragungsgeschwindigkeit

Bisher wurden pro Takt (= Schritt) ein Bit übertragen; im nächsten Kapitel werden pro Takt mehr Signalzustände übertragen. Dadurch steigt die Datenübertragungsgeschwindigkeit v_D.

$v_S = \frac{1}{T_T}$ (Bd);

$v_D = k_a \cdot v_S \cdot \text{lbn}$ (Bit/s)

k_a: Anzahl der parallelen Kanäle

T_T: Taktzeit

$\text{lbn} = \frac{\lg n}{\lg 2}$

Beispiele

Ermitteln Sie in allen Beispielen die Anzahl der Signalzustände, Anzahl der Bits/Takt und die Datenübertragungsgeschwindigkeit v_D für: $k_a = 1$.

1.1 Siehe **Bild 9**.

(Binär)

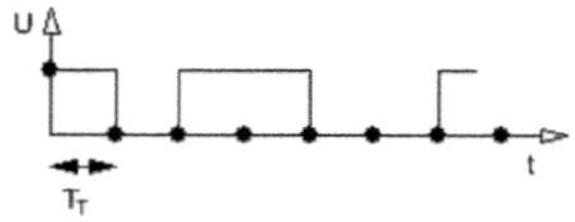

Bild 9

1.2 Siehe **Bild 10**.

(Quarternär)

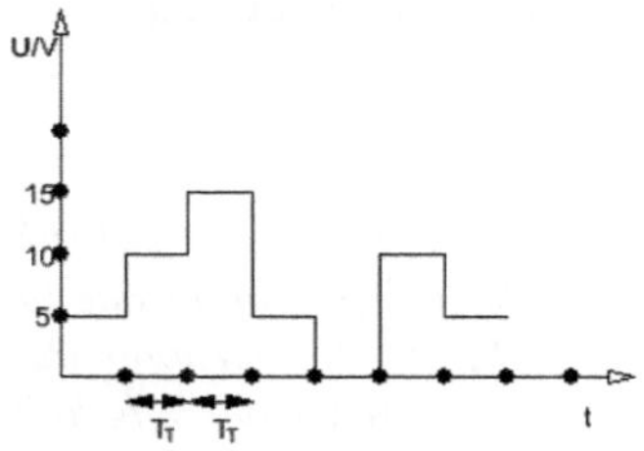

Bild 10

1.3 Siehe **Bild 11**.

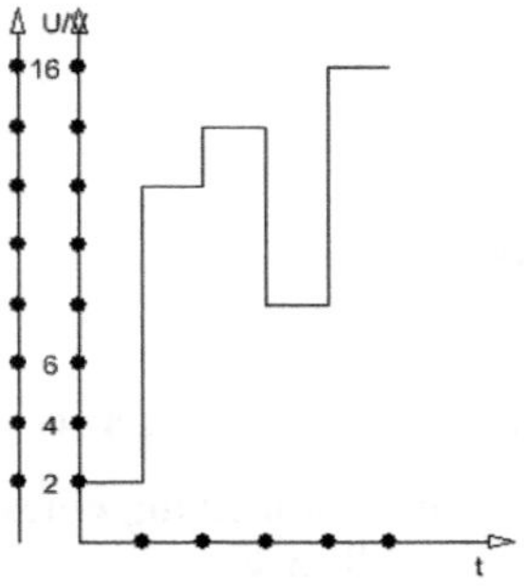

Bild 11

Lösungen

1.1 2 Zustände (n = 2); 1 Bit:

$v_D = 1 \cdot v_S \cdot \text{lb}2 \Rightarrow v_D = v_S$.

1.2 n = 4 $\Rightarrow v_D = 2 \cdot v_S$; 2 Bit

1.3 n = 8 $\Rightarrow v_D = 3 \cdot v_S$; 3 Bit

10 ASK-4/PSK-4

Aus Kapitel 9 Aufgabe 5.4 (FSK) wird ersichtlich, dass eine Bitrate von 1200 Bit/s schon die volle Telefonbandbreite beansprucht; möchte man die Bitrate bei gleicher Bandbreite vergrößern z. B.: verdoppeln, muss man zur mehrwertigen Modulation übergehen. Dazu wird der Datenstrom aufgeteilt in nierderbitratige Signale.

Im Folgenden wird die verdoppelte Bitrate (2400 Bit/s) auf 2 niederbitratige Signale aufgeteilt, siehe **Bild 1**.

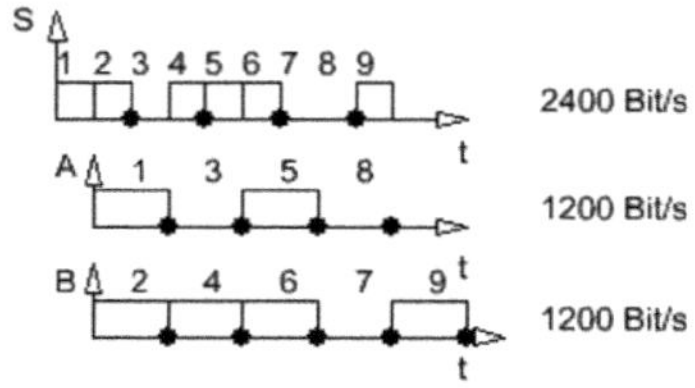

Bild 1

ASK-4

Aufgabe/Laboraufgabe

1. **Dimensionierung eines ASK-4-Modulators**, siehe **Bild 2**

A	U_1/V	B	U_2/V	U_4/V
0	0	0	0	–2
0	0	1	1	–4
1	1	0	0	–6
1	1	1	1	–8

1.1 Die Dibits modulieren den Träger: f_T = 1,6 kHz; u_T = 2 V_{ss}; U_{off} = 1 V
Berechnen Sie die Widerstände R_1, R_2, R_3 und den Offset, wenn für die Dibits die Zuordnung, wie in der Tabelle gewünscht wird:

1.2 Überprüfen Sie ihr Ergebnis durch Simulation.

1.3 Ermitteln Sie das Ausgangsspektrum U_5 = f(f).

1.4 Warum ist ein Offset nötig?

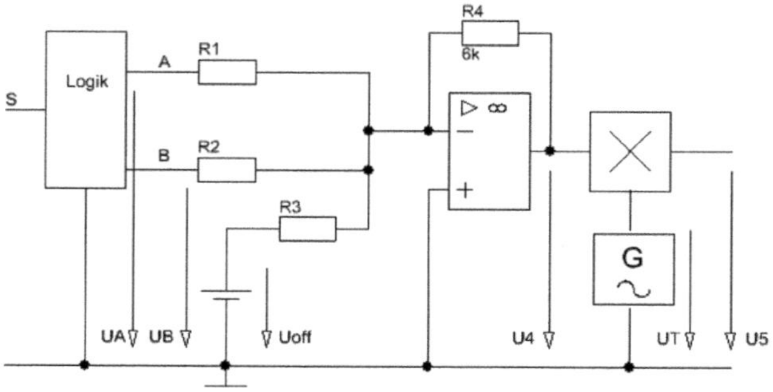

Bild 2

PSK-4

2. **PSK-4-Modulator**

Die Signale A und B, siehe **Bild 3**, werden mit dem Modulator, siehe **Bild 4**, moduliert.

$U_A = U_B = 2\ V_{ss}$; $U_T = 2\ V_{ss}$; $f_T = 2$ kHz

2.1 Ermitteln Sie mit Hilfe der Simulation die Signale an: I(t), Q(t) und $u_2(t)$.
Hinweis: Tragen Sie im zweiten Generator Phase = 90 ein (PSPICE).

2.2 Stellen Sie U_2 als Zeiger in Abhängigkeit der Phasenwinkel dar.

2.3 Ordnen Sie die Dibits: 00, 01, 10, 11 den Zeigern zu.

2.4 Wie viele Signalzustände können beschrieben werden, wenn gleichzeitig mit ASK-4 und PSK-4 übertragen wird (QAM)?

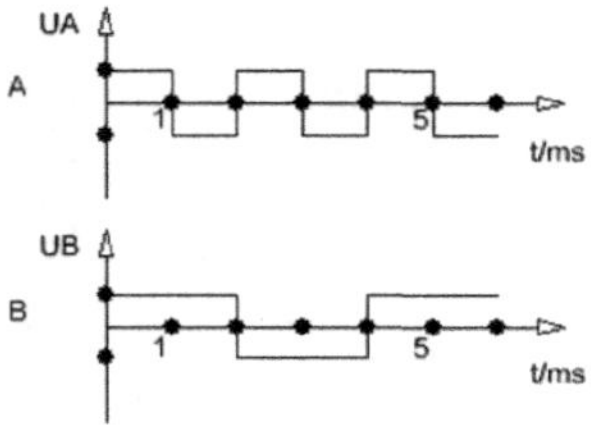

Bild 3

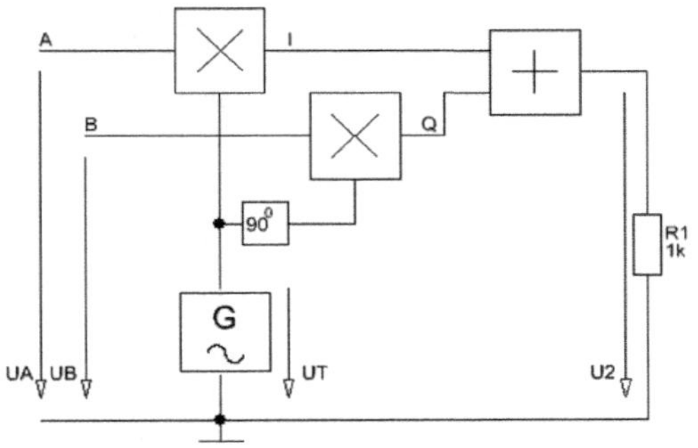

Bild 4

Lösungen

1. **Dimensionierung eines ASK-4-Modulators**

1.1 00: $\frac{U_4}{U_{off}} = -\frac{R_4}{R_3} \Rightarrow R_3 = 3\ k\Omega$

01: $U_4 = -\frac{R_4}{R_2}U_2 - \frac{R_4}{R_3}U_{off} \Rightarrow R_2 = 3\ k\Omega$

10: $R_1 = 1{,}5\ k\Omega$;

Probe für 11: $U_4 = -\frac{R_4}{R_1}U_1 - \frac{R_4}{R_2}U_2 - \frac{R_4}{R_3}U_{off}$

1.4 Um Fehlinterpretationen bei längeren Nullfolgen zu vermeiden (siehe Kapitel 9).

2. **PSK-4-Modulator**

2.1 Siehe **Bild 5**.

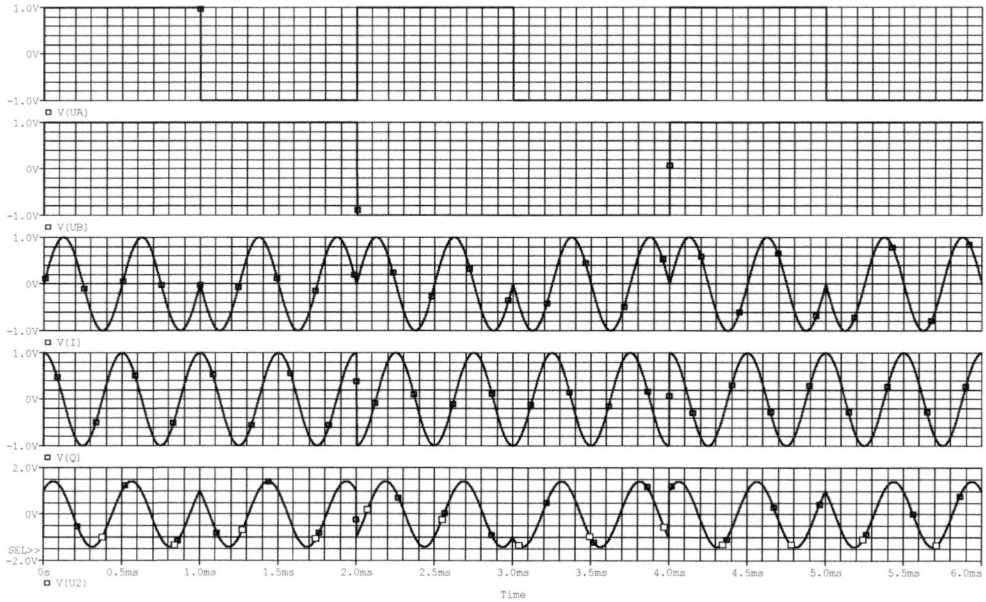

Bild 5

2.2 Die Auswertung erfolgt hier immer knapp links vom Phasensprung. Ergebnis, siehe **Bild 6**.

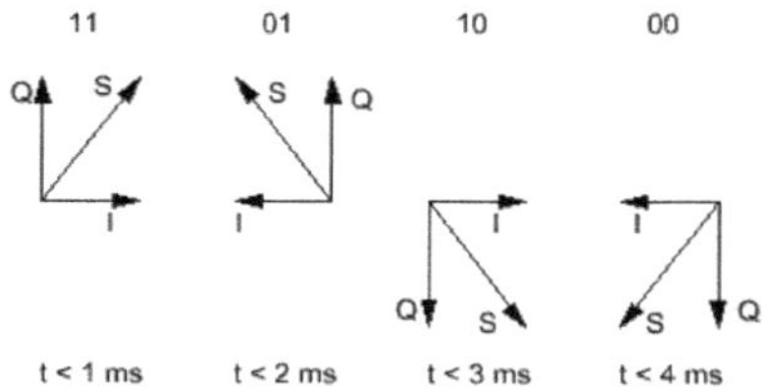

Bild 6

2.3 Siehe **Bild 7**.

2.4 Vier Zustände in jedem Quadranten, also 16 insgesamt.

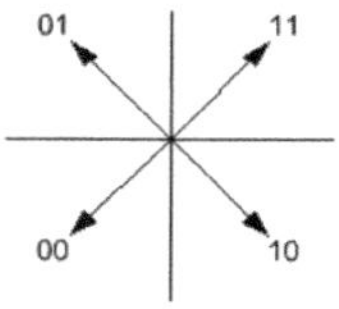

Bild 7

11 DSL

Fragen/Aufgaben

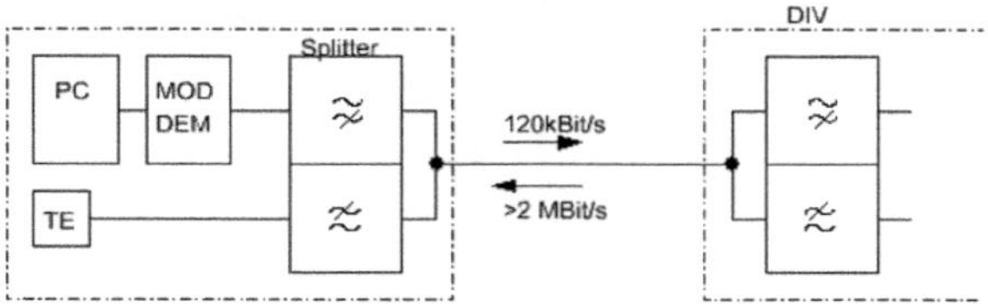

Bild 1

1. Was sind die Ursachen für die abnehmende Bitrate bei großer Anschlussentfernung?
2. Es gibt: ADSL, SDSL und VDSL. Nennen Sie einige Merkmale, Unterschiede.

Entfernung	Bitrate Mbit/s
2 km	6
3 km	4
4 km	2

Frequenzbänder

Ausgehend von ISDN: Bei 4B/3T-Codierung ist f_{max} = 120 kHz; bei 2B/1Q-Codierung ist f_{max} = 80 kHz (siehe dazu Kapitel ISDN).

3. **DSL-Kanäle**

3.1 Der Kanalabstand beträgt zwischen 1 und 2: $\Delta f = 4{,}3125$ kHz. Wie viele Kanäle liegen zwischen 1104 kHz und 138 kHz?

3.2 Der Downstream geht von 1104 kHz bis 138 kHz; der Upstream liegt im Downstream zwischen 138 kHz und 276 kHz. Wie viele Kanäle besitzt der Upstream?

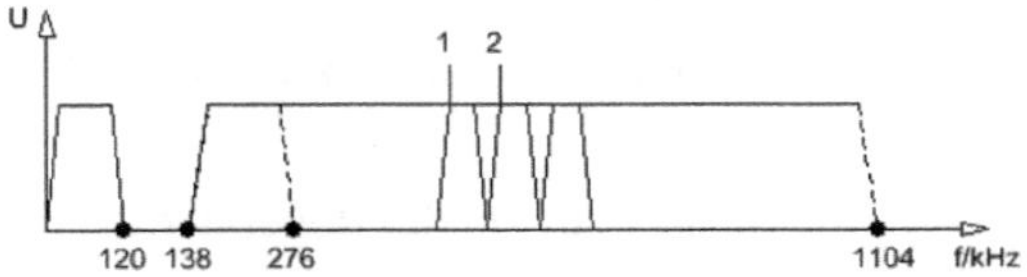

Bild 2

3.3 Mit welchem Verfahren wird der Up- vom Downstream getrennt?

3.4 Erläutern Sie das Verfahren.

3.5. Jeder Kanal wird mit QAM-codiert, und zwar dynamisch, abhängig von dem Rauschabstand. Wie viele Zustände können pro Kanal beschrieben werden?

4. **Signalzustände**

4.1 **Bild 3**: Wie viele Zustände werden beschrieben und wie viel Bits werden dazu benötigt?

4.2 Ordnen Sie dem Zeiger in **Bild 3** einen möglichen Code zu.

4.3 Berechnen Sie die maximale Bitrate des Downstream in **Bild 2**.

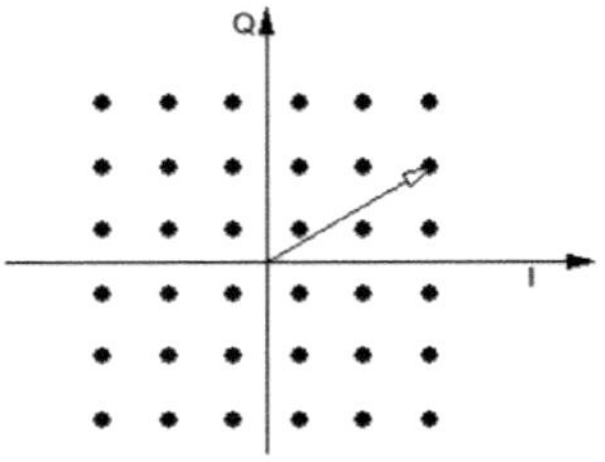

Bild 3

Lösungen

1. Die Dämpfung hängt ab von der Bitrate, der Leitungs-Länge, dem Drahtquerschnitt, der Adernisolierung, dem Kapazitätsbelag und vor allem der Kanalfrequenz: a ~ f.

2. ADSL: Asymmetrisches DSL (7 Mbit/s); SDSL: Symmetrisches DSL (2 Mbit/s); VDSL: asymmetrisch oder symmetrisch (52 Mbit/s).

3. **DSL-Kanäle**

3.1 224 Kanäle.

3.2 32 Kanäle.

3.3 Mit Echokompensation.

3.4 Der Sender vergleicht sein Sendesignal mit dem empfangenen und subtrahiert seines davon. Der Rest ist das Empfangssignal.

3.5 $2^{15} = 32768$.

4. **Signalzustände**

4.1 36 Zustände. Mit 6 Bit können 64 Zustände beschrieben werde; hier gibt es also Redundanz.

4.2 z. B.: 11 0101; in der Regel wird der Gray-Code angewendet.

4.3 Siehe Beispiele zur Daten-, Schrittgeschwindigkeit:

$v_D = k_a v_s lbn$: Aus B = 4 kHz $\Rightarrow$ $f_p = 2$ kHz $\Rightarrow$ $t_{Bit} = 250$ µs $\Rightarrow$ $v_s = 4$ kBit/s

$\Rightarrow$ $v_{Dmax} = 224 \cdot 4$ Kbit/s $\cdot\ 15 = 13{,}44$ Mbit/s

Teil II
INFORMATIONSTECHNIK

2. Digitale Übertragungsverfahren und -systeme

12 Pulsamplitudenmodulation (PAM)

PAM-Modulation kann mit einem Vier-Quadranten-Multiplizierer realisiert werden (z. B.: S042P; TCA 241 u. a.).

PAM-Zeitfunktion und Spektrum

Simulation

Die Signalspannung u_s wird mit u_T abgestastet.

$\hat{u}_s = 2$ V (sinus); $U_{Off} = 0$ V; $f_s = 1$ kHz
$\hat{u}_T = 2$ V (Rechteck: $\hat{u} = 2$ V; $u_{min} = 0$ V);
T/ti = 10; Taktfrequenz: $f_T = 10$ kHz

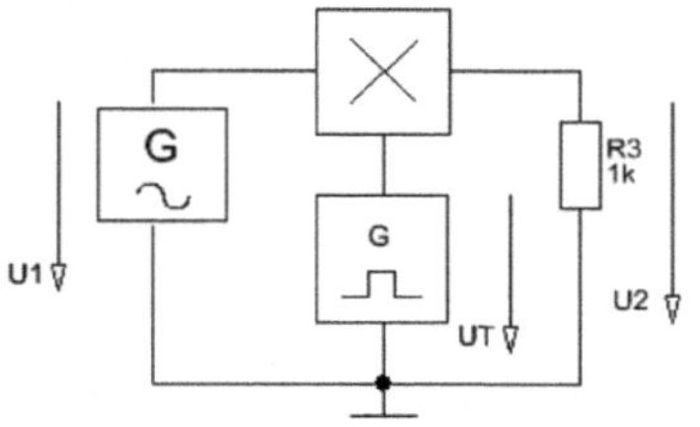

Bild 1

1.1 Stellen Sie die Diagramme $u_s(t)$, $u_T(t)$, $u_2(t)$ untereinander dar, und erklären Sie die Form und die Polarität der Ausgangsspannung.

1.2 Wozu dienen die Zeitlücken?

1.3 Erklären Sie das Entstehen der Zeitlücken!

1.4 Ergibt sich auch eine PAM, wenn das Signal $u_s(t)$ einen Offset (z. B.: mit 2 V) bekommt?

1.5 Ändern Sie die Signalfrequenz auf $f_s = 5$ kHz; ($f_T = 10$ kHz). Bleibt die Signalfrequenz f_s nach der Demodulation (S&H) erhalten?

1.6 Ändern Sie die Signalfrequenz auf $f_s = 8$ kHz ($f_T = 10$ kHz). Bleibt die Frequenz f_s nach der Demodulation erhalten?

Spektrum der PAM

2.1 Ermitteln Sie das PAM-Spektrum $U_2 = f(f)$ mit den Werten von 1.1.

2.2 Welche Linien erhielte man bei einer Überlagerung von u_T und u_s?

2.3 Welche Linien sind bei der PAM-Modulation hinzugekommen?

2.4 Wie groß sind die Frequenzabstände der „mittleren“ Linien zu den links und rechts davon liegenden Seiten-Linien?

2.5 Ermitteln Sie das PAM-Spektrum für $f_s = 6$ kHz und den übrigen Werten von 1.1, und beurteilen Sie das Spektrum auch im Hinblick auf 1.6.

Frage

- Welche Frequenzwerte besitzt das Spektrum der PAM mit: $f_s = 2$ kHz; $f_T = 5$ kHz; T/ti = 10. Die Spannungswerte bleiben unbeachtet.

Antwort

- Die Tastfunktion besteht aus: f_T; $2 \cdot f_T$; $3 \cdot f_T$; $4 \cdot f_T$ ... Die erste Nullstelle liegt bei $1/t_i = 50$ kHz. In abnehmender Amplitude ergeben sich: $f_T \pm f_s; 2 \cdot f_T \pm f_s; 3 \cdot f_T \pm f_s$: 8 kHz; 10 kHz; 12 kHz; 18 kHz; 20 kHz; 22 kHz; usw.

Aufgaben

1. **Abtastung**

1.1 Ein Analogsignal im Bereich von 100 Hz...5 kHz soll PAM-moduliert werden.Wie hoch muss mindestens die Tastfrequenz des Modulators sein?

1.2 Wie würde am Ausgang des Demodulators ein 5 kHz-Ton sich anhören, wenn obiges Signal mit 8 kHz abgetastet würde? Begründen!

1.3 Wie würde am Ausgang des Demodulators ein 3 kHz -Ton sich anhören, wenn obiges Signal mit 8 kHz abgetastet würde? Begründen!

2. **Bitraten**

2.1 Ein Signal wird mit $f_T = 12{,}5$ kHz abgetastet. Der Tastimpuls ist ti $\approx$ 10 ns lang. Innerhalb der Tastlücke wird der eigene, momentane Tastwert PCM-codiert mit 6 Bit übertragen, dazu gibt es 7 weitere Kanäle. Berechnen Sie die Bitrate (Bit/s).

2.2 Weltweit wird mit $f_T = 8$ kHz abgetastet. In den USA werden 24 Kanäle mit je 8 Bit innerhalb der Zeitlücken übertragen. Berechnen Sie die Bitrate.

2.3 Mit welcher Bitrate wird übertragen, wenn mit 8 kHz abgetastet wird und zwischen den Tastwerten nur ein Kanal mit 8 Bit übertragen wird?

2.4 Mit welcher Bitrate wird übertragen, wenn mit 8 kHz abgetastet wird und zwischen den Tastwerten 32 Kanäle je 8 Bit übertragen werden?

Lösungen

1. **Abtastung**

1.1 $f_T \geq 2 \cdot f_{smax} \Rightarrow f_T \geq 10$ kHz.

1.2 $f_T \leq 2 \cdot f_{smax}$: Das Signal wird bei 5 kHz weniger als 2 × pro Periode abgetastet, d. h., es fehlen einige Nulldurchgänge und somit entsteht ein tieferer Ton.

1.3 Es ist $f_T \geq 2 \cdot f_{smax} \Rightarrow$ Die Nulldurchgänge entsprechen denen des Signales $\Rightarrow$ man hört den Orginalton.

2. **Bitraten**

2.1 Innerhalb von 80 µ s werden 6 Bit · 8 (Kanäle) übertragen: $\frac{48\ \text{Bit}}{80\ \mu\text{s}} = 525$ kBit/s.

2.2 $\frac{24 \cdot 8\ \text{Bit}}{125\ \mu\text{s}} = 1{,}536$ Mbit/s.

2.3 64 kBit/s (ein ISDN-Kanal).

2.4 2,048 Mbit/s (siehe PCM 30).

13 Pulscodemodulation (PCM)

Quantisierung

(Siehe auch Elektronik, Kapitel 9.)

Aufgaben

1. **A/D-Umsetzer**

   Bild 1. Der Eingangsspannungsbereich ist positiv, $U_{ref} = 16$ V. Der Codierer arbeitet mit linearer Kennlinie. Die Quantisierung erfolgt im 8-4-2-1-Code (seriell).

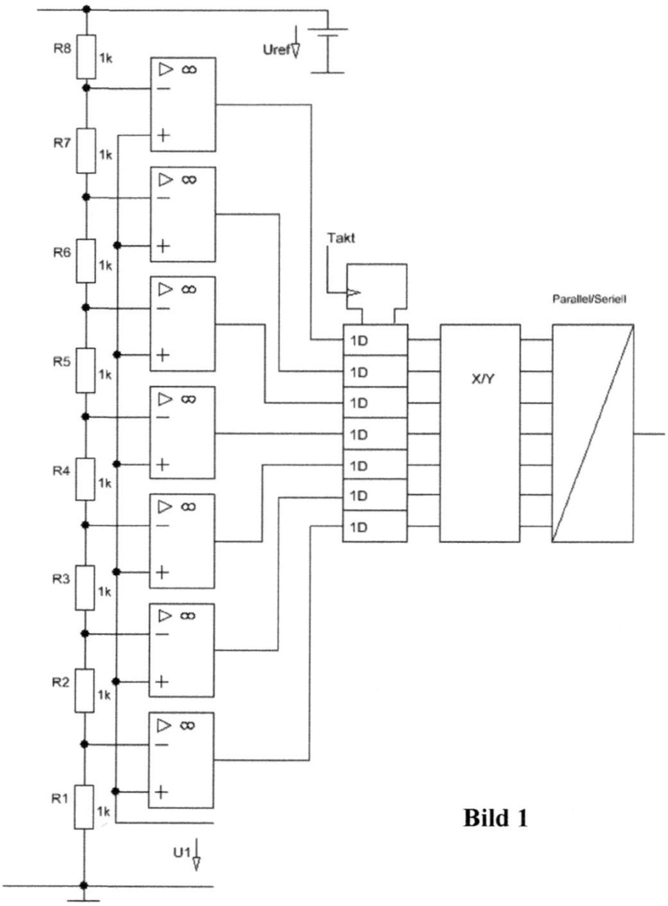

Bild 1

1.1 Welchen Minimalwert muss U_1 besitzen, damit der Empfänger den Wert nicht als 0 V decodiert?

1.2 Berechnen Sie U_{1max}.

1.3 Wie viele Quantisierungsschwellen gibt es?

1.4 Mit wie vielen Bits arbeitet dieser ADU?

1.5 Wie lautet der PCM-Code für +1,8 V, wenn die Entscheidungsschwelle gleich der Quantisierungs-Schwelle ist?

1.6 Wie lautet der PCM-Code für ein PAM-Spannungswert von +7 V?

1.7 Berechnen Sie aus den Aufgaben 1.1 und 1.2 die Dynamik ($20 \lg \frac{U_{1max}}{U_{1min}}$) des ADU.

1.8 Mit welcher schaltungstechnischen Maßnahme könnte man die Dynamik auf 35,9 dB erhöhen?

2. **Quantisierungskennlinie**

(vereinfacht!) für positive Spannungen siehe **Bild 2**.

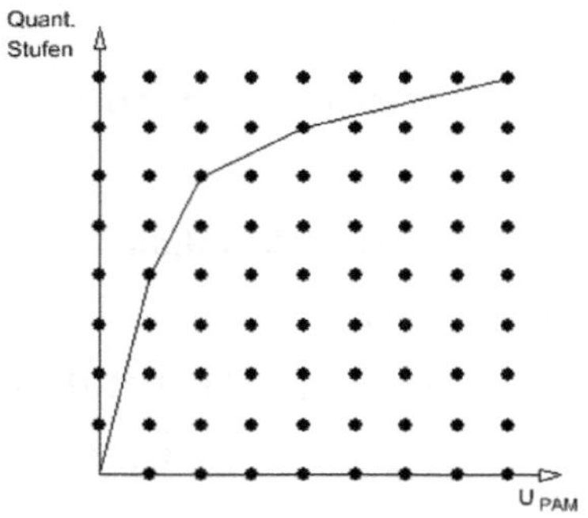

Bild 2

2.1 Tragen Siedie PAM-Spannungswerte in der Kennlinienachse ein, wenn U_{max} = 8 V beträgt, ebenso die Segmentnummern im 8-4-2-1-Code auf der senkrechten Achse. Das Vorzeichenbit ist (VZ) = 1.

2.2 Ermitteln Sie den ungefähren PCM-Code für den Momentanwert für +5,5 V und 0,5 V in der nicht-linearen Kennlinie.

2.3 Geben Sie den PCM-Code für den Momentanwert +0,5 V an, wenn die Kennlinie linear verläuft.

2.4 Welche Vorteile besitzt die nicht-lineare Kennlinie im Vergleich zur linearen?

3. **Quantisierungsrauschen**

3.1 Wodurch entsteht das Quantisierungsrauschen?

3.2 Mit welchen Möglichkeiten kann es verringert werden?

4. **PCM-System**

4.1 Berechnen Sie für „PCM-20“ (hier: insgesamt 20 Kanäle) die Bitrate des Pulsrahmens, wenn mit f_T = 10 kHz abgetastet und mit 8 Bit pro Kanal übertragen wird.

4.2 Berechnen Sie für dieses System die Kanal-Bitrate.

5. **PCM-30** (32 Kanäle)

5.1 Berechnen Sie die Zeit für die Übertragung einer 6-stelligen Rufnummer in Kanal 16.

Lösungen

1. **A/D-Umsetzer**

1.1 ≥ 2 V

1.2 14 V

1.3 7

1.4 3 Bit

1.5 000

1.6 011

1.7 20lg7 = 16,9 dB

1.8 Mit weiteren (63) Komparatoren.

2. **Quantisierungskennlinie**

2.1 Siehe **Bild 3**.

2.2 5,5 V (abgelesen): 1110 0101 (oder: 1110 0110)

0,5 V (abgelesen): 1001 1110

2.3 1000 0111

2.4 Kleine Signale z. B.: 0,5 V werden bei nichtlinearer Kennlinie höher aufgelöst (mit 29 Stufen statt mit 7 Stufen). Dadurch verringert sich das Quantisierungsrauschen erheblich; kleine und mittlere Signale, die bei einem Gespräch hauptsächlich vorkommen, werden höher aufgelöst als große (seltene) Signale. Man erreicht mit der Nichtlinearität einen konstanten relativen Quantisierungsfehler über den gesamten Dynamikbereich und somit einen gleichmäßigen S/N-Abstand.

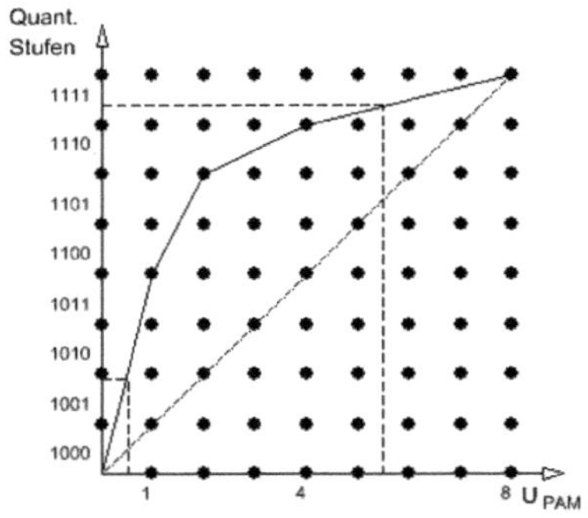

Bild 3

3. **Quantisierungsrauschen**

3.1 Durch die Quantisierungsfehler z. B.: 1,8 V werden in Aufgabe 1 zu 0 V codiert: 000.

3.2 Durch höhere Abtastung: statt mit 8 kHz mit 44,1 kHz wie bei der CD oder Erhöhung der Anzahl der Quantisierungsstufen 2^{16} (CD) --> 16 Bit! $\Rightarrow$ größere Zeitlücken (weniger Kanäle) oder höhere Übertragungsrate!

4. **PCM-System**

4.1 $\frac{8\ \text{Bit} \cdot 20}{100\ \mu\text{s}} = 1{,}6\ \text{Mbit/s}$

4.2 80 kBit/s

5. **PCM-30**

5.1 $6 \cdot 2\ \text{ms} = 12\ \text{ms}$ (für eine Ziffer müssen 16 Rahmen $\times$ 125 μs (= 2 ms) übertragen werden).

14 Leitungscodes: AMI-HDB-3

Aufgaben

1.1 Ermitteln Sie den HDB-3-Code der vier Zeitfunktionen von **Bild 1**.

1.2 Woran erkennt der Decodierer, dass eine zugesetzte „1“ eine „0“ sein muss?

1.3 Warum wird der Binärcode in einen AMI- bzw. HDB-3-Code umgesetzt?

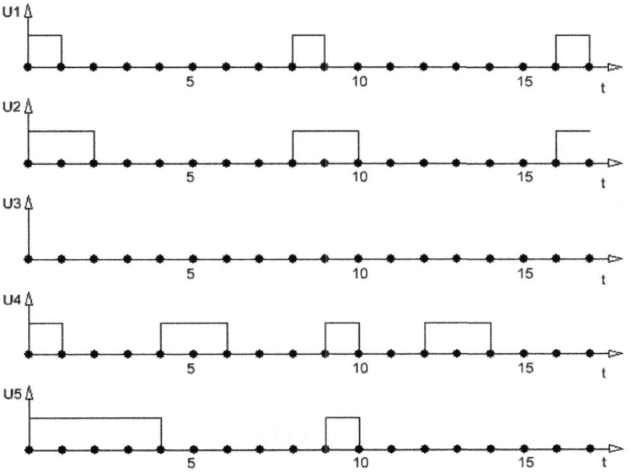

Bild 1

Lösungen

1.1 Siehe **Bild 2**:

$u_1(t)$: ungeradzahlige Pulse werden mit 000V codiert.

$u_2(t)$: geradzahlige Pulse werden mit B00V codiert.

$u_3(t)$: Nullen (geradzahlig) $\Rightarrow$ B00V usw.

1.2 Am AMI-Code-Verletzungsbit: V-Bit.

1.3 Der AMI-Code sorgt für Gleichstromfreiheit. Da es keine Taktleitung gibt, müssen genügend viele Flanken zur Synchronisation des Empfängeroszillators gebildet werden; das wird mit dem HDB-3-Code erreicht.

Bemerkung: Der HDB-3-Code muss auch gleichstromfrei sein!

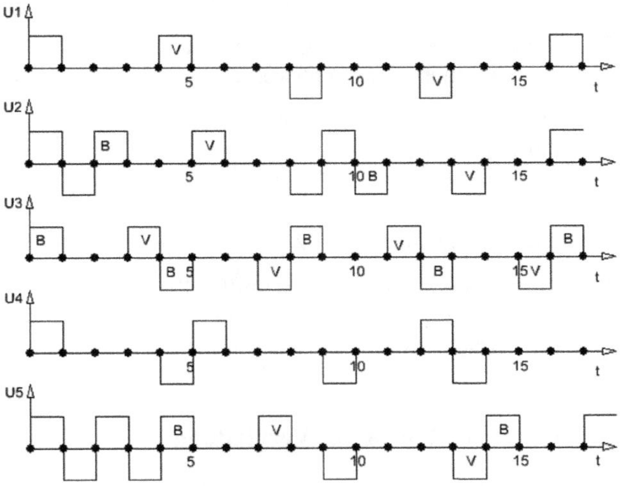

Bild 2

15 ISDN

Allgemeines

Aufgaben

1. **Eigenschaften**

1.1 Mit welcher Takt-Frequenz wird ein ISDN-Gespräch abgetastet?

1.2 Berechnen Sie die Bitrate eines B-Kanales.

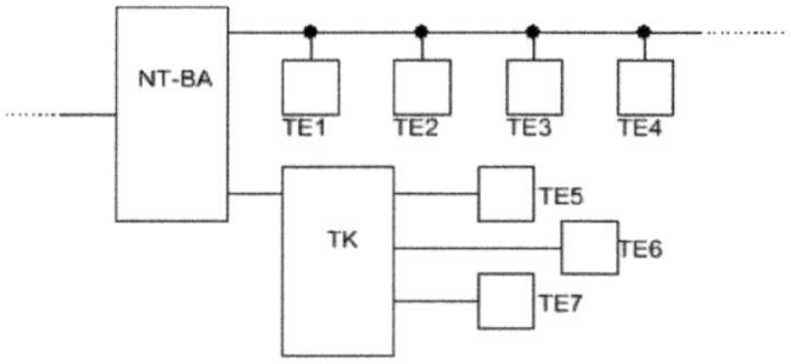

Bild 1

2. **Anschlussarten**

2.1 Beschreiben Sie (siehe **Bild 1**), bei welchen Verbindungen Gebühren anfallen und bei welchen nicht.

2.2 TE_1 telefoniert mit TE_2: Erreicht ein vom öffentlichen Netz ankommender Ruf den Anschluss TE_6?

2.3 Klären Sie die Unterschiede: Basis-, Mehrgeräte- und Anlagenanschluss.

2.4 Dürfen an der UAE-Dose 1a mit 1b versehentlich vertauscht werden?

2.5 Dürfen 1a mit 2a versehentlich vertauscht werden?

3. **ISDN-Netz**, siehe **Bild 2**

3.1 Tragen Sie in **Bild 2** die Schnittstellenbezeichnungen, Code-Verfahren und die Bitraten ein.

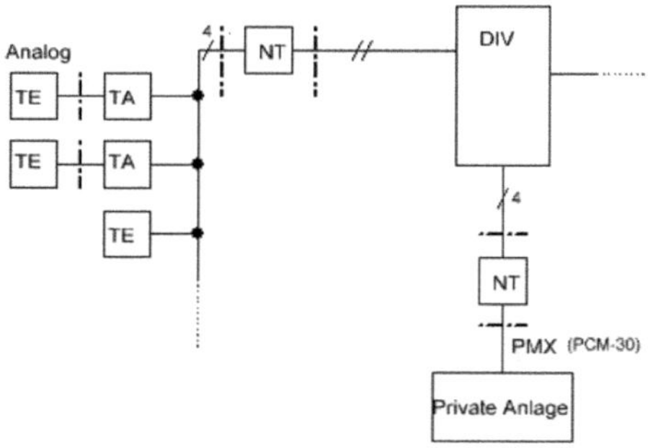

Bild 2

4. **Punkt zu Mehrpunkt-Verbindung**

4.1 Die DIV muss aus gebührentechnischen Gründen „wissen“, welche der (z. B.: 8) TEs am Bus eine Verbindung aufbaut. Wie wird dies ermöglicht?

Lösungen

1. **Eigenschaften**

1.1 $f_T = 8$ kHz ($\Rightarrow$ $T_T = 125$ µs)

1.2 8 Bit in 125 µs: $\frac{8\text{ Bit}}{125\ \mu\text{s}} = 64$ kBit/s

2. **Anschlussarten**

2.1 Gebühren fallen an: wenn TE_1 mit TE_2 oder TE_2 mit TE_6 verbunden ist (innerhalb des externen S_0-Buses) usw.
Keine Gebühren: wenn TE_5 mit TE_6 verbunden ist (innerhalb der TK-Anlage).

2.2 Nein, er bekommt das Belegtzeichen. Die Verbindung geht von TE_1 geht über einen B-Kanal (z. B.: B_1) zur VST und über den zweiten B-Kanal (B_2) zurück zu TE_2, somit sind beide Kanäle belegt.

2.3 Basisanschluss: Alle TEs sind am externen S_0-Bus angeschlossen (Punkt-zu-Mehrpunkt).
Mehrgeräteanschluss: mit externem S_0-Bus und TK-Anlage, siehe **Bild 2** (Punkt-zu-Mehrpunkt-Verbindung).

Anlagen-Anschluss: Die TK-Anlage ist direkt am NT angeschlossen (Punkt-zu-Punkt-Verbindung z. B.: Private Anlage in **Bild 2**), die TEs sind am internen S_0-Bus der TK-Anlage angeschlossen.

2.4 Ja, Tausch der beiden Sende-Adern.

2.5 Nein, es würde die Sende- mit der Empfangsrichtung gekreuzt werden.

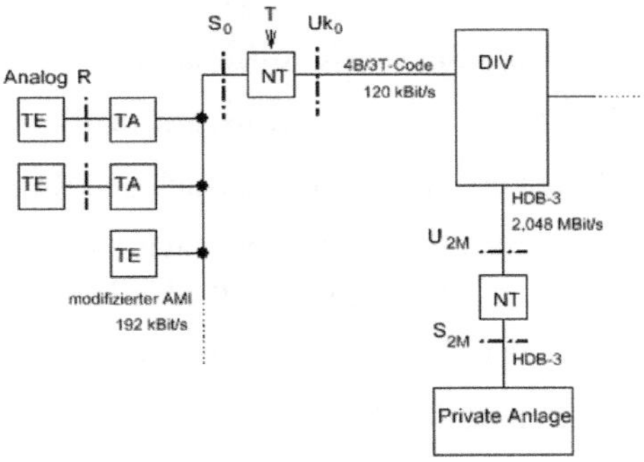

Bild 3

3. **ISDN-Netz**

3.1 Siehe **Bild 3**. (Bemerkung: Die T-Schnittstelle ist innerhalb des NT; 2 M --> 2 Mbit/s.)

4. **Punkt zu Mehrpunkt**

4.1 Die VST vergibt beim Anschließen des TE-Gerätes jedem eine sogenannte TEI-Nr. z. B.: 64. Wird das TE gezogen und wieder gesteckt, ändert sich die TEI. Der TEI-Nr.-Bereich liegt im Bereich: 64...127. Damit „kennt" die VST jedes Endgerät am Bus.

S_0-Rahmen

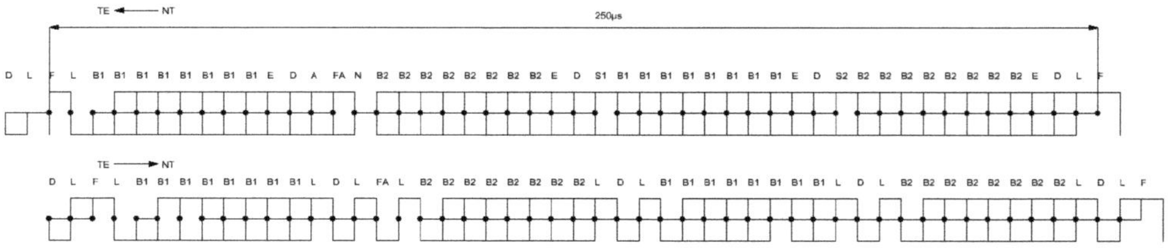

Bild 4

Aufgaben

1. **Rahmenaufbau**

1.1 Berechnen Sie die Gesamtbitrate (Bruttobitrate).

1.2 Wie groß ist die Rahmenfrequenz?

1.3 Berechnen Sie die Bitdauer t_{Bit}.

1.4 Belegen Sie die Behauptung, dass ISDN mit f_T = 8 kHz abgetastet wird.

1.5 Ermitteln Sie die Netto-Bitrate vor der 4B/3T-Codierung.

1.6 Wie hoch ist die Bitrate nach dem 4B/3T-Codierer?

1.7 Woran erkennt das TE den sicheren Rahmenbeginn?

1.8 Innerhalb eines Teilrahmens wird gleichstromfrei übertragen, also von L nach L. Wie viele Teilrahmen gibt es im TE --> NT-Rahmen?

1.9 Wie viele Teilrahmen gibt es im NT --> TE-Rahmen?

1.10 Warum ist die Teilrahmen-Anzahl von TE --> NT größer?

1.11 Welche Aufgabe haben die E-Bits?

2. **Rahmensynchronisation**, siehe **Bild 5**

In den folgenden Aufgaben bedeutet: **„0“ bzw. „1“ = binärer Wert**.
Beachten Sie, dass im S_0-Rahmen im modifiziertem AMI-Code übertragen wird, d. h., ein (binärer) Puls wird zu Null und eine binäre Null zum Puls, und es gibt hier keinen HDB-3!

2.1 <u>TE --> NT-Rahmen</u>, siehe **Bild 5-A**:
Im vorherigen Rahmen war D = – 1 und L = „0“; im nachfolgenden Rahmen (nach F und L) wird das **Binär**-Wort: 1111 1111 gesendet und im D-Kanal Null („1“).
Ermitteln Sie die Teilrahmen bis zu dem FA-Bit, und kennzeichnen Sie die Code-Verletzungen zur Rahmensynchronisation!

2.2 TE --> NT-Rahmen, siehe **Bild 5-B**:
Vor dem F-Bit war D = 0 nach F wird im Kanal B_1 das Binär-Wort: 1110 1000 gesendet und D = „0". Ermitteln Sie die Teilrahmen bis F_A, L, und kennzeichnen Sie die Code-Verletzungen zur Rahmensynchronisation.

2.3 NT --> TE-Rahmen, siehe **Bild 5-C**:
Im vorherigen Rahmen war das E-Bit positiv; D und L waren „1". Nach dem F und L folgen im B_1-Kanal das **Binär**wort: 1111 0110 mit E = „1", D = „1" und A = „1". Ermitteln Sie den Rahmen bis F_A, und kennzeichnen Sie die Code-Verletzungen.

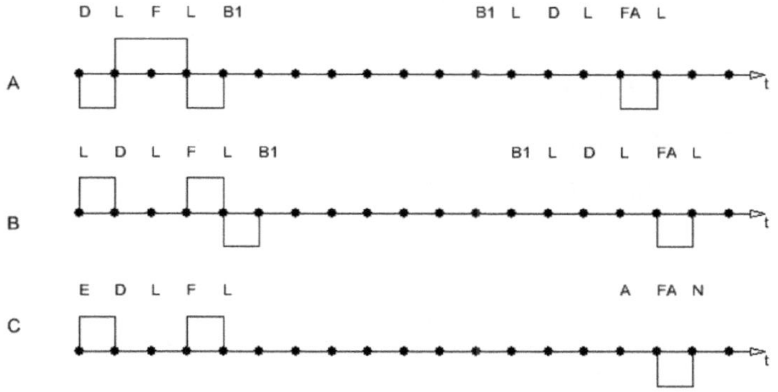

Bild 5

Lösungen

1. **Rahmenaufbau**

1.1 $\dfrac{48 \text{ Bit}}{250 \text{ µs}} = 192 \text{ kBit/s}$

1.2 $f_R = \dfrac{1 \text{ Rahmen}}{250 \text{ µs}} = 4 \text{ kHz}$

1.3 $t_{Bit} = \dfrac{250 \text{ µs}}{48} = 5{,}21 \text{ µs}$

1.4 Innerhalb 250 µs werden die B-Kanäle $2\times$ übertragen, also wird $2\times$ abgetastet
$\Rightarrow 2\dfrac{1}{250 \text{ µs}} = 8 \text{ kHz}.$

1.5 B_1: $\dfrac{16 \text{ Bit}}{250 \text{ µs}} = 64 \text{ kBit/s}$; B_2: $\dfrac{16 \text{ Bit}}{250 \text{ µs}} = 64 \text{ kBit/s}$; D: $\dfrac{4 \text{ Bit}}{250 \text{ µs}} = 16 \text{ kBit/s}$;

Zusammen: 144 kBit/s

1.6 $\dfrac{3}{4} \cdot 144 \text{ kBit / s} = 108 \text{ kBit/s}$; dazu kommt ein Meldewort mit 1 kBit/s und ein Synchronisierungswort mit 11 kBit/s $\Rightarrow$ an U_{k0} liegen 120 kBit/s (120 kBaud).

1.7 An der zweimaligen AMI-Codeverletzung beim F-Bit, siehe **Bild 6**.

1.8 10 Teilrahmen

1.9 2 Teilrahmen

1.10 Der vom Netz kommende Rahmen ist schon gleichstromfrei, während der vom TE kommende erst noch gleichstromfrei gemacht werden muss.

1.11 Über den Echo-Kanal (E) erfolgt der Zugriff auf den B-Kanal. Hier gibt es eine dynamisch vergebene Rangfolge für den Zugriff.

2 Rahmensynchronisation

2.1 Siehe **Bild 6-A**.

2.2 Siehe **Bild 6-B**.

2.3 Siehe **Bild 6-C**.

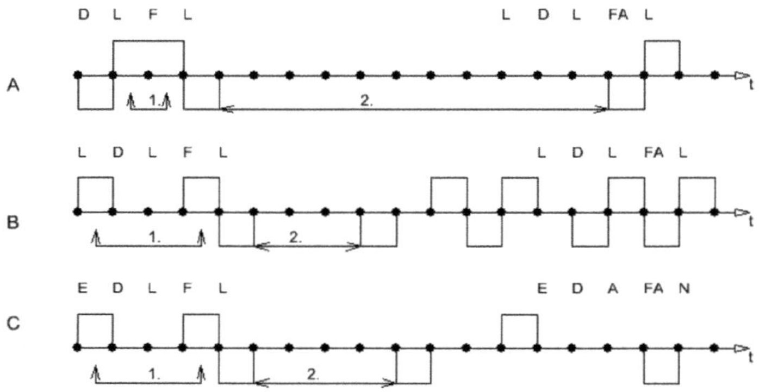

Bild 6

16 Sychrone-Digitale-Hierarchien (SDH)

PDH/SDH

Fragen

- Worin unterscheiden sich grundsätzlich die Ethernet-, IP-, PCM-, ISDN-, ATM- von den SDH-Signalen?
- Warum müssen beim Demultiplexen von PDH-Signalen alle Hierarchiestufen durchlaufen werden ?
- Welche Vorteile bietet SDH gegenüber PDH in Bezug auf die Demodulation?
- Nennen Sie ein PDH-System.

Sychrone-Digitale-Hierarchieebenen

Aufgaben

1. **Virtuelle Container**

1.1 Ein SDH-Container ohne POH bestehe aus 926 Bytes. Wie hoch ist seine Bitrate (Bit/s)?

1.2 Ein SDH-Container bestehe aus 9 Zeilen und 82 (vollständigen) Spalten; eine Spalte ($\hat{=}$ 1 Byte). Berechnen Sie die Bitrate (Bit/s).

1.3 Für welche Eigenschaft steht die Ziffer 12 in der Containerbezeichnung: VC-12?

1.4 Kann ein VC-12-Container ein 6 Mbit/s-Signal aufnehmen? Begründen!

1.5 Ein VC-2-Container besitzt 9 Zeilen (die 9. Zeile sei vollständig) und 12 Spalten. Berechnen Sie ausführlich dessen Bitrate (Bit/s).

2. **Multiplex**

Folgende Zuordnung besteht zwischen den Containern und ihren Spalten (siehe Tabelle):

Container	Spalten
VC-11	3
VC-12	4
VC-3	85
VC-4	261

2.1 Welche Signale a) bis d) könnten ohne POH, Pointer usw. in welche virtuellen Container gepackt bzw. gemultiplext werden, und wie viele der Rahmen passen in die Container?

a) 1,52 Mbit/s

b) 48,38 Mbit/s

c) 139,264 Mbit/s

d) 6,312 Mbit/s

3. **STM-1-Signalbildung durch Multiplexen**, siehe **Bild 1**

Das Bild stellt die Analogie zu einem Zug (ICE) dar. Jeder STM-1-Rahmen besitzt wie der Zug eine Nummer. In der Fahrkarte ist das Datum, Uhrzeit, die Zugnummer und bei Reservierung die Abteil- und Sitzplatznummer festgehalten. Ähnliche Angaben steuert der TU-12-Pointer dem VC-12 zu, denn dieses Signal muss beim Decodieren im STM-1-Rahmen wieder aufzufinden sein!

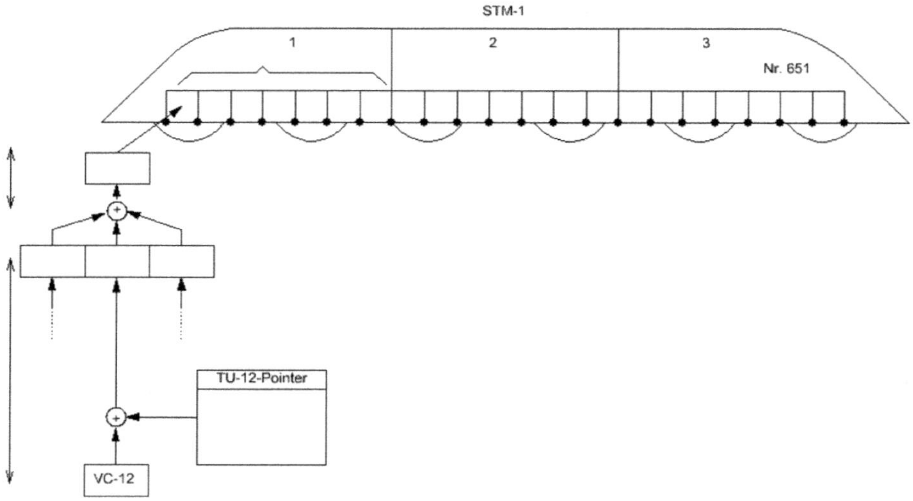

Bild 1

3.1 Tragen Sie in die leeren Felder die Signalbezeichnungen ein, und kennzeichnen Sie die TUG-3-Rahmen.

3.2 Welche Angaben befinden sich im TU-12-Pointer?

3.3 Kennzeichnen Sie die Hierarchieebenen.

3.4 Wo befindet sich der VC-4?

3.5 Ermitteln Sie die gerundeten Bitraten für alle Hierarchiestufen.

4. **Multiplex von TU-12 nach TUG-2**:

4.1 Ein TUG-2 nimmt 3 TU-12-Rahmen auf; werden die TU-12-Rahmen: bit-, spalten-, zeilen- oder rahmen-weise gemultiplext?

5. Beschreiben Sie die Abläufe vom Telefongespräch zum STM-1.

Antworten

- Siehe **Bild 2**. SDH ist ein weltweit einheitliches Transport-System, das die anderen unterschiedlichen Systeme in genormten Rahmen transportiert.

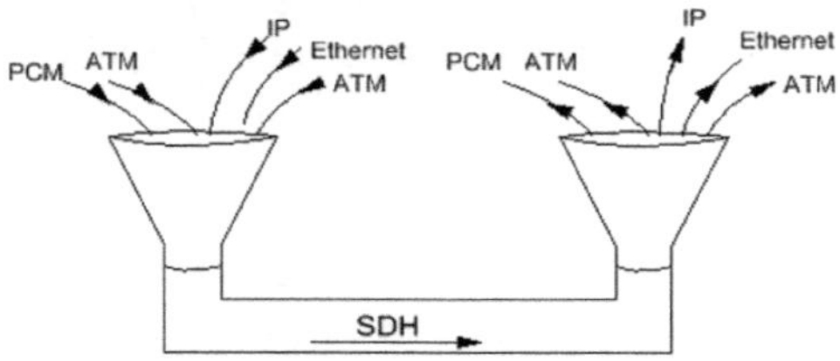

Bild 2

- Weil das 2,048 Mbit/s-Signal (PCM-30) auf das DS2/8-Signal usw. bitweise gemultiplext wird, außerdem kommen noch Stopfbits hinzu.
- Hier kann am Netzknoten aus dem hochbitratigem (STM-1) das niederbitratige entnommen werden. Also werden Hierarchieebenen übersprungen.
- Zum Beispiel: PCM-30.

SDH-Lösungen

1.1 $\frac{926 \cdot 8 \text{ Bit}}{125 \text{ µs}} = 59{,}2$ Mbit/s.

1.2 $\frac{9 \cdot 82 \cdot 8 \text{ Bit}}{125 \text{ µs}} = 47{,}2$ Mbit/s.

1.3 12: --> 1. Hierarchieebene; 2 Mbit/s-Signal.

1.4 Nein, da der VC-12 nur eine Kapazität von ≈ 2 Mbit besitzt.

1.5 Siehe 1. und 2.: 6,912 Mbit/s.

2.1 a) $1 \times$ in VC-12 oder VC-11
b) $1 \times$ in VC-3
c) $1 \times$ in VC- 4
d) $7 \times$ in VC-3 oder $22 \times$ in VC-4

3. STM-1-Signalbildung durch Multiplexen

3.1–3.4 Siehe **Bild 3**.

3.5 TUG-2: 3 × 2 Mbit/s = 6 Mbit/s
TUG-3: 7 × 6 Mbit/s = 42 Mbit/s
VC- 4:3 × 42 Mbit/s = 126 Mbit/s

4. Multiplex von TU-12 nach TUG-2

4.1 Spaltenweises Multiplexen, und zwar: 1. Spalte des 1. TU-12 wird in den TUG-2 gesetzt, rechts daneben kommt die 1. Spalte des 2. TU-12 zu liegen, neben diese wird die 1. Spalte des 3. TU-12, daneben die 2. Spalte des 1. TU-12 gesetzt usw.

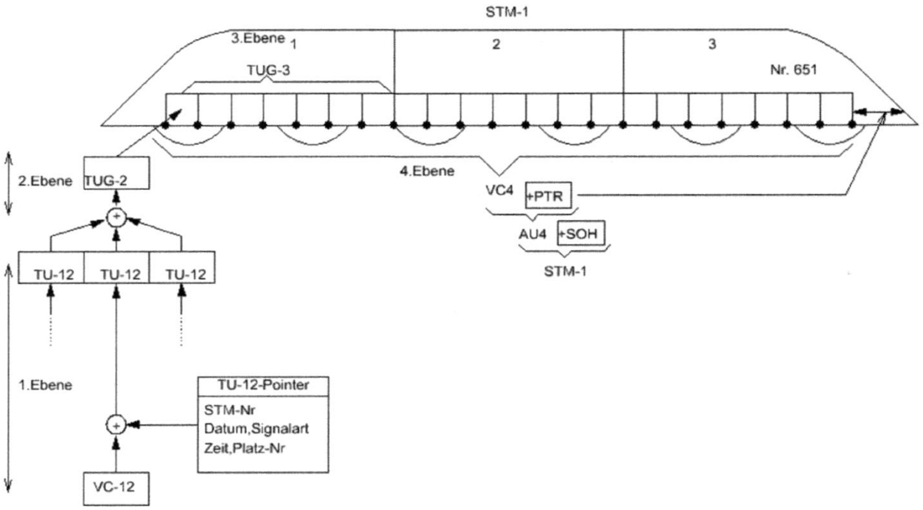

Bild 3

5. Beispiel: Der 99. Takt bewirkt einen Tastwert des Gespräches; dieser wird PCM-codiert und belegt einen Kanal von PCM-30. Alle 32 Kanäle des 99. Taktes werden in den C-12 gemappt, mit dem POH wird daraus ein VC-12. Mit dem TU-Pointer wird dann über TUG-2 gemultiplext bis zum STM-1 des 99. Taktes. Der PCM-Code des nächsten Taktes (100) wird dann mit dem nächsten STM-1 transportiert.

17 PSPICE-Simulation digitaler Filter

FIR-Filter 1. Ordnung

Wie kommt durch Addition und Multiplikation eine Filterkurve zustande? Das ist die Aufgabe und Zielsetzung der folgenden Simulationen. Es geht also um das grundlegende Verständnis der Funktionsweise digitaler Filter.

Ein digitales Filter besitzt Addierer, Multiplizierer und Speicher. Zum Addieren benötigt man 2 Zahlenwerte: den ersten, der eine Taktzeit lang gespeichert werden muss, und den zweiten aktuellen Wert. Die Taktzeit-„Speicherung" wird hier bei der PSPICE-Simulation mit der Leitungslaufzeit t_D realisiert.

Beim realen Filter benötigt der Prozessor die Zeit zwischen den Impulsen (PAM) zum Rechnen und Verschieben (Speichern, Auslesen etc.). Bei der Simulation spielt die Rechenzeit gegenüber unseren Taktzeiten keine Rolle, außerdem entfallen Speicher- und Lesezeiten, d. h., es muss bei der PSPICE-Simulation keine PAM erzeugt werden!

Eine Multiplikation eines Koeffizienten a mit x (z. B.: $0{,}5 \cdot x = y$) wird in PSPICE folgendermaßen umgesetzt, siehe **Bild 1.** Die Konstante in PSPICE finden Sie unter: const in der abm.slb.

Der Takt geht in der Schaltung nur als Lauf- bzw. Verzögerungszeit ein, deshalb gibt es keinen Taktgenerator. Die Taktfrequenz bzw. Laufzeit richtet sich nach der Bandbreite des Filters, siehe Abtasttheorem nach Shannon.

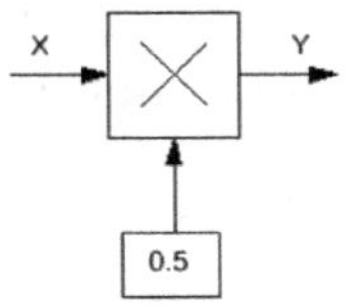

Bild 1

1. **Simulation des Filters**

Siehe **Bild 2** mit den Werten:
f_T = 100 kHz; $\hat{u}_1$ = 1 V; die Filterkoeffizienten sind:
a = b = 0,5.

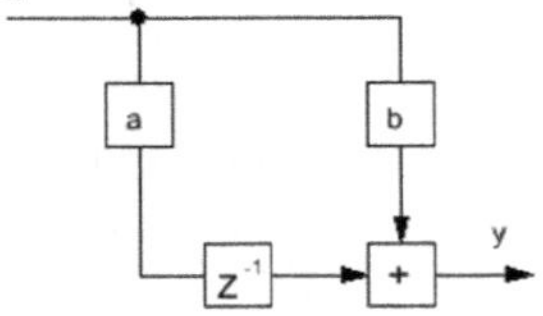

Bild 2

1.1 Setzen Sie die Schaltung in Bild 2 in eine PSPICE-Simulationschaltung um, und ermitteln Sie den halblogarythmischen Frequenzgang $U_2 = f(f)$ von f = 100 Hz...500 kHz.

1.2 Welche Filterkurve (HP, TP, BP, ...) liegt vor?

1.3 Wie ist der Kurvenverlauf oberhalb von 50 kHz zu deuten?

1.4 Erläutern Sie, wie der U_2-Wert bei $f \leq$ 100 Hz zustande kommt!

1.5 Erklären Sie den U_2-Wert bei f = 50 kHz.

1.6 Finden Sie durch Auswertung der Kurven eine Beziehung zwischen f_g und f_T.

2. **Andere Filterkoeffizienten**

2.1 Ermitteln Sie den (logarithmischen oder halblogarythmischen) Frequenzgang von $f = 100$ Hz...500 kHz für die Koeffizienten: $a = b = 0{,}25$.

2.2 Erklären Sie den Verlauf bei $f = 100$ Hz.

2.3 Erklären Sie den Verlauf bei $f = 50$ kHz.

2.4 Simulieren Sie das Filter, siehe **Bild 2**, mit den Werten: $f_T = 100$ kHz; $\hat{u}_1 = 1$ V; und folgenden Filterkoeffizienten: $a = 0{,}2$ und $b = 0{,}8$.

2.5 Erklären Sie die Amplitude für $f < 100$ Hz.

3. **Ermittlung der Filterkoeffizienten für einen HP**

3.1 Ermitteln Sie die Filterkoeffizienten für ein beliebiges Hochpass(HP)-Verhalten.

4. **Aufgabe**

4.1 Ein Nutzsignal mit $\hat{u}_1 = 1$ V; $f_1 = 1$ kHz ist mit einer Störspannung $\hat{u}_2 = 0{,}5$ V; $f_2 = 20$ kHz behaftet; ermitteln Sie t_D bzw. f_T, so dass das Filter die Störspannung herausfiltert.

Phasenverlauf-Gruppenlaufzeit

5. **Phasenverlauf**

5.1 Ermitteln Sie den Phasenverlauf des Filters in **Bild 2** mit den Werten der Aufgabe 1. *Bemerkung: In PSPICE geben Sie für den Phasenverlauf $\varphi_{u2,u1}$ ein: VP(u_2), dazu muss vorher allerdings ein U_2-Label gesetzt werden, siehe **Bild 3**.*

5.2 Vergleichen Sie dazu den Phasenverlauf eines analogen RC-Filters 1. Ordnung. Worin besteht der Unterschied zum Phasenverlauf des FIR-Filters in 1.1?

5.3 Welche Eigenschaft hat die Gruppenlaufzeit beim FIR-Filter, welche beim analogen Filter?

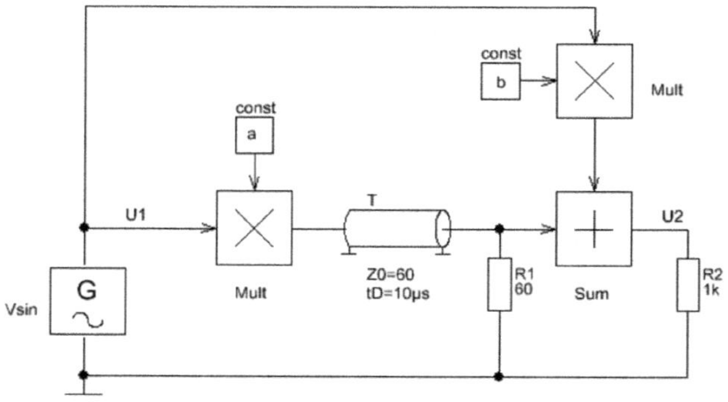

Bild 3

Lösungen

1. **Simulation des Filters**

1.1 Siehe **Bilder 3 und 4**.

Bemerkung: Ohne R_1 ist die Leitung fehlabgeschlossen, am hochohmigen Eingang des Summierers gibt es Reflexionen!

1.3 Wenn mit $f_T = 100$ kHz getaktet wird, dürfen nach dem Abtasttheorem keine Frequenzen zum Abtasten kommen, die:

$f_{smax} > \frac{1}{2} f_T$ sind, also ist der Frequenzbereich oberhalb 50 kHz zu ignorieren.

1.4 Addition des verzögerten Wertes mit dem nichtverzögerten: 0,5 V + 0,5 V; denn der Zeitunterschied beträgt bei 100 Hz nur 10 µs gegenüber 100 ms.

1.5 Bei 50 kHz beträgt der Zeitunterschied 10 µs bei T = 20 µs, d. h., die verzögerte positive Halbwelle fällt auf die negative des nicht verzögerten Signales.

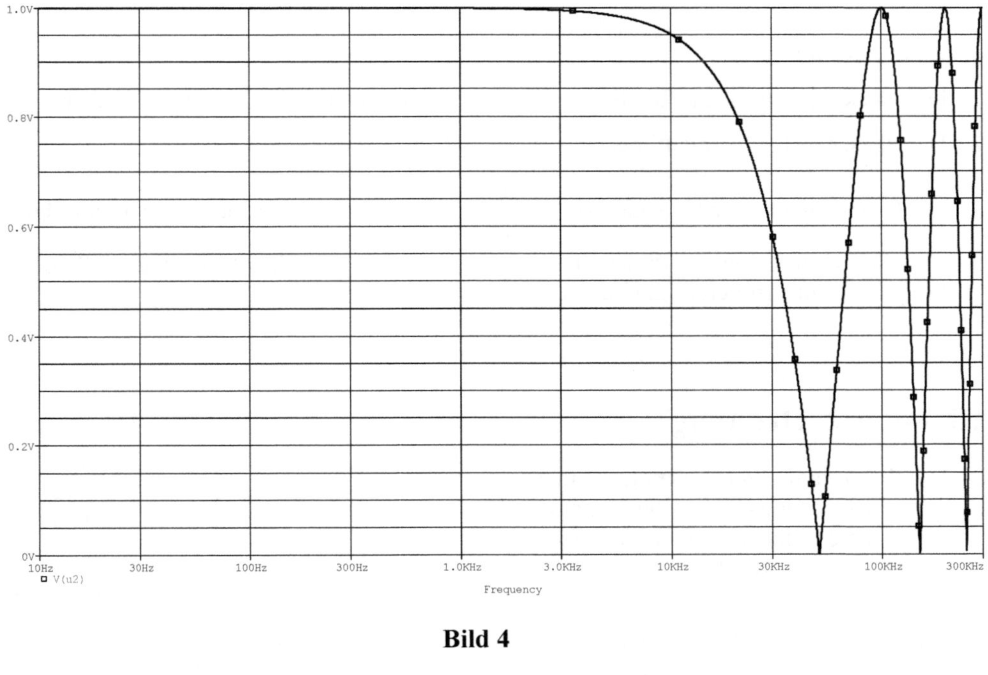

Bild 4

1.6 $f_g \approx \frac{1}{4} f_T$

2. **Andere Filterkoeffizienten**

2.2 und 2.3 vergleichen Sie die Lösungen zu 1.4 und 1.5.

2.4 Addition von 0,2 V und 0,8 V.

3. **Ermittlung der Filterkoeffizienten für einen HP**

3.1 a = +0,5; b = −0,5

a = +0,5; b = −0,5

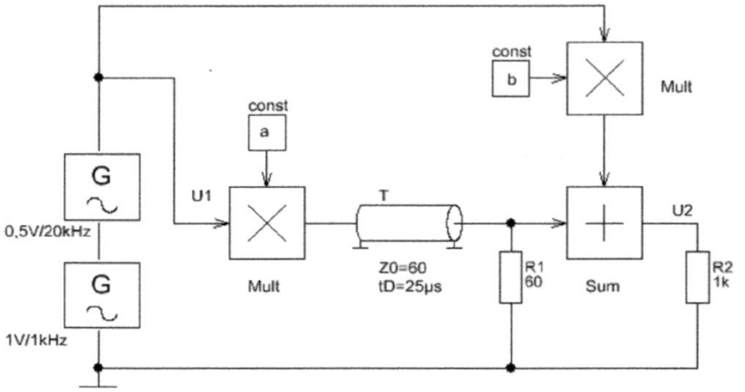

Bild 5

4. **Aufgabe**

4.1 a = b = 0,5; siehe **Bild 5**

5. **Phasenverlauf**

5.1 Die Phase verläuft linear (bei linearer Teilung der Frequenzachse besser erkennbar).

5.2 Der Phasenverlauf ist nichtlinear, so wie auch beim IIR-Filter.

5.3 Die Gruppenlaufzeit ist konstant ($t_{gr} = \frac{d\varphi}{df}$) ⇒ Alle Frequenzgruppen laufen mit gleicher Geschwindigkeit durch das FIR-Filter. Beim analogen Filter besitzen die höheren Frequenzen die größeren Laufzeiten.

FIR-Filter 2. Ordnung

1. Durch Kaskadieren bei analogen Filtern wird die Ordnungszahl erhöht. Angewandt auf digitale Filter wird daraus ein Filter 2. Ordnung, siehe **Bild 6**.

1.1 f_T = 100 kHz; $\hat{u}_1$ = 1 V.
Ermitteln Sie die Filterkoeffizienten a...c, so dass die Filterkurve ein TP-Verhalten bekommt und $\hat{u}_2$ für f << fg ungefähr 1 V annimmt.

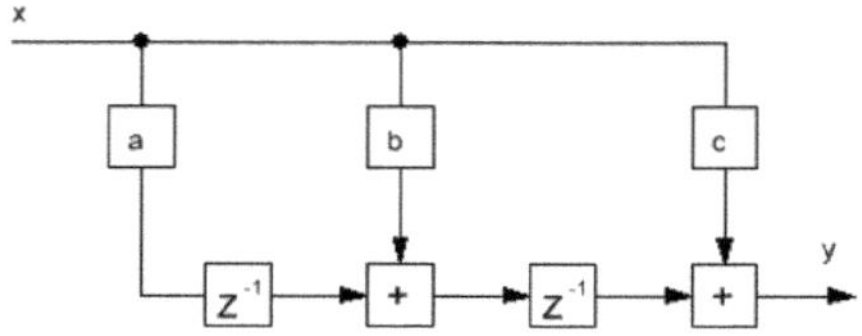

Bild 6

1.2 Finden Sie durch Auswertung der Kurve eine Beziehung zwischen f_g und f_T.

Lösung

1. **FIR-Filter 2. Ordnung**

1.1 $a = c = 0{,}25$; $b = 0{,}5$;

1.2 $fg \approx 0{,}18 \cdot f_T$

Realisierungschritte eines digitalen Filters

1. Welche Anforderungen werden gestellt?
   - Filterart (HP,TP, BP, Bandsperre)

     IIR-oder FIR-Filter
   - Grenzfrequenzen

     Taktfrequenz
   - Flankensteilheit
   - Filtertoleranzen
2. Arbeiten mit dem Filterdesigner: Mit dem Filtertoleranzschema wird die Filterkurve festgelegt.
3. Die Berechnung der Filterkoeffizienten erfolgt durch das Filterdesigner-Programm.
4. Programmierung des Filters.

Sachwortverzeichnis

GPSR Compliance

The European Union's (EU) General Product Safety Regulation (GPSR) is a set of rules that requires consumer products to be safe and our obligations to ensure this.

If you have any concerns about our products, you can contact us on ProductSafety@springernature.com

In case Publisher is established outside the EU, the EU authorized representative is:

Springer Nature Customer Service Center GmbH
Europaplatz 3
69115 Heidelberg, Germany

Batch number: 10577946

Printed by Printforce, the Netherlands